教育部高等学校高职高专测绘类专业教学指导委员会“十二五”规划教材
全国测绘地理信息类职业教育规划教材

测量平差

（第2版）

主　编　陈本富　张本平　邹自力
副主编　赵宝贵　苟彦梅
主　审　靳祥升

黄河水利出版社
·郑州·

内 容 提 要

本书是为适应高职高专测绘地理信息类相关专业测量平差课程的教学需要编写的。全书共分八章，详细介绍了测量误差的基本理论和测绘数据处理的基本方法，主要包括绪论、误差分布与精度指标、测量平差基本原理、条件平差、附有参数的条件平差、间接平差、附有限制条件的间接平差、误差椭圆等内容。为方便学生更好地掌握测量平差基础理论，加强动手能力的培养，教材对测量平差中基本概念的含义进行了详细描述，各章节均提供了丰富的算例，对每一章后的习题做了详细的解答，并以附录形式对平差课程中所涉及的矩阵理论基本知识及如何运用MATLAB软件处理平差中的问题进行了简要介绍。

本书可作为高职高专测绘类各专业学生的教材，也可供测绘工程技术人员参考。

图书在版编目(CIP)数据

测量平差/陈本富，张本平，邹自力主编．—2版．—郑州：黄河水利出版社，2020.1 (2022.12 重印)

教育部高等学校高职高专测绘类专业教学指导委员会“十二五”规划教材 全国测绘地理信息类职业教育规划教材

ISBN 978-7-5509-1482-7

Ⅰ.①测… Ⅱ.①陈… ②张… ③邹… Ⅲ.①测量平差-高等职业教育-教材 Ⅳ.①P207

中国版本图书馆CIP数据核字(2018)第274638号

策划编辑：陶金志　　电话：0371-66025273　　E-mail：838739632@qq.com

出 版 社：黄河水利出版社　　网址：www.yrcp.com

地址：河南省郑州市顺河路黄委会综合楼14层　　邮政编码：450003

发行单位：黄河水利出版社

发行部电话：0371-66026940、66020550、66028024、66022620(传真)

E-mail：hhslcbs@126.com

承印单位：河南承创印务有限公司

开本：787 mm×1 092 mm　1/16

印张：12.75

字数：310千字

版次：2012年8月第1版　　印次：2022年12月第2次印刷

2020年1月第2版

定价：36.00元

教育部高等学校高职高专测绘类专业教学指导委员会

“十二五”规划教材审定委员会

名誉主任 宁津生

顾　　问 陶本藻　王　依

主　　任 赵文亮

副 主 任 李生平　李骏元　韩力援

委　　员 邹自力　陈传胜　黄华明　邹晓军　张晓东

李天和　靳祥升　薄志毅　全志强　张保民

王根虎　周　园　李青海　赵　敏　张彦东

张东明

序 一

职业教育是为我国国民经济建设和发展作出重要贡献的教育类型。近20年来,我国高职高专教育得到了迅速发展,可以说现在已经占据了我国高等教育的半壁江山。特别是近几年来,被定位于“以就业为导向”的职业教育,为国家第二、第三产业的发展培养出了大批技能型高端人才,为国家的经济建设和社会发展,以及为我国建成世界第二大经济实体国家发挥着积极的作用,并作出了重要贡献。其中,我国测绘类高职高专教育及其人才培养同样取得了巨大的进展。为了不断推动测绘类高职高专人才培养工作的建设、改革和发展,2004年教育部委托国家测绘局组建和管理高等学校高职高专测绘类专业教学指导委员会,并作为一个分委员会隶属教育部高等学校测绘学科教学指导委员会。分委员会成立后即开展了高职高专测绘类专业设置的研制,继而规划、组织了“十五”规划教材的编写,并经过教材审定委员会严格审定后,经协商确定,该套教材统一由黄河水利出版社出版。“十五”规划教材的按期出版和投入使用,满足了高职高专测绘类专业的教学需求,起到了有力的教学保障作用,收到了良好的效果。

2006年教育部提出,高等学校高职高专专业教学指导委员会(包括测绘类专业)独立设置开展工作,并由教育部高教司直接管理。在此期间,教学指导委员会按照教育部的要求开展了“高职高专测绘类专业规范”和“高职高专测绘类专业教学基本要求”的研制和上报工作。为了适应当前国内外测绘技术的新进展和经济社会发展对高职高专人才培养的新要求,高等学校高职高专测绘类专业教学指导委员会重新规划并组织“十二五”规划教材的编写和出版。新一批成套的规划教材是按照教育部的要求,依据“高职高专测绘类专业规范”和“高职高专测绘类专业教学基本要求”的规定编写而成的,此套教材仍然按照第一批规划教材出版协议,由黄河水利出版社统一出版。希望本套教材能在高职高专测绘类专业的人才培养中发挥更好的作用。借此机会,再次对黄河水利出版社长期给予高职高专测绘类专业人才培养工作的支持表示衷心的感谢!

虽然有“十五”规划教材的基础,也有了20年来高职高专测绘类专业人才培养的成绩和经验,但是在高职高专人才培养中仍存在地区和行业的差异,以及其自身的特点。既是规划教材,我们希望有测绘类专业的高职高专院校能在教学中使用这套教材,并在使用中发现问题,提出意见,以便今后教材的修订和不断完善。

教育部高等学校测绘学科教学指导委员会主任委员

中国工程院院士

宁津生

2011年12月10日　于武汉

序一

序 二

近年来,我国高等职业教育蓬勃发展,测绘高等职业教育也随之大发展。目前,已有120余所高职院校设立了测绘类专业,每年有数万名在校生就读,有上万名测绘类专业的高职高专毕业生走向测绘与地理信息生产一线岗位,以及为相关行业部门提供测绘与地理信息保障的服务岗位。测绘类专业应用性技能型高端人才的培养,显现出招生、就业两旺的良好发展态势。

人才培养的教育教学工作,需要有教材的基础支持。早在2004年,教育部高等学校测绘学科教学指导委员会主任委员、中国测绘学会教育委员会主任委员、中国工程院院士宁津生倡导并亲自规划和组织,由教育部高等学校测绘学科教学指导委员会组织落实编写全国第一套测绘类专业高职高专规划教材。教材编写得到了各院校教学一线老师们的积极响应和支持。教材编写出版的整个过程,得到了宁津生院士等老专家的全程关心、支持和帮助。在初稿完成后,由宁津生院士任主任委员、陶本藻教授和王依教授任副主任委员组成的教材编写审定委员会,对初稿进行了一一审查,并提出了修改意见,经主编修改再次审查通过后,经过审定委员会同意后出版。宁津生院士亲自和黄河水利出版社进行了商议,并达成协议,由黄河水利出版社给予支持和帮助,并承担出版任务。经过共同努力,教材按期出版和投入使用。该套在中原大地母亲河边出生的教材成为了我国高职高专测绘类专业整体规划设计的第一套教材,为高职高专测绘类专业人才培养发挥了基础性作用,改写了测绘高职高专教育没有成套教材的历史。该套教材受到了各院校的热烈欢迎,并得到了广泛的使用,其中的不少种教材由教育部批准成为了国家级"十一五"规划教材。

近年来,测绘新技术的应用发展迅速,测绘生产技术平台不断提升,需要迅速将测绘新技术引进课堂、引进教材;在教育部的大力推动下,对应用性技能型高端人才培养从实践到教育理论都进行了广泛而深刻的探索,并得到了新的经验。以系统化职业能力构建为本位,以与之相适应的理论知识为基础,走校企合作的道路,用工学结合的模式,以系统化的工作过程和项目为载体,追求实现人才培养的"知行合一"的目标,这样的教育思想得到了广泛的认可,并在人才培养中得到应用。培养出来的高职人才以其对就业岗位较强的切入能力、较好的适应能力和较高的职业发展能力逐渐得到社会的认可。

同时,经济、技术和社会的发展,对高职人才的培养也提出了新的要求。教育部高等学校高职高专测绘类专业教学指导委员会和黄河水利出版社遵照协议,共同商议组织高职高专测绘类专业"十二五"规划教材的编写和出版。在策划和组织的时候,教育部组织研制的专业规范和教学基本要求已经完成,这为教材的编写奠定了基础。教育部高等学校高职高专测绘类专业教学指导委员会期望通过编写团队、专家和出版社的共同努力,立足已有基础,高水平编写并按期出版新一套规划教材,希望各院校积极使用新编"十二五"规划教材,让教材为促进高职测绘教育的可持续科学发展发挥积极作用。

衷心感谢宁津生院士、陶本藻教授、王侬教授对高职高专测绘类专业人才培养工作一路走来的支持、关心和帮助！衷心感谢为本套教材的编写付出了心血的每一位老师！感谢黄河水利出版社为本套教材的出版而默默付出的每一位同志！

尽管有了良好基础，但由于地区、装备水平、服务行业等的差异，以及各院校老师对课程教学组织的个性化设计，对教材会有不同的要求，因此希望各院校在教材使用过程中能发现问题，提出意见，以便今后教材的修订和完善。

教育部高等学校高职高专测绘类专业教学指导委员会主任委员

赵文志

2011年12月6日 于昆明

第 2 版前言

本书是在教育部高等学校高职高专测绘类专业教学指导委员会的指导下，以高职高专规划教材指导精神制定的《测量平差》教材教学大纲为主要依据，在总结高职高专测绘类专业平差教学经验的基础上完成的。本书是在 2012 年第 1 版基础上修订完成的。在保持原教材教学体系和教学内容的基础上，参考相关院校师生提出的宝贵意见，对原教材使用过程中发现的不足进行了修订。为便于学生加深对主要知识点的理解，在教材相应部分增加了许多算例。此外，为方便教师教学和学生检验学习效果，增加了配套的 PPT 课件，并对教材各章后的习题做了详细的解答。

全书共分八章，授课 60~70 学时，各专业还可根据自己的实际情况，省略其中的部分章节内容。本书重点介绍了误差分布与精度指标、测量平差基本原理、条件平差、附有参数的条件平差、间接平差、附有限制条件的间接平差、误差椭圆等内容。为了方便学生掌握测量平差基本理论，对平差中涉及的矩阵相关知识进行了必要的介绍；为了便于学生理解平差数据处理过程，加强动手能力培养，以附录形式对 MATLAB 软件及其使用方法结合典型实例进行了较详细的说明。本书在编写过程中注重结合高职高专学生实际，力求深入浅出，尽量做到重要概念或基础理论介绍之后，辅以相关实例对照，力求使学生在掌握扎实的平差理论基础的同时，促进实际操作能力的提高。

本书各章编写分工如下：第一、八章由东华理工大学高等职业技术学院邹自力编写，第二章由甘肃林业职业技术学院荀彦梅编写，第三章、第四章、第七章由东华理工大学高等职业技术学院陈本富编写，第五章由东华理工大学高等职业技术学院赵宝贵编写，第六章由陈本富和陕西交通职业技术学院张本平共同编写。本书由陈本富、张本平、邹自力担任主编，赵宝贵和荀彦梅担任副主编。本书第 2 版由陈本富、赵宝贵老师进行修订。

本书完成后，黄河水利职业技术学院靳祥升教授进行了认真细致的审稿，并提出了许多宝贵意见，在此对靳祥升教授和教材审定委员会专家、本书编辑表示感谢。

本书的编写得到了东华理工大学测绘工程学院领导和同事的大力帮助，东华理工大学高等职业技术学院领导给予了极大的支持和关心。在本书编写过程中，浙江水利水电学院黄伟朵、南京工程高等职业学校包民先、甘肃林业职业技术学院邹娟茹等提出了许多宝贵的建议，在此深表谢意。同时，对黄河水利出版社为本教材顺利出版给予的大力支持表示感谢！

由于编者水平有限，热忱希望广大读者对本书的缺点和错误给予批评指正，欢迎并期待您提出宝贵的建议。编者邮箱：chenbenfu-js@ 126. com。

编　者

2019 年 9 月

目 录

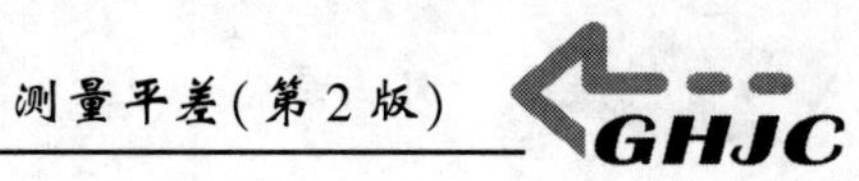
GHJC

第一章　绪　论

学习目标

理解误差的含义、误差产生的原因、多余观测数的含义；明确进行多余观测的必要性；熟悉测量平差的任务；掌握不同性质的误差的种类及其相应的数据处理方法。

【学习导入】

相同或不同的操作人员，使用相同或不同的测绘仪器和工具对同一观测对象进行观测，观测结果并不完全相同，表明在测绘工作中，误差是一种普遍存在的现象。如何对观测误差进行有效的综合处理？基于此，本章将对平差课程的应用背景及基本任务进行系统阐述。

随着新技术的出现和不断发展，信息时代已经来临，大量的数据信息出现在我们的生活当中。以测绘领域为例，全站仪、GPS、数字摄影测量、三维激光扫描及卫星影像的出现，为我们提供了海量的地理信息。由于测量过程中不可避免地受各种误差因素的影响，观测数据中带有误差，在测量原始数据被运用于工程设计、施工放样及地理信息系统等方面之前，误差必须得到有效的处理。本章主要阐述误差的含义、误差产生的原因、误差的分类、多余观测的必要性，以及测量平差研究的内容及本课程的学习方法与目的。

第一节　观测误差

一、误差的定义及来源

从数字化测图原理与方法等前期专业基础课程学习中，我们已经知道，构成测量工作的要素主要是观测者、测量仪器和观测环境或外界条件。通常将构成测量工作的要素称为观测条件。由于受观测条件的限制，测量工作不可能完美无缺，由此产生的观测数据都含有误差。误差即观测对象（在不引起歧义的情况下，有时也被称为观测量或观测值）的真值与其观测值之间的差值，可用式(1-1)表示：

$$\Delta = \tilde{L} - L \tag{1-1}$$

式中　Δ——观测值的误差；

$\tilde{L}$——观测值的真值；

L——观测值。

误差产生的原因可归纳于观测者、观测仪器和观测环境或外界条件三个主要方面：

(1)观测者。观测者感观能力的局限会使观测结果产生误差，如经纬仪角度观测时在测微器上读数、仪器整平时气泡的居中判断。当然，观测者观测时的工作态度和技术水平、

工作时的环境对观测质量也会有直接的影响。

(2)测量仪器。观测过程中所使用的测量仪器在制造或结构上的不完善使测量数据中包含误差,如经纬仪度盘刻划不均匀对角度测量的影响、水准仪视准轴与水准管轴不平行对高差测量的影响等。

(3)观测环境或外界条件。观测时环境的影响或外界条件的变化也会使观测成果产生误差,如观测时大气温度、气压及风力、引力场或磁场的变化都可能给测量成果带来影响。

二、误差的分类

通过上面的讨论可以得知,所有观测数据都含有误差,它们或由于观测人员感观能力的局限,或来自读数设备的不精细、观测环境的不稳定等。根据误差对观测结果影响性质的不同,可以将观测误差分为粗差、系统误差和偶然误差三类。

(一)粗差

粗差是由观测错误或观测者作业时粗心引起的,又称为错误或大量级的误差。引起粗差的原因很多,如测角时仪器安置位置不正确、水准测量时读错或记错读数、测距仪测距时加常数设置错误或没有进行乘常数项的改正等。粗差的存在,严重影响测量成果的质量,甚至会给测量工作带来难以估计的灾难性后果,故在测量工作中,必须采取适当的方法和措施,避免在观测成果中产生错误。一般来说,错误不算作观测误差。

(二)系统误差

在相同的观测条件下进行一系列观测,如果误差在大小和符号上都表现出规律性,即在观测过程中或者保持为一个常数,或者按一定的规律变化,这种误差就称为系统误差。如测距仪测距时加常数和乘常数对测距的影响,温度对钢尺量距的影响,水准测量时水准仪视准轴误差的影响等,均属于系统误差。

系统误差具有累积性,对成果质量的影响比较显著。在实际工作中,应该采用各种方法来消除或削弱其影响,达到实际上可以忽略不计的程度。消除或削弱系统误差的方法之一,是在测量工作中采用合理的操作程序,如水准测量中,通过限制前后视距差及视距差累积值在一定的范围内,以削弱视准轴不水平、地球曲率与大气折光等因素对观测高差的影响;另一种方法是计算出系统误差的大小,在观测成果中进行改正,如在钢尺量距中所进行的尺长、温度、高差(倾斜)等各项改正。

(三)偶然误差

在相同的观测条件下进行一系列观测,如果误差在大小和符号上都表现出偶然性,即从单个误差看,该误差的大小和符号没有规律性,但就大量误差的总体而言,具有一定的统计规律性,这种误差称为偶然误差。

偶然误差由于观测条件的限制,在观测过程中是不可避免的。如观测时仪器不能严格照准目标,估读厘米刻划的水准尺上的毫米数不准确,钢尺量距时温度变化对观测结果产生的微小影响等都属于偶然误差。

三、测量平差处理的对象

粗差、系统误差和偶然误差是观测误差的三种表现形式,是在测量过程中同时产生的。本书研究的对象主要是偶然误差,即假定:含粗差的观测值已经被剔除;含系统误差的观测值已得到了适当的改正，即在观测数据中已经排除了系统误差的影响，或观测数据中的系统误差与偶然误差相比，系统误差已经处于次要地位，对观测成果的影响已达到实际上可以忽略不计的程度。因此，在观测误差中，仅包含偶然误差或者是偶然误差占主导地位。

第二节　测量平差的任务和内容

观测成果不可避免地受到误差的干扰，此干扰使观测值之间不能满足某种特定的条件，例如：观测平面三角形的三个内角，其观测值之和理论值为180°；闭合水准路线的高差闭合差的理论值为零等。但由于观测误差的存在，实际观测结果很难完全符合上述情况，如三角形内角观测值之和不等于180°，闭合水准路线观测高差闭合差不等于0等。这些现象表明：①观测成果中存在误差；②在测量工作中必须进行必要的多余观测。

在测绘学科中，确定未知量的最小观测次数称为必要观测数，多于必要观测数的观测次数称为多余观测数，用式(1-2)表示，即

$$r = n - t \tag{1-2}$$

式中　r——多余观测数；

n——总观测数；

t——必要观测数。

以确定图1-1(a)中A、B两点之间的水平距离S_{AB}为例。因为观测1次即可知道距离大小，所以必要观测数$t=1$。但实际工作中，往往需要进行多次观测。不妨设总观测数$n=2$，则多余观测数$r=1$。通过观测值L_1，虽然获得了两点间的距离，但在L_1中，并不能体现观测值中是否包含误差以及误差的大小。增加多余观测值L_2，通常情况下，两次观测值间的不符值$\Delta L(\Delta L=L_1-L_2)$不等于0，表明观测值中含有误差，且$\Delta L$超出限差规定时，观测值中存在粗差。取$S_{AB}=\frac{1}{2}(L_1+L_2)$即两次观测值的平均值为距离成果，相对直接观测值$L_1$和$L_2$，成果质量更优。

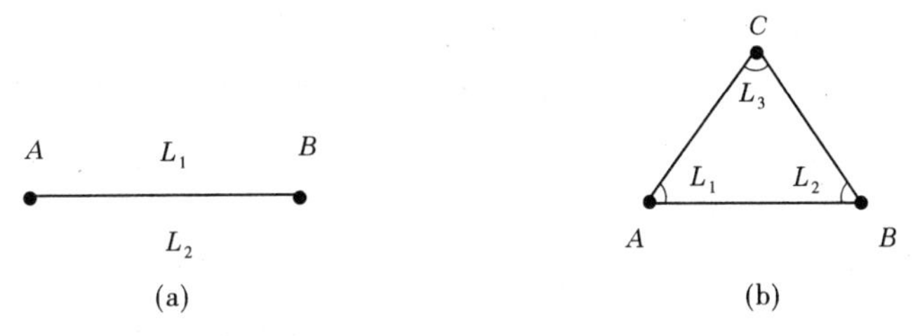

图1-1

又如，为了确定图1-1(b)中$\triangle ABC$的形状，因为观测任意两个内角，即可算出第三个内角的大小，所以必要观测数$t=2$。但在实际工作中，为了发现粗差并提高观测成果的精度，往往观测全部内角，总观测数$n=3$。当三角形的内角和闭合差满足限差要求时，三角形各内角的估值为：

$$\hat{L}_i = L_i - \frac{W}{3} \quad (i = 1,2,3) \tag{1-3}$$

式中，$W=L_1+L_2+L_3-180°$。

显然,经过闭合差分配后的各内角值,相对直接观测值,精度更高。

需要指出的是,在测量工作中,为了能及时发现粗差或错误,并提高测量成果的质量,必须进行多余观测,这是测量平差存在的基础。如果没有多余观测,观测值间的不符值所满足的函数关系无法建立,也就不可能对观测结果进行平差处理。

一、测量平差的任务

综上所述,测量平差的任务主要包括两个方面:

(1)处理由于多余观测产生的观测值间的不符值或闭合差,求出未知量的最佳估值。

(2)评定观测值及其函数估值的精度,即评定观测成果的质量。

二、本课程的主要内容

作为测绘类专业学生必修的一门主要专业基础课,本书的主要内容包括:

(1)偶然误差的基本理论。包括偶然误差的特性、衡量精度的指标、误差传播定律及其应用、权的概念及其应用。

(2)测量平差的基本原理及相关数学模型。

(3)测量平差的基本方法。包括条件平差法、间接平差法、附有参数的条件平差法、附有限制条件的间接平差法。

(4)误差椭圆的基本知识。

第三节　学习测量平差的方法和目的

测量平差的理论和方法是研究测绘学科数据处理问题的基础,是测绘类专业学生必修的一门专业基础课,是学习其他专业课程的必备基础。测量平差既是一门专业基础课,培养学生掌握扎实的测绘数据处理理论基础;又是一门"工具"或"方法"性课程,能培养学生具备逻辑推理、定量分析和解决实际问题的能力。

学生学习测量平差课程之前,要求较好地掌握高等数学、线性代数、概率论与数理统计等数学基础知识;在本课程学习中,还要求学生在掌握教师讲授内容的同时,对涉及的相关数学知识进行有针对性的复习,并要求仔细理解书中的每一道例题,认真做好每一章后的练习,尽可能借助有关计算工具完成(实现)计算过程,不断加深对基本概念、基本理论的理解,促进动手能力的提高;学生在学习过程中,要科学利用教师安排的师生互动交流机会,对教师上课提出合理化建议,便于教师调整、改进教学方式,提高教学效果。

测量平差的教学目的,是帮助学生建立测量平差理论的完整体系,培养学生理论联系实际、分析问题与解决问题的能力以及实际操作技能,为今后更好地从事测绘工作打下良好的基础。

习　题

1. 举例说明用全站仪进行方向观测时,哪些情况下会出现粗差。
2. 用自己的语言总结系统误差与偶然误差的主要区别。
3. 为什么测绘工作者在进行角度观测时需要采用盘左、盘右的方式进行?

4. 指出测量工作中多余观测的必要性。

5. 分别指出进行下述测量工作时，可能存在的系统误差与偶然误差项：

(1)用钢尺量距。

(2)用测距仪测距。

(3)用自动安平水准仪观测高差。

(4)用全站仪进行方向观测。

6. 指出钢尺量距过程中，下列误差的性质及符号：

(1)尺长不准确。

(2)尺不水平。

(3)尺长鉴定过程中，尺长与标准尺比较产生的误差。

(4)读数时估读小数不准确。

(5)尺端偏离读数方向。

7. 指出水准测量中，下列误差的性质：

(1)存在视差。

(2)符合气泡不居中。

(3)水准尺没有立直。

(4)前、后视距不相等。

(5)水准尺下沉。

(6)水准仪下沉。

(7)水准管轴与视准轴不平行。

(8)读数时估计不准确。

(9)地球曲率。

8. 图 1-2 中，A、B 是已知点，P 是待定点，h_1、h_2 表示观测高差，α、β 及 γ 表示观测角度，S_1、S_2 表示观测边长，为确定待定点 P 的高程或平面坐标，分别指出各图形中的总观测数 n、必要观测数 t 及多余观测数 r。

（提示：(a)$n=2$，$t=1$，$r=1$；(b)$n=3$，$t=2$，$r=1$；(c)$n=2$，$t=2$，$r=0$；(d)$n=5$，$t=2$，$r=3$）

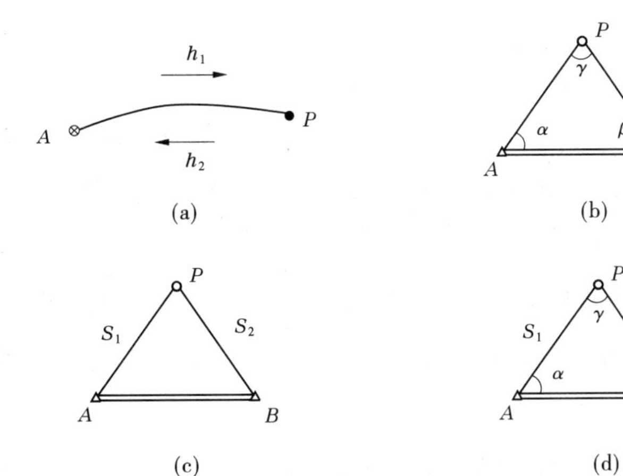

图 1-2

第二章　误差分布与精度指标

学习目标

熟悉偶然误差的性质；掌握衡量精度的指标、计算方法、协方差传播律的含义及其应用；理解权的含义及测量工作中常用的定权方法；掌握协因数传播律及其应用；理解如何根据真误差评定观测成果精度的原理。

【学习导入】

测量平差的任务之一是评定测量成果的精度。本章结合三角形内角和闭合差实例，对偶然误差的性质进行详细说明，并在此基础上对单一观测值、观测值向量及其函数的精度指标概念及其计算进行详细论述。

前面指出，受观测条件的限制，观测数据中不可避免地含有误差。系统误差对观测结果的影响一般具有累积的作用，它对成果质量的影响特别显著，故在实际工作中，应该采用各种方法来消除或削弱系统误差，或者减少它对测量成果的影响，达到实际上可以忽略不计的程度；此外，通过多余观测等手段，发现并剔除存在粗差的观测值。在本课程中，测量平差数据处理的对象是指仅包含偶然误差的一系列观测值。本章的主要内容包括偶然误差的规律性、衡量精度的指标、协方差传播律及其在测量上的应用、权与定权的常用方法、协因数和协因数传播律、由真误差计算中误差及其实际应用等。

第一节　偶然误差的规律性

一、观测误差的表达形式

任何一个观测量，客观上总存在着一个能代表其真正大小的数值，这一数值就称为该观测量的真值。需要注意的是，大多数情况下，直接观测量的真值是不知道的，从概率和数理统计的观点来看，我们视观测值的数学期望为它的真值。

设进行了 n 次观测，其观测值为 $L_1, L_2, \cdots, L_n$，假定观测值的真值为 $\widetilde{L}_1, \widetilde{L}_2, \cdots, \widetilde{L}_n$，由于观测误差的存在，每一观测值 L_i 与其真值 $\widetilde{L}_i$ 或 $E(L_i)$ 之间存在一个差数，设为

$$\Delta_i = \widetilde{L}_i - L_i \tag{2-1}$$

式中　Δ_i——观测值的真误差，有时也简称为误差；

$\widetilde{L}_i$——观测值的真值；

L_i——观测值。

用向量表示,其形式为

$$\Delta = \tilde{L} - L \tag{2-2}$$

其中

$$\Delta = \begin{bmatrix} \Delta_1 \\ \Delta_2 \\ \vdots \\ \Delta_n \end{bmatrix}, \tilde{L} = \begin{bmatrix} \tilde{L}_1 \\ \tilde{L}_2 \\ \vdots \\ \tilde{L}_n \end{bmatrix}, L = \begin{bmatrix} L_1 \\ L_2 \\ \vdots \\ L_n \end{bmatrix}$$

若以被观测量的数学期望表示其真值,即

$$E(L) = [E(L_1) \quad E(L_2) \quad \cdots \quad E(L_n)]^{\mathrm{T}}$$

则

$$\begin{cases} \tilde{L} = E(L) \\ \Delta = E(L) - L \end{cases} \tag{2-3}$$

如前所述,上述观测值中是假定不含系统误差和粗差的,因此这里的 Δ 仅仅是指偶然误差。

在本书后面的学习中,将会涉及数学期望的几个重要性质(假设遇到的随机变量的数学期望存在):

(1)设 C 是常数,则有 $E(C)=C$;

(2)设 X 是一个随机变量,C 是常数,则有

$$E(CX) = CE(X)$$

(3)设 X、Y 是两个随机变量,则有

$$E(X+Y) = E(X) + E(Y)$$

这一性质可以推广到任意有限个随机变量之和的情况。

(4)设 X、Y 是相互独立的随机变量,则有

$$E(XY) = E(X)E(Y)$$

这一性质可以推广到任意有限个相互独立的随机变量之积的情况。

二、偶然误差的性质

第一章中指出,就单个偶然误差而言,其大小和符号没有规律性,但就其总体而言,却呈现出一定的统计规律性,即在相同的观测条件下,大量偶然误差的分布呈现统计规律性;另外,由数理统计理论知道,如果各个误差项对其总和的影响都是均匀的小,即没有一项比其他项的影响占绝对优势时,其总和是服从或近似服从正态分布的随机变量,因此偶然误差的和也具有一定的统计规律性。偶然误差又称为随机误差。下面通过两个实例来说明这种规律性。

(一)实例1——射击打靶

对于一个优秀的射手来说,随机给他一支枪,如果他射击一次,击中靶的位置是难以预料的,连续射击数次,其射击情况如图2-1所示。显然,出现图2-1(b)中的情况是由枪支瞄

准器调校不正确所致,相当于测量过程中的系统误差。对于一个优秀的射击手,在调整好瞄准器位置之后,射击情况如图2-1(a)所示。

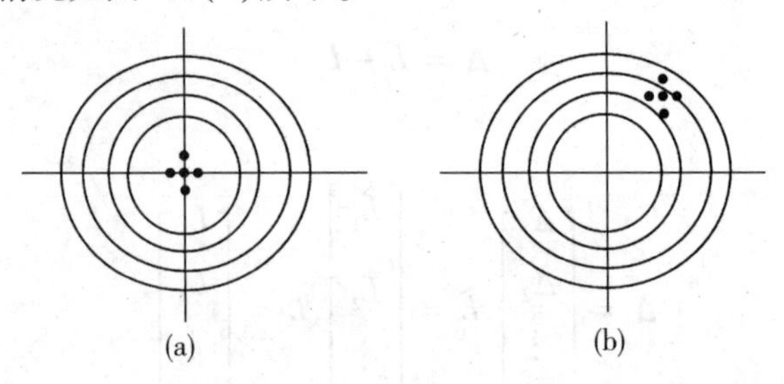

图2-1

通过观察射击位置,可以发现:

(1)越靠近靶心,点越密集;越远离靶心,点越稀疏。

(2)点以过靶心的位置呈对称分布。

(二)实例2——三角形的内角和真误差

我们知道,对于大多数直接观测量来说,观测量的真值是未知的,所以观测值的误差大小也就不可能知道。为了直观地表达偶然误差的规律性,往往需要知道观测值误差的大小,所以在研究偶然误差的规律性时,一般是通过三角形内角和的真误差进行描述的。这是因为,对于平面三角形来说,其内角和的真值是已知的;而从数理统计理论中可以得出,当三角形中各个内角观测误差对三角形内角和的影响都是均匀的小,即没有一个内角观测误差的影响相对其他角的影响占绝对优势时,三角形内角观测值的和仍然是一个随机变量。

在某地区,相同的条件下,独立地观测了358个三角形的全部内角,这里假定各角度观测值只含有偶然误差。由于观测值带有误差,故各三角形三个内角和不等于其真值180°,根据式(2-1),各个三角形的内角和的真误差可由下式算出:

$$\Delta_i = 180° - (L_1 + L_2 + L_3)_i \quad (i = 1, 2, \cdots, 358)$$

式中　$(L_1 + L_2 + L_3)_i$——第i个三角形内角观测值的和。

为了体现偶然误差的规律性,从误差分布表、误差分布直方图开始,进而揭示偶然误差的概率分布。

1. 误差分布表

取误差区间的间隔$d\Delta = 0.20''$,将这一组误差按其正负号与误差值的大小排列;统计误差出现在各区间内的个数v_i及误差出现在某个区间的频率$f_i = \frac{v_i}{n}(n = 358)$,并列于表2-1中。

从表中可以看出:

(1)误差的绝对值有一定的限值。

(2)绝对值较小的误差个数比绝对值较大的误差个数要多。

(3)绝对值相等的正负误差个数相近。

误差分布的情况,除采用误差分布表的形式外,还可以进一步利用被称为直方图的图形来表示。

2. 误差分布直方图

绘图时,以横坐标表示误差的大小Δ,纵坐标表示各区间内误差出现的频率除以区间的间隔值，即$f_i/\mathrm{d}\Delta$，由表2-1中的数据绘制的图形如图2-2所示。这种图通常称为直方图，它形象地表示了误差的分布情况。显然，图中每一个长方条的面积代表了误差出现在该区间的频率。

表2-1

误差的区间(″)	$\Delta>0$			$\Delta<0$			说明
	v_i	f_i	$\frac{f_i}{\mathrm{d}\Delta}$	v_i	f_i	$\frac{f_i}{\mathrm{d}\Delta}$	
0.00~0.20	45	0.126	0.630	46	0.128	0.640	
0.20~0.40	40	0.112	0.560	41	0.115	0.575	
0.40~0.60	33	0.092	0.460	33	0.092	0.460	
0.60~0.80	23	0.064	0.320	21	0.059	0.295	$\mathrm{d}\Delta=0.20''$，区间左端值的误差算入该区间内
0.80~1.00	17	0.047	0.235	16	0.045	0.225	
1.00~1.20	13	0.036	0.180	13	0.036	0.180	
1.20~1.40	6	0.017	0.085	5	0.014	0.070	
1.40~1.60	4	0.011	0.055	2	0.006	0.030	
1.60以上	0	0	0	0	0	0	
合计	181	0.505		177	0.495		

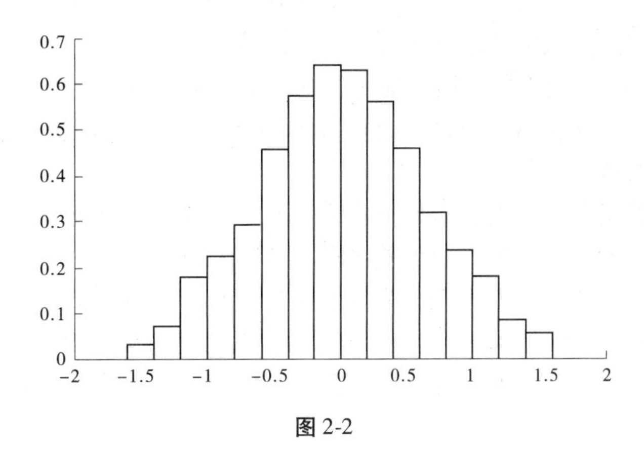

图2-2

从直方图上可以更清楚地看出：

(1)闭合差不超过一定的限值。

(2)绝对值较小的误差出现的频率高。

(3)绝对值相等的正负误差出现的个数大致相等。

由数理统计理论可知，在相同观测条件下所得到的一组独立观测值的误差，只要误差的总数足够多，那么误差出现在各区间内的频率就总是稳定在某一常数(理论频率)附近，而且观测个数愈多，稳定的程度也就愈高。就表2-1而言，在观测条件不变的情况下，如果观测更多的三角形，随着观测的个数越来越多，误差出现在各区间的频率，其变动的幅度也就越来越小。当$n\to\infty$时，各频率也就稳定在一个确定的值，这就是误差出现在各区间的频率。就是说，在一定的观测条件下，对应着一种确定的分布。

在观测误差数$n\to\infty$的情况下，由于误差出现的频率已经完全稳定，如果此时把误差区间间隔无限缩小，则可想象到图2-2中各长方条顶边所形成的折线将变成如图2-3所示的

光滑曲线。这种曲线就是误差的概率分布曲线,或称为概率密度曲线。由此可见,随着 n 的增大,偶然误差的频率分布将以正态分布为其极限,因此在以后的理论研究中,均以正态分布作为描述偶然误差分布的数学模型。

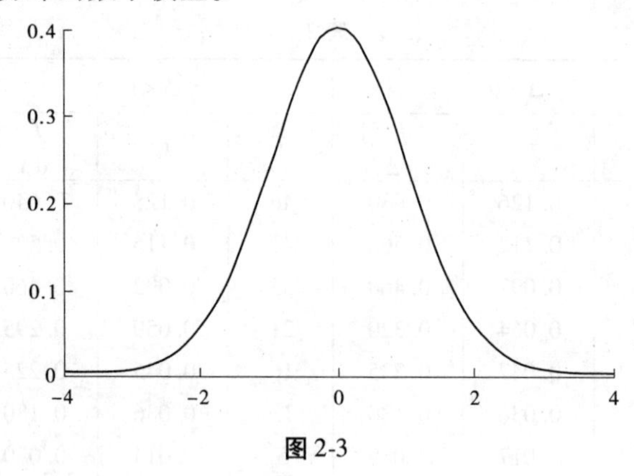

图 2-3

3. 误差的理论分布

依据高斯理论,偶然误差的概率密度函数为

$$f(\Delta) = \frac{1}{\sqrt{2\pi}\sigma}e^{-\frac{\Delta^2}{2\sigma^2}} \tag{2-4}$$

图 2-3 即为期望 $u=0$、标准差 $\sigma=1$ 的概率分布图。

通过上面的讨论,用概率的术语来描述偶然误差的几个特性如下:

(1)有界性。在一定的观测条件下,误差的绝对值有一定的限值,或者说,超出一定限值的误差,其出现的概率为零。

(2)集中性。绝对值较小的误差比绝对值较大的误差出现的概率大。

(3)对称性。绝对值相等的正负误差出现的概率相同。

(4)抵偿性。偶然误差的数学期望为零。换句话说,偶然误差的理论平均值为零。

需要指出的是,根据偶然误差所表现出来的特性,可以初步判断观测值质量的好坏。如果观测误差超过某个限值,则观测值中除偶然误差外,还可能存在系统误差甚至粗差。

第二节　衡量精度的指标

一、观测条件与观测精度

所谓观测条件,是指产生误差的几个主要因素(观测者、观测仪器和观测环境或外界条件)的综合。观测条件的好坏与观测成果的质量有着密切的关系。一般来说,观测条件好,观测时所产生的误差平均来说便小,观测成果的质量就高,观测值的精度也高;反之,观测条件差,观测成果的质量就低,观测值的精度也低。因此,观测成果质量的高低客观上反映了观测条件的好坏,一定的观测条件对应一定的测量精度。对于相同观测条件下进行的一组观测,每一个观测值均称为等精度观测值。需要注意的是,由于偶然误差的随机性,即使在相同的观测条件下,对同一个量进行观测,每次观测的真误差彼此也不一定完全相等,有时甚至会相差比较大。因此,等精度观测值的数值并不一定相同。对于类型相同的不同观测量(如测角网中不同角度的观测值),在相同的观测条件下进行的两组或多组观测,也称各组观测值的精度相同或相当。

在一定的观测条件下进行的一组观测总是对应着一种确定的误差分布。若观测条件好,则其对应的误差分布一定较为密集;反之,如果观测条件差些,则误差分布较为离散,观测值的波动较大,表示该组观测质量较差,即该组观测精度较低。

由此可见,所谓观测精度,就是指该组观测值误差分布密集或离散的程度。在两种不同的观测条件下,将会得到两条分布密度曲线,一条陡峭,一条平缓。陡峭的说明误差分布较为密集,小误差出现的个数较多,当然观测精度要高些;平缓的说明误差分布较为离散,这组观测值的精度低些。

二、几种常用的精度指标

精度是指误差分布密集或离散的程度。由中误差的定义可知,精度也可以表示为各观测结果与其数学期望的接近程度。当观测值中仅含偶然误差时,其数学期望就是真值,在这种情况下,精度描述观测值与真值的接近程度,是表征观测结果的偶然误差大小的程度。

(一)方差

由数理统计知识可知,随机变量 X 的方差定义为

$$\sigma_X^2 = E\{[X - E(X)]^2\} = \int_{-\infty}^{+\infty} [X - E(X)]^2 f(X)\mathrm{d}X \tag{2-5}$$

式中　$f(X)$——X 的概率密度函数。

X 的方差记为 $D(X)$ 或 D_{XX}。设 C 为常数,根据方差的定义,方差具有如下性质:

(1)$D(C)=0$。

(2)$D(C+X)=D(X)$。

(3)$D(CX)=C^2D(X)$。

观测值 L 和观测值的真误差 Δ 均为随机变量,因此它们的方差为

$$\begin{cases} D(L) = \sigma_L^2 = E\{[L - E(L)]^2\} \\ D(\Delta) = \sigma_\Delta^2 = E\{[\Delta - E(\Delta)]^2\} \end{cases} \tag{2-6}$$

顾及 $E(\Delta)=0, E(L)=\tilde{L}, [L-E(L)]^2=(\tilde{L}-L)^2=\Delta^2$,则

$$D(L) = D(\Delta) = E(\Delta^2) \tag{2-7}$$

可见,任一观测值的方差与其误差的方差相等。

由式(2-4)知,Δ 的密度分布函数为

$$f(\Delta) = \frac{1}{\sqrt{2\pi}\sigma}\mathrm{e}^{-\frac{\Delta^2}{2\sigma^2}}$$

所以

$$D(L) = D(\Delta) = E(\Delta^2) = \sigma^2 \tag{2-8}$$

根据数学期望的定义,又可将方差表示为

$$\sigma^2 = D(\Delta) = E(\Delta^2) = \lim_{n\to\infty}\frac{[\Delta\Delta]}{n} \tag{2-9}$$

σ^2 的平方根 σ 称为标准差或中误差,即

$$\sigma = \sqrt{\lim_{n \to \infty} \frac{[\Delta\Delta]}{n}} \tag{2-10}$$

应该指出,式(2-9)、式(2-10)只是在观测个数 n 充分大时才成立。实际上,观测个数 n 总是有限的,因此当 n 有限时,我们只能依据有限的真误差数计算方差 σ^2 和标准差 σ 的估值,习惯上记作 $\hat{\sigma}^2$ 和 $\hat{\sigma}$。$\hat{\sigma}^2$ 和 $\hat{\sigma}$ 的计算公式为

$$\hat{\sigma}^2 = \frac{[\Delta\Delta]}{n}, \hat{\sigma} = \sqrt{\frac{[\Delta\Delta]}{n}} \tag{2-11}$$

注意:在一定的观测条件下,Δ 具有确定不变的概率分布,即方差 σ^2 和标准差 σ 均为定值,是一个固定不变的常数。而由式(2-11)得到的估值 $\hat{\sigma}^2$ 和 $\hat{\sigma}$ 将随着 n 的多少及试验中观测值的随机性发生变动,即方差、标准差的估值 $\hat{\sigma}^2$ 和 $\hat{\sigma}$ 仍是一个随机变量,且当 n 逐渐增大时,$\hat{\sigma}^2$ 和 $\hat{\sigma}$ 越来越接近于理论值 σ^2 和 σ。

【例2-1】 检定一架刚刚购进的经纬仪的测角精度,现对某一精确测定的水平角 $\beta = 85°24'37.0''$(设无误差)做25次观测,根据观测结果,算得各次的观测误差 Δ_i 如表2-2所示。

表2-2

序号	$\Delta_i('')$	序号	$\Delta_i('')$	序号	$\Delta_i('')$	序号	$\Delta_i('')$
1	+1.5	8	-0.3	15	+0.8	22	+1.2
2	+1.3	9	-0.5	16	-0.3	23	+0.6
3	+0.8	10	+0.6	17	-0.9	24	-0.3
4	-1.1	11	-2.0	18	-1.1	25	+0.8
5	+0.6	12	-0.7	19	-0.4		
6	+1.1	13	-0.8	20	-1.3		
7	+0.2	14	-1.2	21	-0.9		

试根据 Δ_i 计算测角精度 $\hat{\sigma}^2$ 和 $\hat{\sigma}$。

解 由 Δ_i 算得:

$$[\Delta\Delta] = 22.61('')^2$$

由式(2-11)计算测角精度得:

$$\hat{\sigma}^2 = \frac{[\Delta\Delta]}{n} = \frac{22.61}{25} = 0.90('')^2$$

$$\hat{\sigma} = \sqrt{\hat{\sigma}^2} = \sqrt{0.90} = 0.95''$$

【例2-2】 在相同观测条件下,观测了某一测区的20个三角形的全部内角,并按公式 $\Delta_i = 180° - (\beta_1 + \beta_2 + \beta_3)_i$ 计算出了20个三角形的闭合差(三个内角和的真误差)如表2-3所示。

表2-3

序号	$\Delta_i('')$	序号	$\Delta_i('')$	序号	$\Delta_i('')$	序号	$\Delta_i('')$
1	+1.8	6	-1.0	11	-0.8	16	+1.7
2	+0.6	7	+1.3	12	-1.1	17	-2.4
3	-2.0	8	+0.5	13	+2.5	18	+1.4
4	-1.3	9	-1.2	14	+2.0	19	+1.1
5	+1.2	10	-0.7	15	+1.3	20	+3.0

试根据 Δ_i 计算三个内角和的方差和标准差的估值 $\hat{\sigma}_{\Sigma}^2$ 和 $\hat{\sigma}_{\Sigma}$。

解　由式(2-11)得:

$$\hat{\sigma}_{\Sigma}^2 = \frac{[\Delta\Delta]}{n} = \frac{50.21}{20} = 2.51('')^2$$

$$\hat{\sigma}_{\Sigma} = \sqrt{\hat{\sigma}_{\Sigma}^2} = \sqrt{2.51} = 1.58''$$

(二)极限误差

极限误差在实际测量工作中是经常采用的。我国各类测量规范明确规定了相应控制精度要求下的极限误差值,即限差。如在城市地区,为满足 1∶2 000～1∶500 比例尺地形测图和城市建设施工放样的需要,按城市范围大小,需布设不同等级的平面和高程控制网,城市三角测量的主要技术指标(部分)见表 2-4,城市各等级水准测量的主要技术要求(部分)见表 2-5。表 2-4 中最弱边边长相对中误差、三角形最大闭合差,表 2-5 中往返测高差不符值等指标即为限差。

表 2-4

等级	平均边长(km)	测角中误差('')	最弱边边长相对中误差	测回数			三角形最大闭合差('')
				DJ_1	DJ_2	DJ_6	
二	9	±1.0	≤1/120 000	12	—	—	±3.5
三	5	±1.8	≤1/80 000	6	9	—	±7.0
四	2	±2.5	≤1/45 000	4	6	—	±9.0

表 2-5

等级	每千米高差中数中误差(mm)		附合路线长度(km)	测段往返测高差不符值(mm)	附合路线或环线闭合差(mm)
	偶然中误差	全中误差			
二	±1	±2	400	$\pm 4\sqrt{R}$	$\pm 4\sqrt{L}$
三	±3	±6	45	$\pm 12\sqrt{R}$	$\pm 12\sqrt{L}$
四	±5	±10	15	$\pm 20\sqrt{R}$	$\pm 20\sqrt{L}$
图根	±10	±20	8		$\pm 40\sqrt{L}$

注:R 为测段长度;L 为附合路线或环线长度。

下面解释规定极限误差大小的根据。

由概率知识有:

$$P(-\sigma < \Delta < +\sigma) = 0.683$$

$$P(-2\sigma < \Delta < +2\sigma) = 0.954$$

$$P(-3\sigma < \Delta < +3\sigma) = 0.997$$

可见,大于 3 倍标准差的观测误差 Δ 出现的概率只有 0.3%,是小概率事件。在一次观测中,可以认为是不可能事件。因此,通常将 3 倍的标准差作为极限误差,即

$$\Delta_{限} = 3\sigma \tag{2-12}$$

也有规定 2 倍标准差作为极限误差的,即

$$\Delta_{限} = 2\sigma \tag{2-13}$$

【例2-3】 有一段距离,其观测值及中误差为 345.675 m ± 15 mm,试估算这个观测值真误差的实际可能范围是多少?

解 根据极限误差的意义,若极限误差取2倍中误差,则真误差的范围为

$$|\Delta| < 2\sigma \Rightarrow |\Delta| < 30 \text{ mm}$$

即(-30 mm, +30 mm)。

若极限误差取3倍中误差,则真误差的范围为

$$|\Delta| < 3\sigma \Rightarrow |\Delta| < 45 \text{ mm}$$

即(-45 mm, +45 mm)。

【例2-4】 设对某观测对象进行了一组等精度观测,各观测值对应的真误差 Δ_i 分别为 0, -1, -7,2,1, -1,8,0, -3,1。若规定 $\Delta_{限} = 2\sigma$,求该组观测值的中误差 $\hat{\sigma}$。

解 由式(2-11)得

$$\hat{\sigma} = \sqrt{\frac{[\Delta\Delta]}{n}} = \sqrt{\frac{130}{10}} = 3.6$$

请分析上述计算过程及结果正确吗?

提示:中误差是用来衡量偶然误差的精度指标,上述计算过程是不完整的。由于规定了 $\Delta_{限} = 2\sigma$,则原观测值中真误差为8时对应的观测值包含粗差,在计算该组观测值中误差时,需要在上述计算结果的基础上,剔除包含粗差的观测值后,重新计算,于是有

$$\hat{\sigma} = \sqrt{\frac{[\Delta\Delta]}{n}} = \sqrt{\frac{66}{9}} = 2.7$$

同理,继续剔除真误差为7的观测值,则

$$\hat{\sigma} = \sqrt{\frac{[\Delta\Delta]}{n}} = \sqrt{\frac{17}{8}} = 1.46$$

故依题意,该组观测值的中误差 $\hat{\sigma} = 1.5$。

(三)相对中误差

相对中误差常用于衡量边长观测值精度。这是因为在边长观测值中,常采用单位长度上精度的大小即相对误差来表征边长观测值的精度,因此相对中误差的定义是中误差与观测值之比。可见,相对中误差是一个无单位值。为方便比较,通常将分子化为1。在此情况下,分母的数值越大,则边长观测值的精度越高。

【例2-5】 现有两段边长,其观测值分别为 $S_1 = 600$ m、$S_2 = 300$ m,各观测值的中误差相同,即 $\hat{\sigma}_1 = \hat{\sigma}_2 = 30$ mm。试求两边长观测值的相对中误差并比较其精度高低。

解 按相对中误差定义计算:

$$\frac{\hat{\sigma}_1}{S_1} = \frac{30}{600\ 000} = \frac{1}{20\ 000}$$

$$\frac{\hat{\sigma}_2}{S_2} = \frac{30}{300\ 000} = \frac{1}{10\ 000}$$

可见,第一条边的观测精度高于第二条边的观测精度。

从本例可以发现,如果仅以中误差衡量观测值的精度,则两条边的观测精度相同,这明显与我们的直观感受不一致。用相对中误差衡量观测值的精度,弥补了仅用中误差衡量观

测值精度指标的不足。

三、观测值方差的计算

(一)当真值已知时的方差计算

当观测量或观测对象真值或理论值已知时,直接按式(2-11)估算观测值的方差和中误差,即

$$\hat{\sigma}^2 = \frac{[\Delta\Delta]}{n}, \hat{\sigma} = \sqrt{\frac{[\Delta\Delta]}{n}}$$

式中　$[\Delta\Delta]$——$\sum\limits_{i=1}^{n}\Delta_i^2, \Delta_i = \widetilde{L} - L_i (i = 1, 2, \cdots, n)$。

前述例 2-1、例 2-2 即为这种情况。

(二)当真值未知时的方差计算

当观测对象真值或理论值未知时,先计算观测值的算术平均值作为其真值的估值,计算公式为

$$\overline{X} = \frac{1}{n}\sum_{i=1}^{n} X_i \tag{2-14}$$

在此基础上,按式(2-15)计算观测值的方差:

$$\hat{\sigma}^2 = \frac{1}{n-1}\sum_{i=1}^{n}(X_i - \overline{X})^2 = \frac{1}{n-1}\sum_{i=1}^{n}(\delta_i)^2 = \frac{[\delta\delta]}{n-1} \tag{2-15}$$

为了保证子样方差的无偏性,式(2-15)的分母采用 $n-1$ 而不用 n。

图 2-4

【例 2-6】　如图 2-4 所示,在测站 D 上用经纬仪分别观测了三个方向 A、B 和 C,得 10 个测回的方向观测值 a、b、c 如表 2-6 中对应列所示,求各方向观测值的方差和标准差。

表 2-6

序号	a (° ′ ″)	b (° ′ ″)	c (° ′ ″)	δ_a	δ_a^2	δ_b	δ_b^2	δ_c	δ_c^2
1	28 47 29	47 18 19	69 50 34	−2.3	5.29	−0.4	0.16	1.2	1.44
2	28 47 34	47 18 20	69 50 35	2.7	7.29	0.6	0.36	2.2	4.84
3	28 47 28	47 18 18	69 50 33	−3.3	10.89	−1.4	1.96	0.2	0.04
4	28 47 33	47 18 17	69 50 35	1.7	2.89	−2.4	5.76	2.2	4.84
5	28 47 35	47 18 24	69 50 31	3.7	13.69	4.6	21.16	−1.8	3.24
6	28 47 35	47 18 18	69 50 30	3.7	13.69	−1.4	1.96	−2.8	7.84
7	28 47 31	47 18 16	69 50 29	−0.3	0.09	−3.4	11.56	−3.8	14.44
8	28 47 29	47 18 25	69 50 32	−2.3	5.29	5.6	31.36	−0.8	0.64
9	28 47 27	47 18 19	69 50 32	−4.3	18.49	−0.4	0.16	−0.8	0.64
10	28 47 32	47 18 18	69 50 37	0.7	0.49	−1.4	1.96	4.2	17.64
合计				0	78.10	0	76.40	0	55.60

解　(1)计算各观测方向均值。由表2-6中的数据,按式(2-14)可计算各方向均值分别为

$$\bar{a}=28°47'31.3'',\quad \bar{b}=47°18'19.4'',\quad \bar{c}=69°50'32.8''$$

(2)计算各观测方向改正值。按公式 $\delta_i=x_i-\bar{x}$ 计算,计算结果见表2-6对应列。

(3)计算各观测方向方差及标准差。按式(2-15)可计算各方向方差,中间过程计算见表2-6对应列,则

$$\hat{\sigma}_a^2=\frac{78.10}{9}=8.68('')^2,\hat{\sigma}_a=2.95''$$

$$\hat{\sigma}_b^2=\frac{76.40}{9}=8.49('')^2,\hat{\sigma}_b=2.91''$$

$$\hat{\sigma}_c^2=\frac{55.60}{9}=6.18('')^2,\hat{\sigma}_c=2.49''$$

四、精度与准确度

如前所述,所谓观测值的精度,是指在一定的观测条件下,一组观测值密集与离散的程度,方差是衡量观测值精度的指标之一。由方差的定义式(2-5)可知,精度实际上反映了该组观测值与其理论平均值,即与其数学期望接近或离散的程度。当观测个数充分大时,也可以说,精度是以观测值自身的平均值为标准的。观测条件好,观测值越密集,则该组观测值的精度越高。

所谓准确度,是指观测值的真值与其数学期望的差值,是用于衡量系统误差大小的指标,可用公式表示,即

$$\varepsilon=\tilde{L}-E[L]$$

从上式可以看出,准确度是表示观测向量的数学期望的真误差。由各自的定义可知,精度与准确度分别用于表征观测值分布的离散程度和系统误差的大小,二者之间没有必然的联系。对两组不同的观测值,精度高,准确度不一定高,反之亦然。仍以图2-5射击为例,准确度相当于射击点的分布平均值偏离靶心的距离,精度相当于射击点的位置分布密集或离散程度。根据图中射击点的分布情况,可以发现乙射击手精度高但准确度低,甲射击手准确度高但精度低。

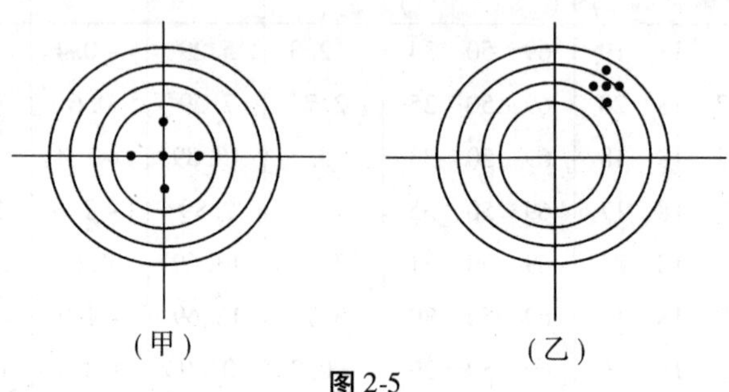

图2-5

相对于测量观测值,如果观测值精度高说明偶然误差较小,准确度高说明系统误差或粗差较小。

【延伸学习】

通常情况下,观测值同时受偶然误差和系统误差的综合影响。综合误差 Ω 定义式为

$$\Omega=\Delta+\varepsilon$$

综合误差是用精确度来度量的。精确度是精度和准确度的合成,衡量精确度的数字指标是均方误差 MSE(Mean Square Error)。设观测值为 X,均方误差的定义为

$$MSE(X)=E\,(X-\widetilde{X})^2$$

由于

$$\begin{aligned}MSE(X)&=E\,(X-\widetilde{X})^2\\&=E\,[\,(X-E(X))+(E(X)-\widetilde{X})\,]^2\\&=E\,(X-E(X))^2+E\,(E(X)-\widetilde{X})^2+2E[\,(X-E(X))(E(X)-\widetilde{X})\,]\\&=\sigma^2+\varepsilon^2+2E[\,(X-E(X))(E(X)-\widetilde{X})\,]\end{aligned}$$

因为

$$E[\,(X-E(X))(E(X)-\widetilde{X})\,]=(E(X)-E(X))(E(X)-\widetilde{X})=0$$

于是

$$MSE(X)=\sigma^2+\varepsilon^2$$

观测值的均方误差是方差 σ^2 与系统误差的平方 ε^2 的和。精确度是全面衡量观测质量的指标,当观测值中不存在系统误差时,均方误差等于方差,精确度就是精度。

【思考】

设在相同观测条件下,独立地观测了某测区 10 个平面三角形的全部内角,各三角形内角和的真误差如下(单位:″):

Δ_i:2.3,1.5,1.7,2.3,1.6,2.4,2.5,1.7,2.6,1.4

试求该组观测值的系统误差、中误差和均方误差。

解题分析:由于各三角形内角和真误差的理论值为0,但该组观测值的真误差均大于0,不符合偶然误差的特性。

(1)根据系统误差的定义式 $\varepsilon=\widetilde{L}-E(L)$,计算该组观测值的算术平均值

$$\bar{L}=\frac{[\Delta]}{n}=2.0''$$

得该组观测值的系统误差

$$\hat{\varepsilon}=\widetilde{L}-\bar{L}=0.0-2.0=-2.0('')$$

(2)对原始观测值进行系统误差改正,得仅含偶然误差的一组观测值

Δ'_i:0.3,-0.5,-0.3,0.3,-0.4,0.4,0.5,-0.3,0.6,-0.6

则该组观测值的中误差

$$\hat{\sigma}=\sqrt{\frac{[\Delta'^2_i]}{n}}=\sqrt{\frac{1.9}{10}}=0.4('')$$

(3)按均方误差的定义式,即有

$$MSE(X)=\sigma^2+\varepsilon^2=4.19('')^2$$

五、方差-协方差阵

前面讨论了单个观测值的精度问题,但在测量工作中,通常是进行一系列观测,即在测

量平差问题中,通常需要讨论由 n 个观测值所组成的 n 维观测值向量 $\underset{n1}{L}$ 的精度,为此引进方差-协方差阵的概念。

(一)一维随机变量 $\underset{11}{X}$ 的方差定义

通过前面的介绍,一维随机变量 X 的方差 D_{XX} 的定义式为

$$D_{XX} = \sigma_X^2 = E\{[X - E(X)]^2\} \tag{2-16}$$

为便于后面公式的推导,将式(2-16)在形式上做等价变换,即

$$D_{XX} = E\{[X - E(X)][X - E(X)]^{\mathrm{T}}\} \tag{2-17}$$

由于 $\Delta X_i = E(X) - X_i$,式(2-16)又可以写成:

$$D_{XX} = \sigma_X^2 = E(\Delta_X \Delta_X^{\mathrm{T}}) = \lim_{n\to\infty} \frac{[\Delta_X^2]}{n} \tag{2-18}$$

(二)一维随机变量 $\underset{11}{X}$ 关于另一个一维随机变量 $\underset{11}{Y}$ 的协方差定义

依照一维变量方差的定义,一维随机变量 $\underset{11}{X}$ 关于另一个一维随机变量 $\underset{11}{Y}$ 协方差的定义为

$$D_{XY} = E\{[X - E(X)][Y - E(Y)]^{\mathrm{T}}\} \tag{2-19}$$

由于 $\Delta Y_i = E(Y) - Y_i$,式(2-19)又可以写成:

$$D_{XY} = \sigma_{XY} = E(\Delta_X \Delta_Y^{\mathrm{T}}) = \lim_{n\to\infty} \frac{[\Delta_X \Delta_Y]}{n} \tag{2-20}$$

由统计理论知,一维随机变量的方差表示该随机变量的离散程度,而协方差表示两个随机变量的相关程度,并由相关系数表示。相关系数的定义式为

$$\rho_{XY} = \frac{\sigma_{XY}}{\sigma_X \sigma_Y} \tag{2-21}$$

当 $\sigma_{XY} = 0$ 时,$\rho_{XY} = 0$,表示两个统计变量互不相关。当 X、Y 为服从二维正态分布的随机变量时,X、Y 互不相关与 X、Y 互相独立等价。

【学习提示】 在概率论与数理统计中,A、B 两事件相互独立的含义是指一个事件发生,不影响另一个事件发生的概率。对于两个事件间的独立性,实际应用时,一般不会按 $P(AB) = P(A)P(B)$ 验证,而是根据事件背景判断。以观测图 2-4 中 A、B、C 三个方向为例,由于观测任一方向均不受其他方向的影响,图中各方向观测值是互相独立的。

(三)t 个随机变量 $X_i(i = 1, 2, \cdots, t)$ 所组成的 t 维随机向量 $\underset{t1}{X}$ 的方差阵 D_{XX} 定义

设

$$\underset{t1}{X} = [X_1 \quad X_2 \quad \cdots \quad X_t]^{\mathrm{T}}$$

则 t 维随机向量 $\underset{t1}{X}$ 的方差阵的表达式定义为

$$\begin{aligned} D_{XX} &= E\{[X - E(X)][X - E(X)]^{\mathrm{T}}\} \\ &= E\left\{\begin{bmatrix} X_1 - E(X_1) \\ X_2 - E(X_2) \\ \vdots \\ X_t - E(X_t) \end{bmatrix} [X_1 - E(X_1) \quad X_2 - E(X_2) \quad \cdots \quad X_t - E(X_t)]\right\} \end{aligned}$$

$$= \begin{bmatrix} \sigma_{X_1}^2 & \sigma_{X_1X_2} & \cdots & \sigma_{X_1X_t} \\ \sigma_{X_2X_1} & \sigma_{X_2}^2 & \cdots & \sigma_{X_2X_t} \\ \vdots & \vdots & & \vdots \\ \sigma_{X_tX_1} & \sigma_{X_tX_2} & \cdots & \sigma_{X_t}^2 \end{bmatrix}_{t\times t} \tag{2-22}$$

为书写方便，$\underset{t1}{X}$ 的方差阵可以简记为

$$D_{XX} = \begin{bmatrix} \sigma_1^2 & \sigma_{12} & \cdots & \sigma_{1t} \\ \sigma_{21} & \sigma_2^2 & \cdots & \sigma_{2t} \\ \vdots & \vdots & & \vdots \\ \sigma_{t1} & \sigma_{t2} & \cdots & \sigma_t^2 \end{bmatrix}_{t\times t} \tag{2-23}$$

由于

$$\begin{aligned} \sigma_{ij} &= E\{[X_i - E(X_i)][X_j - E(X_j)]^{\mathrm{T}}\} \\ &= E\{[X_j - E(X_j)][X_i - E(X_i)]^{\mathrm{T}}\} \\ &= \sigma_{ji} \end{aligned} \tag{2-24}$$

所以，方差阵 D_{XX}是对称阵。

将式(2-16)、式(2-19)与式(2-22)、式(2-24)对比，知 D_{XX}中主对角元素 $\sigma_{X_i}^2$为随机变量 X_i 的方差，非主对角元素 $\sigma_{X_iX_j}$为随机变量 X_i 关于随机变量 X_j 的协方差。

当 t 维随机向量 $\underset{t1}{X}$ 中的任意两个随机变量均互不相关时，$\sigma_{X_iX_j}=0(i\neq j)$。此时，式(2-23)表示的方差阵 D_{XX}即变为对角阵。

$$D_{XX} = \begin{bmatrix} \sigma_1^2 & & & 0 \\ & \sigma_2^2 & & \\ & & \ddots & \\ 0 & & & \sigma_t^2 \end{bmatrix}_{t\times t} \tag{2-25}$$

【例 2-7】 设 $\underset{31}{L} = [L_1 \quad L_2 \quad L_3]^{\mathrm{T}}$ 中各 L_i ($i=1,2,3$)均为等精度独立观测值，其中误差为 σ，试写出 L 的方差阵。

解　由于观测向量中各观测值为独立观测值，各观测值间的互协方差为 0，所以观测向量 L 的方差阵的形式为：

$$D_{LL} = \begin{bmatrix} \sigma_1^2 & \sigma_{12} & \sigma_{13} \\ \sigma_{21} & \sigma_2^2 & \sigma_{23} \\ \sigma_{31} & \sigma_{32} & \sigma_3^2 \end{bmatrix} = \begin{bmatrix} \sigma^2 & 0 & 0 \\ 0 & \sigma^2 & 0 \\ 0 & 0 & \sigma^2 \end{bmatrix}$$

$$= \sigma^2 \begin{bmatrix} 1 & & \\ & 1 & \\ & & 1 \end{bmatrix} = \sigma^2 E$$

（四）由 t 维随机向量 $\underset{t1}{X}$ 和 r 维随机向量 $\underset{r1}{Y}$ 组成的 $t+r$ 维向量 $\underset{(t+r)1}{Z}$ 的方差阵 D_{ZZ}定义

由 t 维随机向量 $\underset{t1}{X}$ 和 r 维随机向量 $\underset{r1}{Y}$ 组成的 $t+r$ 维向量 $\underset{(t+r)1}{Z}$ 的形式为

$$\underset{(t+r)1}{Z} = \begin{bmatrix} \underset{t1}{X} \\ \underset{r1}{Y} \end{bmatrix}$$

其方差阵 D_{ZZ} 的定义

$$\begin{aligned} D_{ZZ} &= E\{[Z - E(Z)][Z - E(Z)]^{\mathrm{T}}\} \\ &= E\left\{\begin{bmatrix} X - E(X) \\ Y - E(Y) \end{bmatrix}[(X - E(X))^{\mathrm{T}}(Y - E(Y))^{\mathrm{T}}]\right\} \\ &= \begin{bmatrix} D_{XX} & D_{XY} \\ D_{YX} & D_{YY} \end{bmatrix}_{(t+r)\times(t+r)} \end{aligned} \tag{2-26}$$

式中　D_{XX}、D_{YY}——随机向量 $\underset{t1}{X}$ 和随机向量 $\underset{r1}{Y}$ 的方差阵；

D_{XY}、D_{YX}——随机向量 $\underset{t1}{X}$ 关于随机向量 $\underset{r1}{Y}$ 的协方差阵、随机向量 $\underset{r1}{Y}$ 关于随机向量 $\underset{t1}{X}$ 的协方差阵。

由于

$$\begin{aligned} D_{XY} &= E[(X - E(X))(Y - E(Y))^{\mathrm{T}}] \\ &= E\{[(Y - E(Y))(X - E(X))^{\mathrm{T}}]\}^{\mathrm{T}} \\ &= \{E[(Y - E(Y))(X - E(X))^{\mathrm{T}}]\}^{\mathrm{T}} \\ &= D_{YX}^{\mathrm{T}} \end{aligned}$$

所以,方差阵 D_{ZZ} 也是对称阵。

若 $D_{XY}=0$,则称 X 和 Y 是相互独立的随机向量。

【例 2-8】　设观测值向量 $\underset{31}{Z} = \begin{bmatrix} \underset{21}{X} \\ \underset{11}{Y} \end{bmatrix}$ 的方差阵为 $D_{ZZ} = \begin{bmatrix} 2 & 0 & -1 \\ 0 & 2 & -1 \\ -1 & -1 & 2 \end{bmatrix}$,试求 D_{XX}、D_{YY}、D_{XY}、D_{YX}。

解　根据方差阵各元素的含义,则:

$$D_{XX} = \begin{bmatrix} 2 & 0 \\ 0 & 2 \end{bmatrix}, D_{YY} = 2, D_{XY} = \begin{bmatrix} -1 \\ -1 \end{bmatrix}, D_{YX} = [-1 \quad -1]$$

可见,$D_{XY} = D_{YX}^{\mathrm{T}}$

(五)协方差 σ_{ij} 的估值 $\hat{\sigma}_{ij}$ 的计算

(1)当真值已知时,有

$$\hat{\sigma}_{ij} = \frac{[\Delta_i \Delta_j]}{n} \tag{2-27}$$

式中　Δ_i、Δ_j——观测值 L_i、L_j 同时观测时的真误差。

(2)当真值未知时,有

$$\hat{\sigma}_{ij} = \frac{1}{n-1}\sum_{i=1}^{n}(X_i - \overline{X})(Y_i - \overline{Y}) = \frac{1}{n-1}\sum_{i=1}^{n}(\delta_{X_i}\delta_{Y_i})^2 = \frac{[\delta_X \delta_Y]}{n-1} \tag{2-28}$$

式中　$\overline{X}$、$\overline{Y}$——X、Y 的子样均值。

【例 2-9】　试估算例 2-6 中三个方向值之间的协方差及其相关系数。

解　将部分数据转引,如表 2-7 所示。

(1)由表2-6中的数据,按式(2-14)已计算各方向均值分别为

$$\bar{a}=28°47'31.3'',\quad \bar{b}=47°18'19.4'',\quad \bar{c}=69°50'32.8''$$

(2)由式(2-28)可计算两个方向值之间的协方差。中间计算值如表2-7对应列所示,则

$$\hat{\sigma}_{ab}=\frac{[\delta_a\delta_b]}{n-1}=\frac{3.80}{9}=0.42('')^2$$

$$\hat{\sigma}_{ac}=\frac{[\delta_a\delta_c]}{n-1}=\frac{-1.40}{9}=-0.16('')^2$$

$$\hat{\sigma}_{bc}=\frac{[\delta_b\delta_c]}{n-1}=\frac{-6.20}{9}=-0.69('')^2$$

表2-7

序号	δ_a	δ_a^2	δ_b	δ_b^2	δ_c	δ_c^2	$\delta_a\delta_b$	$\delta_a\delta_c$	$\delta_b\delta_c$
1	-2.3	5.29	-0.4	0.16	1.2	1.44	0.92	-2.76	-0.48
2	2.7	7.29	0.6	0.36	2.2	4.84	1.62	5.94	1.32
3	-3.3	10.89	-1.4	1.96	0.2	0.04	4.62	-0.66	-0.28
4	1.7	2.89	-2.4	5.76	2.2	4.84	-4.08	3.74	-5.28
5	3.7	13.69	4.6	21.16	-1.8	3.24	17.02	-6.66	-8.28
6	3.7	13.69	-1.4	1.96	-2.8	7.84	-5.18	-10.36	3.92
7	-0.3	0.09	-3.4	11.56	-3.8	14.44	1.02	1.14	12.92
8	-2.3	5.29	5.6	31.36	-0.8	0.64	-12.88	1.84	-4.48
9	-4.3	18.49	-0.4	0.16	-0.8	0.64	1.72	3.44	0.32
10	0.7	0.49	-1.4	1.96	4.2	17.64	-0.98	2.94	-5.88
合计	0	78.10	0	76.40	0	55.60	3.80	-1.40	-6.20

(3)计算相关系数。由三个方向的方差估值 $\hat{\sigma}_a^2=8.68('')^2$、$\hat{\sigma}_b^2=8.49('')^2$、$\hat{\sigma}_c^2=6.18('')^2$,按式(2-21),则

$$\rho_{ab}=\frac{\hat{\sigma}_{ab}}{\hat{\sigma}_a\hat{\sigma}_b}=\frac{0.42}{\sqrt{8.68}\times\sqrt{8.49}}=0.05$$

$$\rho_{ac}=\frac{\hat{\sigma}_{ac}}{\hat{\sigma}_a\hat{\sigma}_c}=\frac{-0.16}{\sqrt{8.68}\times\sqrt{6.18}}=-0.02$$

$$\rho_{bc}=\frac{\hat{\sigma}_{bc}}{\hat{\sigma}_b\hat{\sigma}_c}=\frac{-0.69}{\sqrt{8.49}\times\sqrt{6.18}}=-0.10$$

可见,两个方向观测值间的相关系数很小,一般认为方向观测值之间是不相关的。

第三节 协方差传播律

前面讨论了单个随机观测量及由多个随机观测量构成的观测向量的期望、方差及各观测量间协方差的定义,以及根据观测值计算其数字特征(期望、方差)的方法。在测绘工作

中,往往会遇到某些待求量的大小并不是直接测定的,而是由观测值通过一定的函数关系计算得到的,即某些待求量是观测值的函数。例如,在平面三角形(见图2-6)中,A、B是已知点,AB点间的边长S_{AB}为已知值,观测了图中的三个内角$L_i(i=1,2,3)$,则各个内角的平差值$\hat{L}_i$为

$$\hat{L}_i = L_i - \frac{\omega}{3} \quad (i = 1,2,3)$$

式中,$\omega=(L_1+L_2+L_3)-180°$。

待定边S_1的平差值$\hat{S}_1$为

$$\hat{S}_1 = S_{AB}\frac{\sin\hat{L}_2}{\sin\hat{L}_3}$$

又如,在如图2-7所示的水准网中,待定点C的高程平差值可以由表达式

$$\hat{H}_C = H_A + \hat{h}_3$$

求得。上面的函数表达式中,既有线性形式,也有非线性形式。如何根据观测值的中误差得到观测值函数的中误差,正是协方差传播律所要回答的问题。所谓协方差传播律,就是描述观测值和观测值函数之间方差(中误差)关系的表达式。

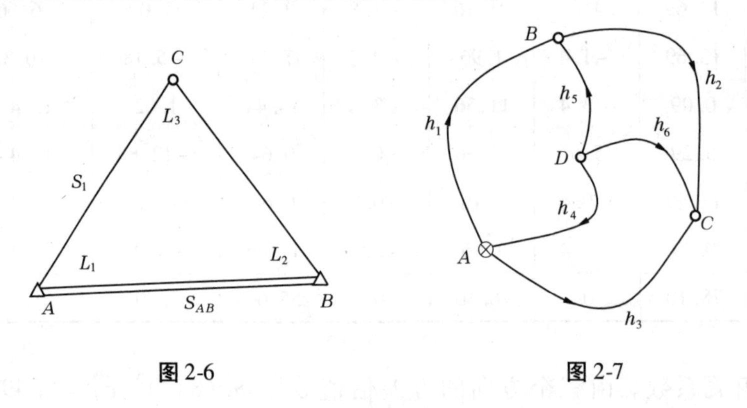

图2-6　　图2-7

一、由观测值构成的单个线性函数的方差

设函数

$$z = k_1x_1 + k_2x_2 + \cdots + k_nx_n + k_0 \tag{2-29}$$

式中　$k_1,k_2,\cdots,k_n$——常系数;

k_0——常数项;

$x_1,x_2,\cdots,x_n$——观测值。

令

$$K = (k_1 \quad k_2 \quad \cdots \quad k_n)$$
$$X = (x_1 \quad x_2 \quad \cdots \quad x_n)^{\mathrm{T}}$$
$$K^0 = (k_0), Z = z$$

设向量X的方差阵

$$D_{XX}=\begin{bmatrix}\sigma_1^2 & \sigma_{12} & \cdots & \sigma_{1n}\\ \sigma_{21} & \sigma_2^2 & \cdots & \sigma_{2n}\\ \vdots & \vdots & & \vdots\\ \sigma_{n1} & \sigma_{n2} & \cdots & \sigma_n^2\end{bmatrix}_{n\times n}$$

则式(2-29)的矩阵形式为 $Z=KX+K^0$,按式(2-22),有

$$\begin{aligned}D_{ZZ}&=E\{[Z-E(Z)][Z-E(Z)]^{\mathrm{T}}\}\\&=E\{[(KX+K^0)-E(KX+K^0)][(KX+K^0)-E(KX+K^0)]^{\mathrm{T}}\}\\&=KE\{[X-E(X)][X-E(X)]^{\mathrm{T}}\}K^{\mathrm{T}}\\&=KD_{XX}K^{\mathrm{T}}\end{aligned}\tag{2-30}$$

可见,观测值线性函数的方差与常数项无关。用纯量形式表示,即

$$\begin{aligned}\sigma_Z^2=&k_1^2\sigma_1^2+k_2^2\sigma_2^2+\cdots+k_n^2\sigma_n^2+\\&2k_1k_2\sigma_{12}+2k_1k_3\sigma_{13}+\cdots+2k_1k_n\sigma_{1n}+\\&2k_2k_3\sigma_{23}+2k_2k_4\sigma_{24}+\cdots+2k_2k_n\sigma_{2n}+\cdots+\\&2k_{n-1}k_n\sigma_{(n-1)n}\end{aligned}\tag{2-31}$$

若观测值彼此独立,则式(2-31)可变为

$$\sigma_Z^2=k_1^2\sigma_1^2+k_2^2\sigma_2^2+\cdots+k_n^2\sigma_n^2\tag{2-32}$$

【例 2-10】 设有观测向量 $L=(L_1\quad L_2\quad L_3)^{\mathrm{T}}$,其方差阵 $D_{LL}=\begin{bmatrix}6 & -1 & -2\\ -1 & 4 & 1\\ -2 & 1 & 2\end{bmatrix}$,试求函数 $F=L_1+3L_2-2L_3+5$ 的方差 D_{FF}。

解 (1)将函数表达成矩阵形式,即

$$F=[1\quad 3\quad -2]\begin{bmatrix}L_1\\ L_2\\ L_3\end{bmatrix}+5$$

(2)按式(2-30)有

$$\begin{aligned}D_{FF}&=[1\quad 3\quad -2]\begin{bmatrix}6 & -1 & -2\\ -1 & 4 & 1\\ -2 & 1 & 2\end{bmatrix}\begin{bmatrix}1\\ 3\\ -2\end{bmatrix}\\&=[7\quad 9\quad -3]\begin{bmatrix}1\\ 3\\ -2\end{bmatrix}\\&=40\end{aligned}$$

若用式(2-31)计算,则:

$$\begin{aligned}\sigma_{FF}^2=&1^2\times 6+3^2\times 4+(-2)^2\times 2+\\&2\times 1\times 3\times(-1)+2\times 1\times(-2)\times(-2)+2\times 3\times(-2)\times 1\\=&6+36+8-6+8-12\\=&40\end{aligned}$$

两种方法计算结果完全一致。

二、由观测值构成的一组线性函数的方差

若 Z 是关于 X 的函数

$$\underset{t1}{Z} = \underset{tn}{K}\,\underset{n1}{X} + \underset{t1}{K^0} \tag{2-33}$$

其中

$$Z = \begin{bmatrix} z_1 \\ z_2 \\ \vdots \\ z_t \end{bmatrix}_{t\times1}, K = \begin{bmatrix} k_{11} & k_{12} & \cdots & k_{1n} \\ k_{21} & k_{22} & \cdots & k_{2n} \\ \vdots & \vdots & & \vdots \\ k_{t1} & k_{t2} & \cdots & k_{tn} \end{bmatrix}_{t\times n}, K^0 = \begin{bmatrix} k_1^0 \\ k_2^0 \\ \vdots \\ k_t^0 \end{bmatrix}_{t\times1}$$

按式(2-22),则

$$\begin{aligned} D_{ZZ} &= E\{[Z - E(Z)][Z - E(Z)]^{\mathrm{T}}\} \\ &= E\{[(KX + K^0) - E(KX + K^0)][(KX + K^0) - E(KX + K^0)]^{\mathrm{T}}\} \\ &= KE\{[X - E(X)][X - E(X)]^{\mathrm{T}}\}K^{\mathrm{T}} \\ &= KD_{XX}K^{\mathrm{T}} \end{aligned} \tag{2-34}$$

可见,式(2-34)与式(2-30)在形式上完全一致。

同理,设 Y 是 X 的另一组线性函数

$$\underset{r1}{Y} = \underset{rn\,n1}{FX} + \underset{r1}{F^0}$$

其中

$$Y = \begin{bmatrix} y_1 \\ y_2 \\ \vdots \\ y_r \end{bmatrix}_{r\times1}, F = \begin{bmatrix} f_{11} & f_{12} & \cdots & f_{1n} \\ f_{21} & f_{22} & \cdots & f_{2n} \\ \vdots & \vdots & & \vdots \\ f_{r1} & f_{r2} & \cdots & f_{rn} \end{bmatrix}_{r\times n}, F^0 = \begin{bmatrix} f_1^0 \\ f_2^0 \\ \vdots \\ f_r^0 \end{bmatrix}_{r\times1}$$

由式(2-34),则 Y 的方差阵为

$$D_{YY} = FD_{XX}F^{\mathrm{T}} \tag{2-35}$$

【例2-11】 设有观测值向量 $L = [L_1 \quad L_2 \quad L_3]^{\mathrm{T}}$,其函数形式为

$$\hat{L}_1 = L_1 - \frac{\omega}{3},\quad \hat{L}_2 = L_2 - \frac{\omega}{3},\quad \hat{L}_3 = L_3 - \frac{\omega}{3}$$

式中,$\omega = L_1 + L_2 - L_3$。

令 $\hat{L} = [\hat{L}_1 \quad \hat{L}_2 \quad \hat{L}_3]^{\mathrm{T}}$,已知

$$D_{LL} = \begin{bmatrix} \sigma^2 & 0 & 0 \\ 0 & \sigma^2 & 0 \\ 0 & 0 & \sigma^2 \end{bmatrix}$$

试求 $\hat{L}$ 的方差 $D_{\hat{L}\hat{L}}$。

解 将 ω 代入 $\hat{L}_i$ 中,即有

$$\hat{L}=\begin{bmatrix}\hat{L}_1\\ \hat{L}_2\\ \hat{L}_3\end{bmatrix}=\frac{1}{3}\begin{bmatrix}2&-1&1\\-1&2&1\\-1&-1&4\end{bmatrix}\begin{bmatrix}L_1\\L_2\\L_3\end{bmatrix}$$

由式(2-35)，则有

$$D_{\hat{L}\hat{L}}=\frac{1}{3}\begin{bmatrix}2&-1&1\\-1&2&1\\-1&-1&4\end{bmatrix}\times\sigma^2\times E\times\frac{1}{3}\begin{bmatrix}2&-1&-1\\-1&2&-1\\1&1&4\end{bmatrix}$$

$$=\frac{1}{3}\begin{bmatrix}2&-1&1\\-1&2&1\\1&1&6\end{bmatrix}\sigma^2$$

三、由观测值构成的两组线性函数间的协方差

设

$$\underset{t1}{Z}=\underset{tn}{K}\underset{n1}{X}+\underset{t1}{K^0}\tag{2-36}$$

$$\underset{r1}{Y}=\underset{rn}{F}\underset{n1}{X}+\underset{r1}{F^0}\tag{2-37}$$

由式(2-19)

$$D_{XY}=E\{[X-E(X)][Y-E(Y)]^{\mathrm{T}}\}$$

则

$$\begin{aligned}D_{ZY}&=E\{[Z-E(Z)][Y-E(Y)]^{\mathrm{T}}\}\\&=E\{[(KX+K^0)-E(KX+K^0)][(FX+F^0)-E(FX+F^0)]^{\mathrm{T}}\}\\&=KE\{[X-E(X)][X-E(X)]^{\mathrm{T}}\}F^{\mathrm{T}}\\&=KD_{XX}F^{\mathrm{T}}\end{aligned}\tag{2-38}$$

由于

$$D_{ZY}=D_{YZ}^{\mathrm{T}}$$

所以

$$D_{YZ}=(KD_{XX}F^{\mathrm{T}})^{\mathrm{T}}=FD_{XX}K^{\mathrm{T}}\tag{2-39}$$

如果 $Y=Z$，则式(2-38)变成式(2-34)，所以式(2-34)可以看作是式(2-38)的一种特例。

【例 2-12】　已知观测值向量 $\underset{n_1,1}{L_1}$，$\underset{n_2,1}{L_2}$，$\underset{n_3,1}{L_3}$ 及其方差阵为 $D_{LL}=\begin{bmatrix}D_{11}&D_{12}&D_{13}\\D_{21}&D_{22}&D_{23}\\D_{31}&D_{32}&D_{33}\end{bmatrix}$，将 L_i 组成函数：$\begin{cases}X=AL_1+A_0\\Y=BL_2+B_0\\Z=CL_3+C_0\end{cases}$，其中，$A$、$B$、$C$ 为系数阵，A_0、B_0、C_0 为常数阵。若令向量 $W=[X\quad Y\quad Z]^{\mathrm{T}}$，试求 W 的方差阵 D_{WW}。

解　将 W 表达成 L_i 的函数表达形式，即

$$W = \begin{bmatrix} X \\ Y \\ Z \end{bmatrix} = \begin{bmatrix} A & 0 & 0 \\ 0 & B & 0 \\ 0 & 0 & C \end{bmatrix} \begin{bmatrix} L_1 \\ L_2 \\ L_3 \end{bmatrix} + \begin{bmatrix} A_0 \\ B_0 \\ C_0 \end{bmatrix}$$

由式(2-38),则有

$$D_{WW} = \begin{bmatrix} A & 0 & 0 \\ 0 & B & 0 \\ 0 & 0 & C \end{bmatrix} D_{LL} \begin{bmatrix} A^{\mathrm{T}} & 0 & 0 \\ 0 & B^{\mathrm{T}} & 0 \\ 0 & 0 & C^{\mathrm{T}} \end{bmatrix}$$

$$= \begin{bmatrix} AD_{11}A^{\mathrm{T}} & AD_{12}B^{\mathrm{T}} & AD_{13}C^{\mathrm{T}} \\ BD_{21}A^{\mathrm{T}} & BD_{22}B^{\mathrm{T}} & BD_{23}C^{\mathrm{T}} \\ CD_{31}A^{\mathrm{T}} & CD_{32}B^{\mathrm{T}} & CD_{33}C^{\mathrm{T}} \end{bmatrix}$$

四、由观测值构成的非线性函数的方差

上面给出了几种特殊的线性函数的方差的计算公式,但在实际应用中,函数的种类很多,不仅有线性形式,还有非线性形式,故不可能一一导出方差的计算公式。下面给出一般函数方差的计算公式。

设函数

$$Z = f(x_1, x_2, \cdots, x_n) \tag{2-40}$$

式中 $x_i(i=1,2,\cdots,n)$——各观测值。

Z 的方差的计算过程如下:

(1)将非线性表达式线性化。根据函数表达式,按 Taylor 级数展开,只保留一次项及常数项,略去高次项,即

$$Z = f(x_1, x_2, \cdots, x_n)$$

设观测值向量有近似程度较高的近似值 x^0,即

$$x^0 = [x_1^0 \quad x_2^0 \quad \cdots \quad x_n^0]^{\mathrm{T}}$$

将函数式(2-40)在近似值 x^0 处按 Taylor 级数展开,即

$$Z = f(x_1^0 \quad x_2^0 \quad \cdots \quad x_n^0) + \left(\frac{\partial Z}{\partial x_1}\right)_0 (x_1 - x_1^0) + \left(\frac{\partial Z}{\partial x_2}\right)_0 (x_2 - x_2^0) + \cdots + \left(\frac{\partial Z}{\partial x_n}\right)_0 (x_n - x_n^0) + \text{二次以上项} \tag{2-41}$$

式中的 $\left(\frac{\partial Z}{\partial x_i}\right)_0$ 是函数对各个变量所取的偏导数,并以近似值 x^0 代入所算得的数值,它们都是常数,当未知数的近似值与其真值非常接近时,式(2-41)中二次及二次以上各项很小,故可以略去。因此,可将式(2-41)写为

$$Z = f(x_1^0 \quad x_2^0 \quad \cdots \quad x_n^0) + \left(\frac{\partial Z}{\partial x_1}\right)_0 (x_1 - x_1^0) + \left(\frac{\partial Z}{\partial x_2}\right)_0 (x_2 - x_2^0) + \cdots + \left(\frac{\partial Z}{\partial x_n}\right)_0 (x_n - x_n^0)$$

$$= f(x_1^0 \quad x_2^0 \quad \cdots \quad x_n^0) + \left(\frac{\partial Z}{\partial x_1}\right)_0 x_1 + \left(\frac{\partial Z}{\partial x_2}\right)_0 x_2 + \cdots + \left(\frac{\partial Z}{\partial x_n}\right)_0 x_n - \sum_{i=1}^{n} \left(\frac{\partial Z}{\partial x_i}\right)_0 x_i^0$$

$$= \left(\frac{\partial Z}{\partial x_1}\right)_0 x_1 + \left(\frac{\partial Z}{\partial x_2}\right)_0 x_2 + \cdots + \left(\frac{\partial Z}{\partial x_n}\right)_0 x_n + f(x_1^0 \quad x_2^0 \quad \cdots \quad x_n^0) - \sum_{i=1}^{n} \left(\frac{\partial Z}{\partial x_i}\right)_0 x_i^0 \tag{2-42}$$

令

$$K=[k_1\quad k_2\quad \cdots\quad k_n]=\left[\left(\frac{\partial Z}{\partial x_1}\right)_0\quad \left(\frac{\partial Z}{\partial x_2}\right)_0\quad \cdots\quad \left(\frac{\partial Z}{\partial x_n}\right)_0\right]$$

$$K^0=f(x_1^0\quad x_2^0\quad \cdots\quad x_n^0)-\sum_{i=1}^{n}\left(\frac{\partial Z}{\partial x_i}\right)_0 x_i^0=k_0$$

则式(2-42)可记作

$$\begin{aligned}Z&=k_1x_1+k_2x_2+\cdots+k_nx_n+k_0\\&=KX+K^0\end{aligned}\tag{2-43}$$

这样,就将函数的非线性形式化成了线性形式,它与线性函数式表达形式完全一致。

(2)求原非线性函数的方差。按式(2-34),则 Z 的方差为

$$D_{ZZ}=KD_{XX}K^{\mathrm{T}}\tag{2-44}$$

令

$$\mathrm{d}X_i=x_i-x_i^0$$

$$\mathrm{d}X=[\mathrm{d}X_1\quad \mathrm{d}X_2\quad \cdots\quad \mathrm{d}X_n]^{\mathrm{T}}$$

$$\mathrm{d}Z=Z-Z^0=Z-f(x_1^0\quad x_2^0\quad \cdots\quad x_n^0)$$

则式(2-42)可写为

$$\begin{aligned}\mathrm{d}Z&=\left(\frac{\partial Z}{\partial x_1}\right)_0\mathrm{d}X_1+\left(\frac{\partial Z}{\partial x_2}\right)_0\mathrm{d}X_2+\cdots+\left(\frac{\partial Z}{\partial x_n}\right)_0\mathrm{d}X_n\\&=K\mathrm{d}X\end{aligned}\tag{2-45}$$

易知,式(2-45)是非线性函数式(2-40)的全微分。根据式(2-34)应用协方差传播律时,函数的方差与常数项无关,只要求知道式中的系数阵 K。所以求非线性函数的方差时,只要先对它求全微分,将非线性函数化成线性形式,再根据式(2-45)就可求得该函数的方差为

$$D_{ZZ}=KD_{XX}K^{\mathrm{T}}\tag{2-46}$$

式(2-46)与式(2-44)完全一致。

式(2-30)、式(2-34)、式(2-35)、式(2-38)、式(2-39)、式(2-46)均称为协方差传播律。

【例 2-13】 已知独立观测值 L_1、L_2 的中误差为 σ_1 和 σ_2,试求函数 $Y=\frac{1}{2}L_1^2+L_1L_2$ 的中误差。

解 第一步,求非线性函数的全微分,化非线性函数为线性形式为

$$\begin{aligned}\mathrm{d}Y&=L_1\mathrm{d}L_1+L_2\mathrm{d}L_1+L_1\mathrm{d}L_2\\&=(L_1+L_2)\mathrm{d}L_1+L_1\mathrm{d}L_2\end{aligned}$$

第二步,按协方差传播律求原非线性函数的方差,即

$$\sigma_Y^2=(L_1+L_2\quad L_1)\begin{pmatrix}\sigma_1^2 & \\ & \sigma_2^2\end{pmatrix}\begin{pmatrix}L_1+L_2\\ L_1\end{pmatrix}$$

所以

$$\sigma_Y=\sqrt{(L_1+L_2)^2\sigma_1^2+L_1^2\sigma_2^2}$$

【例 2-14】 量得某一矩形场地长度 $a=156.34\ \mathrm{m}\pm0.10\ \mathrm{m}$,宽度 $b=85.27\ \mathrm{m}\pm0.05\ \mathrm{m}$,计算该矩形场地的面积 F 及其面积中误差 σ_F。

解 对于具体问题运用协方差传播律求中误差,先求出变量的函数表达式,然后按前例

步骤进行，具体如下：

第一步，求面积的函数表达式，并求面积

$$F = ab$$

代入观测值，则矩形场地的面积为

$$F = 156.34 \times 85.27 \approx 13\ 331.11(\mathrm{m}^2)$$

第二步，求全微分，将面积的非线性表达式线性化：

$$\mathrm{d}F = b \times \mathrm{d}a + a \times \mathrm{d}b$$

第三步，按协方差传播律，求面积的方差，即

$$\begin{aligned}\sigma_F^2 &= (b \quad a)\begin{pmatrix}\sigma_a^2 & \\ & \sigma_b^2\end{pmatrix}\begin{pmatrix}b \\ a\end{pmatrix} \\ &= b^2 \times \sigma_a^2 + a^2 \times \sigma_b^2 \\ &= 85.27^2 \times 0.10^2 + 156.34^2 \times 0.05^2\end{aligned}$$

则面积的中误差为

$$\sigma_F = \sqrt{\sigma_F^2} \approx 11.57(\mathrm{m}^2)$$

【例2-15】 已知边长S、坐标方位角α的观测值分别为$S=200$ m、$\alpha=150°$，设各观测值的中误差分别为$\sigma_S=5$ mm、$\sigma_{\alpha}=5''$，试求坐标增量$\Delta X=S\cos\alpha$和$\Delta Y=S\sin\alpha$的中误差。

解　第一步，以$\Delta X=S\cos\alpha$为例，先将非线性表达式线性化，并顾及等式两边的单位相同，则有：

$$\mathrm{d}\Delta X = \cos\alpha \mathrm{d}S - S\sin\alpha \frac{\mathrm{d}\alpha}{\rho}$$

第二步，按协方差传播律，求坐标增量ΔX的方差$\sigma_{\Delta X}^2$：

$$\sigma_{\Delta X}^2 = (\cos\alpha)^2\sigma_S^2 + (\frac{S\sin\alpha}{\rho})^2\sigma_\alpha^2$$

代入已知值，计算坐标增量ΔX的方差$\sigma_{\Delta X}^2$：

$$\begin{aligned}\sigma_{\Delta X}^2 &= \cos^2\alpha\sigma_S^2 + (\frac{S\sin\alpha}{\rho})^2\sigma_\alpha^2 \\ &= \cos^2 150° \times 5^2 + (\frac{200\ 000\sin 150°}{206\ 265})^2 \times 5^2 \\ &= 24.63(\mathrm{mm})^2\end{aligned}$$

故坐标增量ΔX的中误差$\sigma_{\Delta X}$：

$$\sigma_{\Delta X} = \sqrt{24.63} = 5.0(\mathrm{mm})$$

同理，可求得坐标增量ΔY的中误差$\sigma_{\Delta Y}=4.9$ mm。

第四节　协方差传播律在测量上的应用

一、水准测量的精度

经N个测站测定A、B两个点之间的高差，其中第i站的观测高差为h_i，则A、B两点之

间的总高差 h_{AB} 为

$$h_{AB} = h_1 + h_2 + \cdots + h_N \tag{2-47}$$

设各测站观测高差是精度相同的独立观测值，其方差均为 $\sigma_{站}^2$，顾及 $\sigma_{ij}=0(i\neq j)$，则由协方差传播律式(2-32)可求得 h_{AB} 的方差 $\sigma_{h_{AB}}^2$ 为

$$\sigma_{h_{AB}}^2 = \sigma_{站}^2 + \sigma_{站}^2 + \cdots + \sigma_{站}^2 = N\sigma_{站}^2$$

由此得 A、B 两点之间的高差 h_{AB} 的中误差 $\sigma_{h_{AB}}$ 为

$$\sigma_{h_{AB}} = \sqrt{N}\sigma_{站} \tag{2-48}$$

若水准路线布设在平坦地区，前后两测站间的距离 s 大致相等，设 A、B 两点间的距离为 S，则 A、B 间的测站数 $N=S/s$，代入式(2-48)得

$$\sigma_{h_{AB}} = \sqrt{\frac{S}{s}}\sigma_{站} \tag{2-49}$$

如果 $S=1$ km，s 以 km 为单位，则 1 km 的测站数为

$$N_{\mathrm{km}} = \frac{1}{s} \tag{2-50}$$

由式(2-48)，1 km 观测高差的中误差 σ_{km} 即为

$$\sigma_{\mathrm{km}} = \sqrt{\frac{1}{s}}\sigma_{站} \tag{2-51}$$

所以，距离为 S km 的 A、B 两点之间的观测高差 h_{AB} 的中误差 $\sigma_{h_{AB}}$ 为

$$\sigma_{h_{AB}} = \sqrt{S}\sigma_{\mathrm{km}} \tag{2-52}$$

式(2-48)和式(2-52)是水准测量中计算高差中误差的基本公式。由式(2-48)知，当各测站高差的观测精度相同时，水准测量高差的中误差与测站数的平方根成正比；由式(2-52)可知，当各测站的距离大致相同时，水准测量高差的中误差与距离的平方根成正比，这一结论是后续学习内容——水准测量中计算高差平差值时定权的理论依据。

【例 2-16】　在水准测量中，设每站观测高差的中误差 $\sigma_{站}$ 均为 1 cm，今要求从已知点 A（假定无误差）推算待定点 P 的高程中误差 $\sigma_P\leqslant 5$ cm，问可以设多少站？

解　P 点的高程 H_P 表达式为

$$H_P = H_A + h_{AP}$$

由于已知点 A 无误差，由协方差传播律有

$$\sigma_{H_P} = \sigma_{h_{AP}}$$

设从已知点到待定点 P 共需要 N 站，由式(2-48)有

$$\sigma_{H_P} = \sigma_{h_{AP}} = \sqrt{N}\sigma_{站} \leqslant 5$$

将 $\sigma_{站}=1$ 代入上式，得 $N\leqslant 25$，即总设站数不能超过 25 站。

二、同精度独立观测值的算术平均值的精度

设对某待定量以同精度独立观测了 N 次，得观测值 $L_1, L_2, \cdots, L_N$，各观测值的中误差等于 σ，则观测值的算术平均值 x 为

$$x = \frac{[L]}{N} = \frac{1}{N}L_1 + \frac{1}{N}L_2 + \cdots + \frac{1}{N}L_N \tag{2-53}$$

由协方差传播律知,算术平均值 x 的方差 σ_x^2 为

$$\sigma_x^2 = \frac{1}{N^2}\sigma^2 + \frac{1}{N^2}\sigma^2 + \cdots + \frac{1}{N^2}\sigma^2 = \frac{\sigma^2}{N} \tag{2-54}$$

或中误差 σ_x 为

$$\sigma_x = \frac{\sigma}{\sqrt{N}} \tag{2-55}$$

即 N 个同精度独立观测值的算术平均值的中误差,等于各观测值的中误差除以 $\sqrt{N}$。

【例2-17】 对某一角度等精度观测4测回,得到其算术平均值中误差 σ_x 等于0.42″,问再增加多少测回其算术平均值中误差为0.28″?

解法一 由式(2-55)可得每测回角度观测中误差 σ 为

$$\sigma = \sigma_x \times \sqrt{N_1} = 0.42 \times \sqrt{4} = 0.84''$$

要使角度观测值的算术平均值中误差 σ_{x_2} 为0.28″,按式(2-55),则需要观测的总测回数 N_2 为

$$N_2 = \frac{\sigma^2}{\sigma_{x_2}^2} = \frac{0.84^2}{0.28^2} = 9$$

所以需要增加测回数 N 为

$$N = N_2 - N_1 = 9 - 4 = 5$$

解法二 设对应4测回得到的算术平均值为 $\bar{x}_1$,增加至 N_2 测回后得到的算术平均值为 $\bar{x}_2$,由式(2-55)有下列方程组成立:

$$\begin{cases} \sigma_{\bar{x}_1} = \dfrac{\sigma}{\sqrt{4}} \\ \sigma_{\bar{x}_2} = \dfrac{\sigma}{\sqrt{N_2}} \end{cases}$$

将 $\sigma_{\bar{x}_1} = 0.42$、$\sigma_{\bar{x}_2} = 0.28$ 代入上式,可得 $N_2 = 9$,余同解法一。

三、若干独立误差的联合影响

测量工作中经常会遇到这样的情况:一个观测结果同时受到许多独立误差的联合影响。例如,角度测量时会同时受到对中误差、照准误差、读数误差和目标偏心差等多种独立因素的影响。在这种情况下,由概率论与数理统计知识可知,观测结果的真误差是各个独立误差的代数和,即

$$\Delta_Z = \Delta_1 + \Delta_2 + \cdots + \Delta_n \tag{2-56}$$

由于这里的真误差是相互独立的,各种误差的出现纯属偶然,因而各误差从性质上属于偶然误差,顾及 $\sigma_{ij}=0(i \neq j)$,则由协方差传播律式(2-32)可以得到

$$\sigma_Z^2 = \sigma_1^2 + \sigma_2^2 + \cdots + \sigma_n^2 \tag{2-57}$$

即观测结果的方差 σ_Z^2 等于各独立误差所对应的方差之和。

【例2-18】 数字化测图时,地物点平面位置的精度可用地物点相对于邻近图根点的点位中误差来衡量。数字化测图过程中,地物点平面位置的误差主要受下列误差因素的影响:①定向误差 $\sigma_{定}$;②对中误差 $\sigma_{中}$;③观测误差 $\sigma_{测}$;④棱镜中心与待测地物点不重合时的误

差 $\sigma_{重}$。试求数字测图时，地物点相对邻近图根点平面位置点位方差 $\sigma_{物}^2$ 的表达式。

解　视上述各项误差是相互独立的，按式(2-57)，则有

$$\sigma_{物}^2 = \sigma_{定}^2 + \sigma_{中}^2 + \sigma_{测}^2 + \sigma_{重}^2$$

第五节　权与定权的常用方法

一、权

（一）权的引入

在电视选秀节目中，经常看到在选手投票环节时，专家评审的1票相当于大众评审若干票等类似现象，目的是在最终评选结果中突显专家的作用，使选秀结果更具说服力。

又如，分别采用视距测量和电磁波测距，观测两点之间的距离，会得到两个不同精度的观测成果。直觉告诉我们，后者的观测成果质量更高，两点之间的距离理论上应该更接近于后者。

为了更形象地描述不同精度观测值在测绘数据处理中的作用，设在相同的观测条件下，对同一观测对象 x 观测了6次（$l_1, l_2, \cdots, l_6$），观测值的方差为 σ^2，则观测对象 x 的算术平均值 $\bar{x}$（实际上，算术平均值具有最优无偏估计特性，是观测量的最佳估计）为

$$\bar{x} = \frac{l_1 + l_2 + l_3 + l_4 + l_5 + l_6}{6} \tag{2-58}$$

由协方差传播律可得算术平均值的精度为

$$\sigma_{\bar{x}}^2 = \frac{6\sigma^2}{36} = \frac{\sigma^2}{6} \tag{2-59}$$

现将上述6个观测值分成两组，不妨设前2次为第一组观测值，后4次为第二组观测值，设两组观测值的算术平均值分别为 $\bar{x}_1$ 和 $\bar{x}_2$，则可以分别得

$$\bar{x}_1 = \frac{l_1 + l_2}{2}, \sigma_{\bar{x}_1}^2 = \frac{\sigma^2}{2} \tag{2-60}$$

$$\bar{x}_2 = \frac{l_3 + l_4 + l_5 + l_6}{4}, \sigma_{\bar{x}_2}^2 = \frac{\sigma^2}{4} \tag{2-61}$$

很显然，$\bar{x}_1$ 和 $\bar{x}_2$ 是两个不同精度的独立观测值，对应的观测次数越多，其精度越高。如果按式(2-62)计算观测对象 x 的估值，即

$$\bar{l} = \frac{\bar{x}_1 + \bar{x}_2}{2} \tag{2-62}$$

按协方差传播律，由式(2-62)可以得到

$$\sigma_{\bar{l}}^2 = \frac{1}{4}(\sigma_{\bar{x}_1}^2 + \sigma_{\bar{x}_2}^2) = \frac{3}{16}\sigma^2 \tag{2-63}$$

显然，$\bar{l} \neq \bar{x}$，且 $\sigma_{\bar{l}}^2 > \sigma_{\bar{x}}^2$，表明按式(2-62)的计算结果 $\bar{l}$ 相对算术平均值 $\bar{x}$，精度更低，用 $\bar{l}$ 表示观测对象 x 的估值是不合适的。

若将式(2-58)做如下变形，即观测对象 x 的估值 $\bar{y}$ 为

$$\bar{y} = \frac{2\bar{x}_1 + 4\bar{x}_2}{6} = \frac{2\bar{x}_1 + 4\bar{x}_2}{2 + 4} \tag{2-64}$$

可以看出，$\bar{y}=\bar{x}$。此外，按协方差传播律可以得

$$\sigma_{\bar{y}}^2=\frac{1}{36}(4\sigma_{\bar{x}_1}^2+16\sigma_{\bar{x}_2}^2)=\frac{1}{6}\sigma^2 \tag{2-65}$$

与式(2-59)结果一致。

式(2-64)表明，①在相同观测条件下，同一观测对象不同观测次数的两组观测值，若估值 $\bar{y}$ 为各组观测值的平均值与对应观测次数的乘积之和除以总观测数，则 $\bar{y}$ 与算术平均值 $\bar{x}$ 相等，精度相同；②由两组不同精度观测值计算的估值中，精度高的观测值比重更大，作用更显著。用更一般的式子表达，即

$$\hat{x}=\frac{p_1x_1+p_2x_2+\cdots+p_nx_x}{p_1+p_2+\cdots+p_n} \tag{2-66}$$

对一组不同精度的观测值 $x_i(i=1,2,\cdots,n)$，如何选择一组合适的系数 $p_i(i=1,2,\cdots,n)$，使式(2-66)中的计算成果 $\hat{x}$ 质量最优？这就是在测绘数据处理中引入权的目的。

（二）权的概念

设有一组观测值 $L_i(i=1,2,\cdots,n)$，它们的方差分别为 $\sigma_i^2(i=1,2,\cdots,n)$，如选定任一常数 σ_0，定义

$$p_i=\frac{\sigma_0^2}{\sigma_i^2} \tag{2-67}$$

则称 p_i 为观测值 L_i 的权。

由权的定义式可写出各观测值之间的权比例关系为

$$p_1:p_2:\cdots:p_n=\frac{\sigma_0^2}{\sigma_1^2}:\frac{\sigma_0^2}{\sigma_2^2}:\cdots:\frac{\sigma_0^2}{\sigma_n^2}=\frac{1}{\sigma_1^2}:\frac{1}{\sigma_2^2}:\cdots:\frac{1}{\sigma_n^2} \tag{2-68}$$

可见，对于一组观测值，其权之比等于相应方差的倒数之比，观测值的方差愈小，其权愈大；反之，观测值的方差愈大，其权愈小。因此，权可以作为比较观测值之间的精度高低的一种指标。实际上，在平差数据处理中，权本身就是衡量观测值精度高低的一种相对数字指标。

（三）单位权中误差

由权的定义式(2-67)可知，若观测值的权 $p_i=1$，则 $\sigma_0=\sigma_i$，即 σ_0 对应权为 1 的观测值的中误差。权值等于 1 的权称为单位权；单位权对应的观测值称为单位权观测值，与之相应的中误差称为单位权观测值的中误差，简称单位权中误差。可见，σ_0 就是单位权中误差。

单位权中误差在测量平差中是一个非常重要的概念，必须理解单位权中误差是一个“变常数”。“变”是说单位权中误差 σ_0 是一个可以任意取定的常数，如可以取 σ_0 的数值为 1、100 等任意不同的值；“常数”是指作为衡量观测值精度高低的一个相对数字指标，在同一平差问题中，只能选定一个 σ_0 值，即 σ_0 一经选定，就不能改变，或者说不能同时选择几个不同的 σ_0 值，否则就破坏了各观测值的权之间的比例关系。

二、测量上确定权的常用方法

（一）水准测量的权

1. 水准测量按测站数确定权

设在图 2-8 所示的水准网中，有 n（这里 $n=4$）条水准

路线，现沿每条路线测定两点间的高差，得各路线的观测高差分别为 $h_1, h_2, \cdots, h_n$，各路线的测站数分别为 $N_1, N_2, \cdots, N_n$。

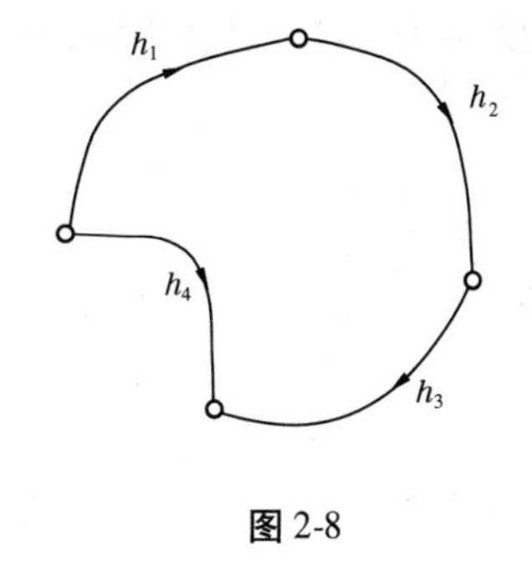

图 2-8

设每一测站观测高差的精度相同，其中误差均为 $\sigma_{站}$，则由式(2-48)可知，各路线观测高差的方差为

$$\sigma_i^2 = N_i \sigma_{站}^2 \quad (i = 1,2,\cdots,n) \tag{2-69}$$

以 p_i 代表观测高差 h_i 的权，并设单位权中误差为

$$\sigma_0 = \sqrt{C}\sigma_{站} \tag{2-70}$$

将式(2-69)和式(2-70)代入式(2-67)可得

$$p_i = \frac{C}{N_i} \quad (i = 1,2,\cdots,n) \tag{2-71}$$

则有关系式

$$p_1 : p_2 : \cdots : p_n = \frac{C}{N_1} : \frac{C}{N_2} : \cdots : \frac{C}{N_n} = \frac{1}{N_1} : \frac{1}{N_2} : \cdots : \frac{1}{N_n} \tag{2-72}$$

即各测站观测高差精度相同时，各路线的权与测站数成反比，各路线间的权比等于相应路线测站数的倒数比。

下面说明式(2-71)中常数 C 的意义。

由式(2-71)可知，如果某测段高差的测站数 $N_i = 1$，则对应观测高差的权为

$$p_i = C \tag{2-73}$$

而当 $p_i = 1$ 时，有

$$N_i = C \tag{2-74}$$

可见，C 包含两个方面的含义：①C 是 1 测站的观测高差的权；②C 是单位权观测高差的测站数。

【例 2-19】 设在图 2-8 所示的水准网中，每测站观测高差的精度相同，已知各路线的测站数分别为 20、30、40、50。试确定各路线所测得的高差的权。

解 设 $C = 600$，即取 600 个测站的观测高差为单位权观测值，由式(2-71)得

$$p_1 = \frac{600}{20} = 30, \quad p_2 = \frac{600}{30} = 20, \quad p_3 = \frac{600}{40} = 15, \quad p_4 = \frac{600}{50} = 12$$

若设 $C = 1\,200$，即取 1 200 个测站的观测高差为单位权观测值，由式(2-71)得

$$p_1 = \frac{1\,200}{20} = 60, \quad p_2 = \frac{1\,200}{30} = 40, \quad p_3 = \frac{1\,200}{40} = 30, \quad p_4 = \frac{1\,200}{50} = 24$$

由本例可知：

(1)对按测站数定权的水准测量路线，选定了一个 C 值，即可确定一组观测值的权；同样，一组观测值若存在一组权，则说明一定有一个对应的 C 值。

(2)一组观测值的权，它的大小随 C 值取值的不同而不同。但 C 值不论取何值，一旦取定，观测值的权的比例关系便保持不变。这进一步说明了，权仅仅是用来比较各观测值间精度高低的一个相对精度指标，在同一组观测数据中，权与观测值的方差成反比。

2. 水准测量按路线长度确定权

在水准测量中，若已知每千米的观测高差的中误差相同(设为 σ_{km})，又已知各观测路线

的长度为 $S_1, S_2, \cdots, S_n$(单位:km),则由式(2-52)知各路线观测高差的方差为

$$\sigma_i^2 = S_i \sigma_{km}^2 \tag{2-75}$$

令

$$\sigma_0^2 = C\sigma_{km}^2 \tag{2-76}$$

则

$$p_i = \frac{C}{S_i} \quad (i = 1,2,\cdots,n) \tag{2-77}$$

则有关系式

$$p_1 : p_2 : \cdots : p_n = \frac{C}{S_1} : \frac{C}{S_2} : \cdots : \frac{C}{S_n} = \frac{1}{S_1} : \frac{1}{S_2} : \cdots : \frac{1}{S_n} \tag{2-78}$$

即每千米观测高差精度相同时,各路线的权与路线长度成反比,各路线间的权比等于相应路线长度的倒数比。

与按测站定权原理一样,这里的 C 也有两方面的含义:①C 是 1 km 观测高差的权;②C 是单位权观测高差的路线长度。

【例 2-20】 如图 2-8 所示,每千米观测高差精度相同,设各水准路线长度分别为 3 km、6 km、2 km、1.5 km。

(1)试确定各路线所测高差的权;

(2)若已知第 4 条路线观测高差的权为 2,试求其他各路线观测高差的权。

解 (1)按式(2-77),任取 $C=6$,即 6 km 长水准路线的高差观测值为单位权观测值,则各路线所测高差的权分别为

$$p_1 = \frac{6}{3} = 2,\quad p_2 = \frac{6}{6} = 1,\quad p_3 = \frac{6}{2} = 3,\quad p_4 = \frac{6}{1.5} = 4$$

(2)按式(2-77),已知第 4 条路线观测高差的权为 2,则

$$C = p_4 \times S_4 = 2 \times 1.5 = 3$$

所以,其他各路线的权依次是

$$p_1 = \frac{C}{S_1} = \frac{3}{3} = 1$$

$$p_2 = \frac{C}{S_2} = \frac{3}{6} = 0.5$$

$$p_3 = \frac{C}{S_3} = \frac{3}{2} = 1.5$$

在水准测量中,究竟是用水准路线的长度定权还是用测站数定权,要根据观测实际确定。一般来说,起伏不大的地区,每测站前后视距大致相等,即每千米的测站数大致相同,则既可以按水准路线的长度定权,也可以按测站数定权;而在起伏较大的地区,因各测站视距相差较大,故每千米的测站数相差也较大,则按测站数定权比较合理。

(二)同精度独立观测值算术平均值的权

设有 $L_1, L_2, \cdots, L_n$,它们分别是 $N_1, N_2, \cdots, N_n$ 次同精度独立观测值的算术平均值,若每次观测的中误差为 σ,则由式(2-55)可知,L_i 的中误差为

$$\sigma_i = \frac{\sigma}{\sqrt{N_i}} \quad (i = 1,2,\cdots,n) \tag{2-79}$$

令

$$\sigma_0 = \frac{\sigma}{\sqrt{C}} \tag{2-80}$$

则由权的定义式(2-67)可得 L_i 的权 p_i 为

$$p_i = \frac{N_i}{C} \quad (i = 1,2,\cdots,n) \tag{2-81}$$

即由不同观测次数的同精度独立观测所得到的算术平均值,其权与观测次数成正比。

由式(2-81)可知,如果某算术平均值的观测次数 $N_i = 1$,则

$$C = \frac{1}{p_i} \tag{2-82}$$

而当 $p_i = 1$ 时,有

$$C = N_i \tag{2-83}$$

可见,C 包含两个方面的含义:①C 是一次观测的权倒数;②C 是单位权观测值的观测次数。

显然,C 可以任意假定,但不论 C 如何取值,权的比例关系应该保持不变。

以上几种常用的定权方法的共同特点是:虽然它们都是以权的定义式为依据的,但是在实际定权时,并不需要知道各观测值方差的具体数字,只要知道测站数、路线长度及观测次数等就可以定权了。需要强调的是,在用这些方法定权时,必须注意它们的前提条件,例如,对于水准测量中用测站数来确定观测高差的权,必须满足“每测站观测高差的精度均相等”这一前提条件,否则,就不能应用测站数定权公式(2-71);对于等精度独立观测值定权,其前提是“各次观测精度相同”,否则按式(2-81)定权就不正确。

【例 2-21】 对某角度等精度独立观测了 9 个测回,每测回角度观测中误差为 3″,若其算术平均值的权为 1,试求单位权中误差。

分析:根据已知条件,由每测回角度观测中误差及测回数,由式(2-79)可得到该角算术平均值中误差,由于算术平均值的权为 1,则算术平均值的中误差即为单位权中误差。

解法一　设一测回角度观测中误差为 σ,角度观测值的算术平均值为 $\bar{x}$,按式(2-55),则

$$\sigma_0 = \sigma_{\bar{x}} = \frac{\sigma}{\sqrt{N}}$$

将已知值代入上式,即有

$$\sigma_0 = \frac{\sigma}{\sqrt{N}} = \frac{3}{\sqrt{9}} = 1('')$$

若按权的定义式计算,由于已知算术平均值的权及测回数,由式(2-81)可求出常数 C,代入式(2-80)也可以求出单位权方差,具体如下:

解法二　按式(2-81),代入相关已知数据,则

$$C = \frac{N}{p_{\bar{x}}} = \frac{9}{1} = 9$$

将计算结果代入式(2-80),则

$$\sigma_0 = \frac{\sigma}{\sqrt{C}} = \frac{3}{\sqrt{9}} = 1('')$$

两种方法计算结果一致。

【例2-22】 设对 A 角观测4次,取平均得 α 值,每次观测中误差为3″。对 B 角观测9次,取平均得 β 值,每次观测中误差为4″。试确定 α、β 的权各为多少?

解 设 $C=1$,则由定权公式 $p_i=\dfrac{N_i}{C}$ 得

$$p_\alpha=\frac{4}{1}=4, p_\beta=\frac{9}{1}=9$$

试问以上定权方法对吗?如果不对,请给出正确的定权方法。

参考答案:

确定观测值的权时,要注意各种定权公式的前提条件。对同精度独立观测的算术平均值的定权,只有各观测值相互独立,且观测精度相同时,才能利用式(2-81)。根据已知条件,平均值 α、β 精度并不完全相同,故不能直接应用式(2-81)定权,即上述解法是错误的。

正确的解法可以是:

根据式(2-55),可分别得到 α、β 的精度,即

$$\sigma_\alpha^2=\frac{\sigma_1^2}{N_\alpha}=\frac{9}{4}, \sigma_\beta^2=\frac{\sigma_2^2}{N_\beta}=\frac{16}{9}$$

为了得到 α、β 的权,不妨设 $\sigma_0^2=1$,则

$$p_\alpha=\frac{\sigma_0^2}{\sigma_\alpha^2}=\frac{4}{9}, p_\beta=\frac{\sigma_0^2}{\sigma_\beta^2}=\frac{9}{16}$$

由前面的讨论可知,单位权方差可以任意取值,即 α、β 的权随单位权方差取值的不同而不同,但不论单位权方差如何取值,α、β 的权的比值不变,即

$$p_\alpha : p_\beta = 64 : 81$$

第六节　协因数和协因数传播律

一、观测值的协因数

由权的定义可知,观测值的权与其方差成反比,设有观测值 L_i 和 L_j,它们的方差分别为 σ_i^2 和 σ_j^2,它们之间的协方差为 σ_{ij},令

$$\begin{cases} Q_{ii}=\dfrac{1}{p_i}=\dfrac{\sigma_i^2}{\sigma_0^2} \\ Q_{jj}=\dfrac{1}{p_j}=\dfrac{\sigma_j^2}{\sigma_0^2} \\ Q_{ij}=\dfrac{\sigma_{ij}}{\sigma_0^2} \end{cases} \tag{2-84}$$

则称 Q_{ii} 和 Q_{jj} 分别为 L_i 和 L_j 的协因数或权倒数,而称 Q_{ij} 为 L_i 关于 L_j 的互协因数或相关权倒数。式中 σ_0^2 为单位权方差。

从上面的定义可以看出,观测值的协因数与方差成正比,因而协因数与权有类似的作用,也是比较观测值精度高低的一种指标。互协因数与协方差成正比,是比较观测值之间相

关程度的一种指标。互协因数的绝对值越大,表示观测值相关程度越高;反之则越低。互协因数为零,表示观测值之间不相关。在正态分布中,不相关与独立等价,故又称不相关观测值为独立观测值。

二、观测值向量的协因数阵与权阵

在一组观测值 $L_1,L_2,\cdots,L_n$ 构成观测值向量 $\underset{n1}{L}$ 中,每个观测值定义了协因数,任意两个观测值之间定义了互协因数。与向量的方差阵定义相似,也可以定义协因数阵。

令

$$Q_{LL}=\frac{1}{\sigma_0^2}D_{LL}=\begin{bmatrix}Q_{11} & Q_{12} & \cdots & Q_{1n}\\ Q_{21} & Q_{22} & \cdots & Q_{2n}\\ \vdots & \vdots & & \vdots\\ Q_{n1} & Q_{n2} & \cdots & Q_{nn}\end{bmatrix} \tag{2-85}$$

Q_{LL}称为观测值向量 $\underset{n1}{L}$ 的协因数阵。协因数阵中,主对角的元素为各个观测值的协因数,非主对角线元素为相应观测值之间的互协因数,由互协因数与协方差的定义式不难得出,$Q_{ij}=Q_{ji}$,即 Q_{LL}为对称矩阵。

当观测值之间相互独立时,互协因数为零,式(2-85)变成对角阵,即

$$Q_{LL}=\begin{bmatrix}Q_{11} & 0 & \cdots & 0\\ 0 & Q_{22} & \cdots & 0\\ \vdots & \vdots & & \vdots\\ 0 & 0 & \cdots & Q_{nn}\end{bmatrix} \tag{2-86}$$

协因数阵可以表示观测向量的相对精度,但在平差计算时,常常用其逆阵参与运算。定义协因数阵的逆阵为观测向量的权阵,用 P_{LL}表示,即

$$P_{LL}=Q_{LL}^{-1}=\begin{bmatrix}Q_{11} & Q_{12} & \cdots & Q_{1n}\\ Q_{21} & Q_{22} & \cdots & Q_{2n}\\ \vdots & \vdots & & \vdots\\ Q_{n1} & Q_{n2} & \cdots & Q_{nn}\end{bmatrix}^{-1}=\begin{bmatrix}P_{11} & P_{12} & \cdots & P_{1n}\\ P_{21} & P_{22} & \cdots & P_{2n}\\ \vdots & \vdots & & \vdots\\ P_{n1} & P_{n2} & \cdots & P_{nn}\end{bmatrix} \tag{2-87}$$

显然,观测值向量 $\underset{n1}{L}$ 的协因数阵 Q_{LL}与权阵 P_{LL}互为逆阵,即 $Q_{LL}^{-1}=P_{LL}$。对单个观测值来说,其相对精度指标权与协因数互为倒数;对观测值向量来说,其相对精度指标协因数阵和权阵互为逆阵。由协因数的定义可以看出,观测值的协因数可在对应的观测值向量的协因数阵中找到(对应协因数阵中的主对角线元素),而根据权的定义式(2-67)或协因数定义式(2-84),观测值的权不一定是对应权阵中的主对角线元素,即 p_i 不一定等于 P_{ii},除非协因数阵为对角阵,见例 2-24 和例 2-25。

【例 2-23】　已知观测值向量 $\underset{21}{L}=\begin{bmatrix}L_1\\ L_2\end{bmatrix}$的协因数阵为

$$Q_{LL}=\begin{bmatrix}3 & -1\\ -1 & 2\end{bmatrix}$$

试求各观测值的协因数 $Q_{L_1L_1}$、$Q_{L_2L_2}$和权 p_{L_1}、p_{L_2}。

解 按协因数阵的定义式(2-85)可直接写出:

$$Q_{L_1L_1}=3,Q_{L_2L_2}=2$$

按协因数的定义式(2-84)可以得到

$$p_{L_1}=\frac{1}{Q_{L_1L_1}}=\frac{1}{3},p_{L_2}=\frac{1}{Q_{L_2L_2}}=\frac{1}{2}$$

【例2-24】 已知观测值向量 $\underset{21}{L}$ 的权阵为

$$P_{LL}=\begin{bmatrix}5&-2\\-2&4\end{bmatrix}$$

试求各观测值的协因数 $Q_{L_1L_1}$、$Q_{L_2L_2}$和权 p_{L_1}、p_{L_2}。

解 根据协因数阵与权阵互为逆阵的关系可得

$$Q_{LL}=P_{LL}^{-1}=\begin{bmatrix}5&-2\\-2&4\end{bmatrix}^{-1}=\frac{1}{16}\begin{bmatrix}4&2\\2&5\end{bmatrix}$$

于是按协因数阵的定义式(2-85)可得

$$Q_{L_1L_1}=\frac{1}{4},Q_{L_2L_2}=\frac{5}{16}$$

按协因数的定义式(2-84)可得

$$p_{L_1}=\frac{1}{Q_{L_1L_1}}=4,p_{L_2}=\frac{1}{Q_{L_2L_2}}=\frac{16}{5}$$

由本例可以发现,$p_{L_1}\neq 5$,$p_{L_2}\neq 4$。值得注意的是:当已知观测向量的权阵求各观测值的权,要先求出观测向量的协因数阵,求得各观测值的协因数后,根据观测值的协因数与其权互为倒数,求出各观测值的权。除非观测向量中各观测值为独立观测值,观测向量的协因数阵或权阵为对角阵,权阵对角线元素等于相应观测值的权;否则,当观测向量的权阵不为对角阵时,权阵对角线元素将不等于相应观测值的权。

【例2-25】 已知独立观测值向量 $\underset{31}{L}=[L_1\quad L_2\quad L_3]^{\mathrm T}$ 的协因数阵为

$$Q_{LL}=\begin{bmatrix}3&0&0\\0&2&0\\0&0&4\end{bmatrix}$$

试求观测向量的权阵 P_{LL} 及各观测值的权 p_{L_1}、p_{L_2} 和 p_{L_3}。

解 根据定义有

(1)观测向量的权阵

$$P_{LL}=Q_{LL}^{-1}=\begin{bmatrix}3&0&0\\0&2&0\\0&0&4\end{bmatrix}^{-1}=\begin{bmatrix}\frac{1}{3}&0&0\\0&\frac{1}{2}&0\\0&0&\frac{1}{4}\end{bmatrix}$$

(2)各观测值的权分别为

$$p_{L_1}=\frac{1}{3},p_{L_2}=\frac{1}{2},p_{L_3}=\frac{1}{4}$$

【例 2-26】 已知观测值向量 $\underset{31}{Z} = \begin{bmatrix} \underset{21}{X} \\ \underset{11}{Y} \end{bmatrix}$ 的权阵为

$$P_{ZZ} = \begin{bmatrix} 2 & 0 & -1 \\ 0 & 2 & -1 \\ -1 & -1 & 2 \end{bmatrix}$$

试求 P_{XX}、P_{YY} 及 P_{x_1}、P_{x_2} 和 P_y。

分析:求分块矩阵的权阵,必须按权阵的定义式(2-87)进行。在本例中,需先求权阵的逆阵,得到协因数阵,再根据协因数阵中对应的元素,求分块矩阵的权阵,并根据协因数阵求相应观测值的权。具体如下:

解　根据已知条件,按式(2-87)有

$$Q_{ZZ} = P_{ZZ}^{-1} = \begin{bmatrix} 2 & 0 & -1 \\ 0 & 2 & -1 \\ -1 & -1 & 2 \end{bmatrix}^{-1} = \begin{bmatrix} \frac{3}{4} & \frac{1}{4} & \frac{1}{2} \\ \frac{1}{4} & \frac{3}{4} & \frac{1}{2} \\ \frac{1}{2} & \frac{1}{2} & 1 \end{bmatrix}$$

于是

$$P_{XX} = Q_{XX}^{-1} = \begin{bmatrix} \frac{3}{4} & \frac{1}{4} \\ \frac{1}{4} & \frac{3}{4} \end{bmatrix}^{-1} = \frac{1}{2}\begin{bmatrix} 3 & -1 \\ -1 & 3 \end{bmatrix}$$

$$P_{YY} = Q_{YY}^{-1} = [1]^{-1} = 1\ ,\ P_{x_1} = \frac{4}{3}, P_{x_2} = \frac{4}{3}, P_y = 1$$

由协因数和协因数阵的定义可以进一步扩展,假定有观测值或观测值函数向量 $\underset{n1}{X}$ 和 $\underset{r1}{Y}$,它们的方差阵分别为 D_{XX} 和 D_{YY},X 关于 Y 的互协方差阵为 D_{XY},令

$$\begin{cases} Q_{XX} = \dfrac{1}{\sigma_0^2} D_{XX} \\ Q_{YY} = \dfrac{1}{\sigma_0^2} D_{YY} \\ Q_{XY} = \dfrac{1}{\sigma_0^2} D_{XY} \end{cases} \tag{2-88}$$

或写为

$$\begin{cases} D_{XX} = \sigma_0^2 Q_{XX} \\ D_{YY} = \sigma_0^2 Q_{YY} \\ D_{XY} = \sigma_0^2 Q_{XY} \end{cases} \tag{2-89}$$

则称 Q_{XX} 和 Q_{YY} 分别为 X 和 Y 的协因数阵,而称 Q_{XY} 为 X 关于 Y 的互协因数阵或权逆阵。当 $Q_{XY} = Q_{YX}^{\mathrm{T}} = 0$ 时,X 和 Y 是互相独立的观测向量。

若记

$$Z=\begin{bmatrix}X\\Y\end{bmatrix} \tag{2-90}$$

则 Z 的方差阵 D_{ZZ} 和协因数阵 Q_{ZZ} 为

$$D_{ZZ}=\begin{bmatrix}D_{XX} & D_{XY}\\D_{YX} & D_{YY}\end{bmatrix} \tag{2-91}$$

$$Q_{ZZ}=\begin{bmatrix}Q_{XX} & Q_{XY}\\Q_{YX} & Q_{YY}\end{bmatrix} \tag{2-92}$$

且有关系式

$$D_{ZZ}=\sigma_0^2 Q_{ZZ} \tag{2-93}$$

三、协因数传播律

由协因数和协因数阵的定义可知,协因数阵可以由协方差阵除以常数 σ_0^2 得到;观测值向量的协因数阵的对角线元素是相应观测值的权倒数。因此,有了协因数和协因数阵的定义式,根据协方差传播律,可以方便地得到由观测值向量的协因数阵求其函数的协因数阵的计算公式,从而得到观测向量的函数的权。

设有观测值向量 X,已知它的协因数阵为 Q_{XX},又设有 X 的函数 Y 和 Z,形式如下:

$$\begin{cases}Y=FX+F^0\\Z=KX+K^0\end{cases} \tag{2-94}$$

根据协方差传播律式(2-35)、式(2-38),有

$$\begin{cases}D_{YY}=FD_{XX}F^{\mathrm{T}}\\D_{ZZ}=KD_{XX}K^{\mathrm{T}}\\D_{YZ}=FD_{XX}K^{\mathrm{T}}\end{cases} \tag{2-95}$$

由式(2-89),σ_0^2 为常数,可得

$$\begin{cases}Q_{YY}=FQ_{XX}F^{\mathrm{T}}\\Q_{ZZ}=KQ_{XX}K^{\mathrm{T}}\\Q_{YZ}=FQ_{XX}K^{\mathrm{T}}\end{cases} \tag{2-96}$$

这就是观测值的协因数阵与其线性函数的协因数阵的关系式,称为协因数传播律,或权逆阵传播律。式(2-96)在形式上与协方差传播律相同,所以将协方差传播律与协因数传播律合称为广义传播律。

如果 Y 和 Z 的各个分量都是 X 的非线性函数:

$$\begin{cases}Y=\begin{bmatrix}Y_1\\Y_2\\\vdots\\Y_r\end{bmatrix}=\begin{bmatrix}F_1(X_1,X_2,\cdots,X_n)\\F_2(X_1,X_2,\cdots,X_n)\\\vdots\\F_r(X_1,X_2,\cdots,X_n)\end{bmatrix}\\Z=\begin{bmatrix}Z_1\\Z_2\\\vdots\\Z_t\end{bmatrix}=\begin{bmatrix}f_1(X_1,X_2,\cdots,X_n)\\f_2(X_1,X_2,\cdots,X_n)\\\vdots\\f_t(X_1,X_2,\cdots,X_n)\end{bmatrix}\end{cases} \tag{2-97}$$

按本章第三节中介绍的线性化方法，求 Y 和 Z 的全微分，即

$$\begin{cases} dY = FdX \\ dZ = KdX \end{cases} \tag{2-98}$$

式中，常系数矩阵 F 和 K 分别为

$$F = \begin{bmatrix} \frac{\partial F_1}{\partial X_1} & \frac{\partial F_1}{\partial X_2} & \cdots & \frac{\partial F_1}{\partial X_n} \\ \frac{\partial F_2}{\partial X_1} & \frac{\partial F_2}{\partial X_2} & \cdots & \frac{\partial F_2}{\partial X_n} \\ \vdots & \vdots & & \vdots \\ \frac{\partial F_r}{\partial X_1} & \frac{\partial F_r}{\partial X_2} & \cdots & \frac{\partial F_r}{\partial X_n} \end{bmatrix}_{(X^0)}, K = \begin{bmatrix} \frac{\partial f_1}{\partial X_1} & \frac{\partial f_1}{\partial X_2} & \cdots & \frac{\partial f_1}{\partial X_n} \\ \frac{\partial f_2}{\partial X_1} & \frac{\partial f_2}{\partial X_2} & \cdots & \frac{\partial f_2}{\partial X_n} \\ \vdots & \vdots & \cdots & \vdots \\ \frac{\partial f_t}{\partial X_1} & \frac{\partial f_t}{\partial X_2} & \cdots & \frac{\partial f_t}{\partial X_n} \end{bmatrix}_{(X^0)}$$

则 Y 和 Z 的协因数阵也可以按照式(2-96)求得。

【例 2-27】　已知独立观测值 L_i 的权为 $p_i(i=1,2,\cdots,n)$，试求 $X=\frac{[pL]}{[p]}$ 的权 p_X。

解　因为

$$X = \frac{[pL]}{[p]} = \frac{1}{[p]}(p_1L_1 + p_2L_2 + \cdots + p_nL_n) \tag{2-99}$$

按协因数传播律，有

$$Q_{XX} = \frac{1}{p_X} = \frac{1}{[p]^2}\left(p_1^2 \times \frac{1}{p_1} + p_2^2 \times \frac{1}{p_2} + \cdots + p_n^2 \times \frac{1}{p_n}\right)$$
$$= \frac{1}{[p]^2}(p_1 + p_2 + \cdots + p_n) = \frac{1}{[p]}$$

所以

$$p_X = [p] \tag{2-100}$$

一般称式(2-99)的 X 为观测值的加权平均值，由式(2-100)可知观测值的加权平均值的权等于各观测值的权之和。设各个观测值为等精度独立观测值，且观测值的权 $p=1$，则 n 次观测值的算术平均值为

$$X = \frac{[pL]}{[p]} = \frac{1}{[p]}(p_1L_1 + p_2L_2 + \cdots + p_nL_n)$$
$$= \frac{[L]}{n} \tag{2-101}$$

且算术平均值的权 p_X 为

$$p_X = n \tag{2-102}$$

由于权的定义，很好地回答了本章第五节“权的引入”中提出的问题，说明如下：

取 $C=1$，按式(2-81)有

$$p_i = \frac{N_i}{C} \tag{2-103}$$

则 $\bar{x}_1$ 和 $\bar{x}_2$ 的权分别为 2、4，代入加权平均值计算式(2-99)，有

$$\bar{x} = \frac{p_1\bar{x}_1 + p_2\bar{x}_2}{p_1 + p_2} = \frac{2\bar{x}_1 + 4\bar{x}_2}{2 + 4} \tag{2-104}$$

与式(2-64)完全一致。学完本书后将会了解到,独立观测值的加权平均值的方差最小。

【例2-28】 已知观测向量 X_1 和 X_2 的协因数阵 $Q_{X_1X_1}$、$Q_{X_2X_2}$ 和互协因数阵 $Q_{X_1X_2}$,用矩阵形式表示为

$$X=\begin{bmatrix}X_1\\X_2\end{bmatrix},Q_{XX}=\begin{bmatrix}Q_{X_1X_1}&Q_{X_1X_2}\\Q_{X_2X_1}&Q_{X_2X_2}\end{bmatrix}$$

设有函数

$$\begin{cases}Y=FX_1\\Z=KX_2\end{cases}$$

试求 Y 关于 Z 的协因数阵 Q_{YZ}。

解 将原函数表达式表达成 X_1 和 X_2 的线性矩阵形式,即

$$\begin{cases}Y=\begin{bmatrix}F&0\end{bmatrix}\begin{bmatrix}X_1\\X_2\end{bmatrix}\\Z=\begin{bmatrix}0&K\end{bmatrix}\begin{bmatrix}X_1\\X_2\end{bmatrix}\end{cases}$$

应用协因数传播律,由式(2-96)有

$$Q_{YZ}=\begin{bmatrix}F&0\end{bmatrix}\begin{bmatrix}Q_{X_1X_1}&Q_{X_1X_2}\\Q_{X_2X_1}&Q_{X_2X_2}\end{bmatrix}\begin{bmatrix}0\\K^{\mathrm{T}}\end{bmatrix}$$

则

$$Q_{YZ}=FQ_{X_1X_2}K^{\mathrm{T}}$$

【例2-29】 设有独立观测向量 $\underset{n1}{L}$,其协因数阵 $Q_{LL}=E$,设有函数

$$V=B\hat{X}-L$$

$$\hat{X}=(B^{\mathrm{T}}B)^{-1}B^{\mathrm{T}}L$$

$$\hat{L}=L+V$$

试用广义传播律求协因数矩阵 $Q_{\hat{X}\hat{X}}$、$Q_{\hat{L}\hat{L}}$、$Q_{V\hat{X}}$及 $Q_{V\hat{L}}$。

解 为了运用协因数传播律,不妨将上述矩阵均表达成 L 的表达形式,则有

$$V=[B(B^{\mathrm{T}}B)^{-1}B^{\mathrm{T}}-E]L$$

$$\hat{X}=(B^{\mathrm{T}}B)^{-1}B^{\mathrm{T}}L$$

$$\hat{L}=B(B^{\mathrm{T}}B)^{-1}B^{\mathrm{T}}L$$

由式(2-96)有

$$Q_{\hat{X}\hat{X}}=(B^{\mathrm{T}}B)^{-1}B^{\mathrm{T}}E[(B^{\mathrm{T}}B)^{-1}B^{\mathrm{T}}]^{\mathrm{T}}=(B^{\mathrm{T}}B)^{-1}B^{\mathrm{T}}B(B^{\mathrm{T}}B)^{-1}=(B^{\mathrm{T}}B)^{-1}$$

$$Q_{\hat{L}\hat{L}}=[B(B^{\mathrm{T}}B)^{-1}B^{\mathrm{T}}]E[B(B^{\mathrm{T}}B)^{-1}B^{\mathrm{T}}]^{\mathrm{T}}=B(B^{\mathrm{T}}B)^{-1}B^{\mathrm{T}}$$

$$\begin{aligned}Q_{V\hat{X}}&=[B(B^{\mathrm{T}}B)^{-1}B^{\mathrm{T}}-E]E[(B^{\mathrm{T}}B)^{-1}B^{\mathrm{T}}]^{\mathrm{T}}\\&=B(B^{\mathrm{T}}B)^{-1}B^{\mathrm{T}}B(B^{\mathrm{T}}B)^{-1}-B(B^{\mathrm{T}}B)^{-1}\\&=B(B^{\mathrm{T}}B)^{-1}-B(B^{\mathrm{T}}B)^{-1}=0\end{aligned}$$

$$Q_{V\hat{L}}=[B(B^{\mathrm{T}}B)^{-1}B^{\mathrm{T}}-E]E[B(B^{\mathrm{T}}B)^{-1}B^{\mathrm{T}}]^{\mathrm{T}}$$

$$= B(B^{T}B)^{-1}B^{T}B(B^{T}B)^{-1}B^{T} - B(B^{T}B)^{-1}B^{T}$$
$$= B(B^{T}B)^{-1}B^{T} - B(B^{T}B)^{-1}B^{T} = 0$$

第七节　由真误差计算中误差及其实际应用

前面已经提到,水准测量中实际定权时只需用到测站数、路线长度等容易知道的指标,而观测值的方差事先并不知道。评定观测值及其函数的精度是测量平差的主要内容之一,由定权公式(2-67)可知,如果知道了单位权方差,在已知观测值权的情况下,就可以求出观测值的方差,即

$$\sigma_i^2 = \frac{\sigma_0^2}{p_i} \tag{2-105}$$

进一步,根据误差广义传播律就可以求观测值函数的方差或协因数。可见,单位权方差的计算在测量平差中具有很重要的意义。

本节介绍如何利用一组独立观测值的真误差计算观测值的中误差或单位权中误差的估值,并通过实例说明这些估值公式的应用。

一、由不独立观测值的真误差计算中误差的基本公式

(一)由同精度独立观测值的真误差计算观测值中误差的基本公式

设有一组同精度独立观测值 $L_i(i=1,2,\cdots,n)$,它们的数学期望、真误差分别为 $E(L_i)$、Δ_i,有

$$\Delta_i = E(L_i) - L_i \quad (i=1,2,\cdots,n) \tag{2-106}$$

在本章第二节中已经介绍,观测值 L_i 的中误差为

$$\sigma = \sqrt{E(\Delta^2)} = \lim_{n\to\infty}\sqrt{\frac{[\Delta^2]}{n}} \tag{2-107}$$

根据式(2-106),由方差传播律可知,L_i 与 Δ_i 的方差相同,并均服从正态分布,即

$$\begin{cases} L_i \sim N(E(L_i),\sigma^2) \\ \Delta_i \sim N(0,\sigma^2) \end{cases} \tag{2-108}$$

当 n 为有限值时,式(2-107)记为

$$\hat{\sigma} = \sqrt{\frac{[\Delta^2]}{n}} \tag{2-109a}$$

式(2-109a)即为根据一组同精度独立观测值的真误差计算观测值中误差的基本公式。

若设该组同精度独立观测值为单位权观测值,则由式(2-109a)计算的中误差便是该组观测值的单位权中误差,即

$$\hat{\sigma}_0 = \hat{\sigma} = \sqrt{\frac{[\Delta^2]}{n}} \tag{2-109b}$$

(二)由不同精度独立观测值的真误差计算单位权中误差的基本公式

现设 $L_1,L_2,\cdots,L_n$ 是一组不同精度的独立观测值,它们的数学期望、真误差和权分别为 $E(L_i)$、Δ_i 和 p_i,即

$$E(L_1), E(L_2), \cdots, E(L_n)$$
$$\Delta_1, \Delta_2, \cdots, \Delta_n$$
$$p_1, p_2, \cdots, p_n$$

由于 $L_i(i=1,2,\cdots,n)$ 是一组不同精度的独立观测值,根据权与精度的对应关系,该组观测值的权必定对应一个特定的单位权中误差,为了应用式(2-109b)求得单位权中误差,必须有一组精度相同且权为 1 的独立的真误差。根据原观测向量,构造一组虚拟观测值 $L_i'(i=1,2,\cdots,n)$,对应的真误差及权分别为 Δ_i'、p_i',且满足:

$$\Delta_i' = \alpha_i \Delta_i \tag{2-110}$$

要求 $\Delta_i'(i=1,2,\cdots,n)$ 是满足权为 1 的一组独立观测值,则根据协因数传播律,要求:

$$\frac{1}{p_i'} = \alpha_i^2 \frac{1}{p_i} = 1 \tag{2-111}$$

则

$$\alpha_i = \sqrt{p_i} \tag{2-112}$$

即当

$$\Delta_i' = \sqrt{p_i}\Delta_i \tag{2-113}$$

成立时,Δ_i'对应的中误差即为单位权中误差,由式(2-107)有

$$\sigma_0 = \sqrt{E(\Delta'^2)} = \lim_{n\to\infty}\sqrt{\frac{[\Delta'^2]}{n}} \tag{2-114}$$

将式(2-113)代入式(2-114),可以得到单位权中误差的计算公式,即

$$\sigma_0 = \sqrt{E(\Delta'^2)} = \lim_{n\to\infty}\sqrt{\frac{[\Delta'^2]}{n}} = \lim_{n\to\infty}\sqrt{\frac{[p_i\Delta_i^2]}{n}} \tag{2-115}$$

这就是根据一组不同精度独立观测值的真误差所得到的单位权中误差的理论值。在实际中,由于 n 总是有限的,故只能求单位权中误差的估值,即

$$\hat{\sigma}_0 = \sqrt{\frac{[p_i\Delta_i^2]}{n}} \tag{2-116}$$

式(2-116)就是根据一组不同精度的真误差计算单位权中误差的基本公式。

显然,当所有观测值权相等且等于 1 时,式(2-109b)就变成了式(2-116)的一种特例。

二、由真误差计算中误差的应用

在一般情况下,由于观测值的真值是未知的,因此真误差也是未知的,这时便不可能应用式(2-109a)计算中误差的估值。但在某些特定的情况下,由观测值构成的观测值的函数的真值是已知的,结合误差广义传播律,就可以求出观测值及其函数的中误差的估值。

(一)由三角形闭合差求测角中误差

平面三角形的三个内角之和的理论值为 180°,因此三角形内角和闭合差即为三角形三个内角和的真误差的负值,见式(2-117)。由于三角网中的测角精度相同,所以每一个三角形的三个内角之和也是等精度的。

设第 i 个三角形内角和 $\sum_i$ 的闭合差为 ω_i,有

$$\omega_i = (\alpha + \beta + \gamma)_i - 180° = -\Delta_{\sum_i} \quad (i = 1,2,\cdots,n) \tag{2-117}$$

则三角形内角和的中误差为

$$\sigma_{\Sigma}=\lim_{n\to\infty}\sqrt{\frac{[\Delta_{\Sigma}\Delta_{\Sigma}]}{n}}=\lim_{n\to\infty}\sqrt{\frac{[\omega\omega]}{n}} \tag{2-118}$$

式中,n 为三角形个数。

考虑三角形个数的有限性,并设测角精度均为 σ_{β},按广义传播律有

$$\hat{\sigma}_{\beta}=\sqrt{\frac{[\omega\omega]}{3n}} \tag{2-119}$$

式(2-119)称为菲列罗公式,在三角形测量中,经常用它来初步评定测角的精度,如表2-4中“测角中误差”列。

(二)由双观测值之差求中误差

设对 $X_1,X_2,\cdots,X_n$ 同精度各测两次,得独立观测值为

$$\begin{cases}L'_1\\L''_1\end{cases},\quad\begin{cases}L'_2\\L''_2\end{cases},\quad\cdots,\quad\begin{cases}L'_n\\L''_n\end{cases}$$

其中,L_i'和 L_i''是对 X_i 的两次观测结果,称为观测对。假定不同的观测对精度不同,而同一观测对的两个观测值精度相同。设第 i 对观测值的权为 $p_i(i=1,2,\cdots,n)$。

各观测对两次观测结果之差为

$$d_i=L'_i-L''_i\quad(i=1,2,\cdots,n) \tag{2-120}$$

由协因数传播律,有

$$\frac{1}{p_{d_i}}=\frac{1}{p_i}+\frac{1}{p_i}=\frac{2}{p_i} \tag{2-121}$$

即

$$p_{d_i}=\frac{p_i}{2} \tag{2-122}$$

若观测值不含误差,则各观测对两观测值之差 d_i 应为0,即观测对内两观测值差数的真值为0。

设 $\Delta d_i(i=1,2,\cdots,n)$为各对观测值差数的真误差,则

$$\Delta d_i=0-d_i=-d_i \tag{2-123}$$

由式(2-115),可得到由观测对两次观测值之差求单位权中误差的公式,即

$$\sigma_0=\lim_{n\to\infty}\sqrt{\frac{[pdd]}{2n}} \tag{2-124}$$

当 n 有限时,有

$$\hat{\sigma}_0=\sqrt{\frac{[pdd]}{2n}} \tag{2-125}$$

在此基础上,由权的定义式(2-105),可求各观测值 L_i(L_i'或 L_i'')的中误差

$$\hat{\sigma}_{L_i}=\frac{\hat{\sigma}_0}{\sqrt{p_i}} \tag{2-126}$$

取第 i 对($i=1,2,\cdots,n$)观测值的平均值 $\bar{L}_i$,即

$$\bar{L}_i=\frac{L_i'+L_i''}{2} \tag{2-127}$$

则平均值 $\overline{L}_i$ 的中误差为

$$\hat{\sigma}_{\overline{L}_i}=\frac{\hat{\sigma}_{L_i}}{\sqrt{2}}=\frac{\hat{\sigma}_0}{\sqrt{2p_i}} \tag{2-128}$$

【例2-30】 设分5段测定 A、B 两点间的高差，每段各测2次，其结果列于表2-8中。试求：(1)每千米观测高差的中误差。

(2)第二段高差中误差。

(3)第二段高差的平均值的中误差。

(4)全长一次观测高差的中误差。

(5)全长高差平均值的中误差。

解 令 $C=1$，即令1 km观测高差为单位权观测值，$p_i=\frac{1}{S_i}$。相关计算值列于表2-8相应列中。

表2-8

段号	高差(m)		$d_i=L_i'-L_i''$	d_id_i	距离 S_i	$p_id_id_i$
	L_i'	L_i''	(mm)	(mm^2)	(km)	(mm^2)
1	3.248	3.240	8	64	4.0	16.0
2	0.348	0.356	-8	64	3.2	20.0
3	1.444	1.437	7	49	2.0	24.5
4	-3.360	-3.352	-8	64	2.6	24.6
5	-3.699	-3.704	5	25	3.4	7.4
合计					15.2	92.5

(1)按式(2-125)，计算单位权中误差为

$$\hat{\sigma}_0=\hat{\sigma}_{\mathrm{km}}=\sqrt{\frac{[pdd]}{2n}}=\sqrt{\frac{92.5}{10}}=3.0(\mathrm{mm})$$

(2)第二段高差的中误差为

$$\hat{\sigma}_{L_2}=\hat{\sigma}_{\mathrm{km}}\sqrt{\frac{1}{p_2}}=\sqrt{\frac{92.5}{10}}\times\sqrt{3.2}=5.4(\mathrm{mm})$$

(3)第二段高差平均值的中误差为

$$\hat{\sigma}_{\overline{L}_2}=\frac{\hat{\sigma}_{L_2}}{\sqrt{2}}=3.8\ \mathrm{mm}$$

(4)全长一次观测高差的中误差为

$$\hat{\sigma}_{全}=\frac{\hat{\sigma}_0}{\sqrt{p_{全}}}=\sqrt{\frac{92.5}{10}}\times\sqrt{15.2}=11.9(\mathrm{mm})$$

(5)全长高差平均值的中误差为

$$\hat{\sigma}_{全长高差平均值}=\frac{\hat{\sigma}_{全}}{\sqrt{2}}=\sqrt{\frac{92.5}{10}}\times\sqrt{\frac{15.2}{2}}=8.4(\mathrm{mm})$$

上述解算过程中，令 $C = 1$ 。定权时，C 是平差前可以任意取定的常数，若取 $C = 2$ ，即令 2 km 观测高差为单位权观测值，定权公式为 $p_i = \frac{2}{S_i}$ 。同理，得各相关计算值如表 2-9 所示。

于是：

(1)计算单位权中误差为

$$\hat{\sigma}_0 = \hat{\sigma}_{2\,\mathrm{km}} = \sqrt{\frac{[pdd]}{2n}} = \sqrt{\frac{184.9}{10}} = 4.3(\mathrm{mm})$$

(2)第二段高差中误差为

$$\hat{\sigma}_{L_2} = \frac{\hat{\sigma}_0}{\sqrt{p_2}} = \frac{4.3}{\sqrt{\frac{2}{3.2}}} = 5.4(\mathrm{mm})$$

表 2-9

段号	高差(m)		$d_i = L_i' - L_i''$	$d_i d_i$	距离 S_i	$p_i d_i d_i$
	L_i'	L_i''	(mm)	(mm^2)	(km)	(mm^2)
1	3. 248	3. 240	8	64	4. 0	32. 0
2	0. 348	0. 356	-8	64	3. 2	40. 0
3	1. 444	1. 437	7	49	2. 0	49. 0
4	-3. 360	-3. 352	-8	64	2. 6	49. 2
5	-3. 699	-3. 704	5	25	3. 4	14. 7
$\sum$					15. 2	184. 9

(3)第二段高差平均值的中误差为

$$\hat{\sigma}_{\bar{L}_2} = \frac{\hat{\sigma}_{L_2}}{\sqrt{2}} = \frac{5.4}{\sqrt{2}} = 3.8(\mathrm{mm})$$

(4)全长一次观测高差的中误差为

$$\hat{\sigma}_{全} = \frac{\hat{\sigma}_0}{\sqrt{p_{全}}} = \frac{4.3}{\sqrt{\frac{2}{15.2}}} = 11.9(\mathrm{mm})$$

(5)全长高差平均值的中误差为

$$\hat{\sigma}_{全长高差平均值} = \frac{\hat{\sigma}_{全}}{\sqrt{2}} = \frac{11.9}{\sqrt{2}} = 8.4(\mathrm{mm})$$

通过本例的计算，比较两种不同的定权方式，可以发现，除了单位权中误差计算结果不同外，各高差及高差均值精度计算结果一致，它们不受定权公式中常数 C 取值不同的影响。本算例表明，观测值及其函数的精度与定权公式中常数的取值无关。

习　题

1. 观测值的真误差是如何定义的？三角形的闭合差是什么观测值的真误差？

2. 为了鉴定经纬仪的精度，对已知精确测定的水平角 $\alpha=45°00'00''$ 做了12次观测，其观测结果为

45°00′06″,44°59′55″,44°59′58″,45°00′04″,

45°00′03″,45°00′04″,45°00′00″,44°59′58″,

44°59′59″,44°59′59″,45°00′03″,45°00′06″

设 α 没有误差，试求观测值的中误差。

3. 设有一段距离，其观测值及其中误差为235.015 m ± 15 mm。试估计这个观测值的真误差的实际可能范围，并求出该观测值的相对中误差。

4. 两个独立观测值是否可称为不相关观测值？而两个相关观测值是否就是不独立观测值？

5. 设有观测值向量 $\underset{31}{X}=[L_1\quad L_2\quad L_3]^{\mathrm{T}}$ 的协方差阵 $\underset{33}{D}=\begin{bmatrix}4 & -2 & 0\\ -2 & 9 & -3\\ 0 & -3 & 16\end{bmatrix}$，试写出观测值 L_1、L_2 及 L_3 的中误差 σ_{L_1}、σ_{L_2}和 σ_{L_3}，以及协方差 $\sigma_{L_1L_2}$、$\sigma_{L_1L_3}$和 $\sigma_{L_2L_3}$。

6. 已知观测值 L_1、L_2 的中误差 $\sigma_{L_1}=\sigma_{L_2}=\sigma$，协方差 $\sigma_{L_1L_2}=0$，设 $X=2L_1+5$，$Y=L_1-2L_2$，$Z=L_1L_2$，$T=X+Y$。试求 X、Y、Z 和 T 的中误差。

7. 已知独立观测值 L_1、L_2 的中误差为 σ_1、σ_2，试求函数 $Z=\dfrac{\sin L_1}{\sin(L_1+L_2)}$ 的中误差。

8. 如图2-9所示的等边△ABC，观测边长和角度，边长观测值 $S_b\pm\sigma_{S_b}=1\ 000\ \mathrm{m}\pm15\ \mathrm{mm}$，$\alpha=\beta=60°00'00''$，且 $\sigma_\alpha=\sigma_\beta$。为使算得的边长 S_a 具有中误差 $\sigma_{S_a}=20$ mm，试问：角 α 和 β 的观测精度应为多少？

9. 以相同精度观测∠A 和∠B，其权分别为 $p_A=\dfrac{1}{4}$，$p_B=\dfrac{1}{2}$，已知 $\sigma_B=8''$，试求单位权中误差 σ_0 和∠A 的中误差。

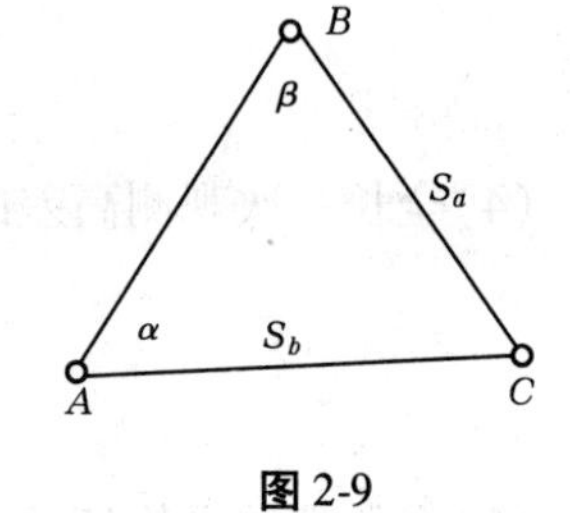

图 2-9

10. 已知观测值向量 $\underset{31}{Z}=\begin{bmatrix}\underset{21}{X}\\ \underset{11}{Y}\end{bmatrix}$ 的权阵为

$$P_{ZZ}=\frac{1}{4}\begin{bmatrix}3 & 1 & 2\\ 1 & 3 & 2\\ 2 & 2 & 4\end{bmatrix}$$

试求 P_{XX}、P_{YY}以及 P_{X_1}、P_{X_2}和 P_Y。

11. 某一距离分3段往返丈量各一次，其结果如表2-10所示。令1 km量距的权为单位权，试求：

(1)该距离的平差值。

(2)单位权中误差。

(3)全长一次丈量中误差。

(4)全长平均值的中误差。

(5)第二段一次丈量中误差。

表 2-10

段号	往测(m)	返测(m)
1	1 000.009	1 000.007
2	2 000.011	2 000.009
3	3 000.008	3 000.010

(提示:钢尺量距的定权公式为 $p_i=\frac{C}{S_i}$,C 为常数,S_i 为测段长度。)

第三章　测量平差基本原理

学习目标

了解几何模型和几何元素的概念；理解必要元素的含义；掌握确定不同几何模型中必要元素的类型与个数的方法；理解条件方程的含义，进一步明确测量平差的任务；理解测量平差函数模型及随机模型的含义；掌握非线性模型线性化方法；理解测量平差的原则。

【学习导入】

测量平差的另一项任务是求解条件方程中未知量的平差值。根据未知量选择方法的不同，方程有不同的表达形式，分别对应不同的平差函数模型。若方程为非线性形式，该如何处理？此外，对相容方程，附加什么约束条件，才能得到方程的最优解？本章将对上述内容进行系统介绍。

本章介绍了测量平差的基本概念，结合实例详细地阐述了基本平差方法数学模型的建立过程，是以后学习各种平差理论的基础。另外，对测量平差所遵循的最小二乘准则做了介绍。

第一节　概　述

在测量工作中，经常涉及求诸如两点之间的距离，待定点的高程、坐标或两点之间的高差等几何量的大小这类问题。为了求定某些量的大小，有的可以直接测定，但更多的是通过测定其他一些量来间接求出这些量的大小。例如，在导线测量时，为了测定待定点的坐标，通常是用全站仪测定角度或边长；为了测定某些点的高程，需要建立水准网，测量各水准路线的高差；为了确定某些点的平面坐标，需要建立平面控制网，测定角度、边长或方位等元素。

为了测定某些待定量而构建的诸如水准网、平面网等几何图形，在测量平差中被称为几何模型。所求量与已知量之间的关系往往是通过这些几何模型联系起来并直观体现出来的。为了求出这些待定量的大小，需要将几何模型中的已知量与待定量之间的联系通过一定的函数关系来描述，这种描述所求量与已知量之间关系的函数表达式称为函数模型。几何模型一旦确定，就可以通过一定的函数表达式描述几何模型中元素之间的关系，从而建立函数模型。

构成一个几何模型的要素称为模型的元素。例如，在一个高程网中，包含点与点之间的高差、点的高程等元素；在一个平面网中，包含角度、边长、边的方位角、点的坐标等元素。为了唯一地确定一个几何模型，并不需要知道其中所有元素的大小，而只需要知道其中一部分元素的大小就可以了。随着模型的不同,它所需要知道的元素的个数和类型也有所不同。因此,要唯一地确定某个模型,必须知道它最少需要几个元素以及哪些类型的元素。

举例说明如下:

(1)要确定图3-1中平面△ABC的形状(这是一种最简单的几何模型),能唯一地确定该模型的有两个元素,即其中任意两个角度的组合。例如,$\tilde{L}_1$、$\tilde{L}_2$或$\tilde{L}_1$、$\tilde{L}_3$或$\tilde{L}_2$、$\tilde{L}_3$三种组合中的任意一种,这两个角度即是确定该模型的必要元素。在这种情况下,唯一地确定该模型的元素个数是两个,类型为角度。

(2)要确定图3-1中平面△ABC的形状和大小(这是另一种几何模型),就必须已知3个不同的元素,即任意的一边两角、任意的一角两边或者三边。在这三种情况下,都至少要包含一个边长,否则就只能确定其形状,而不能确定其大小,即在这一模型中,确定模型的元素包括角度和边长两种类型,元素个数为3个。

(3)要确定图3-1中平面△ABC的形状和大小及它在一个特定平面坐标系中的位置和方向(这又是一种几何模型),则必须知道该几何模型中6个不同的元素。显然,这6个元素可以有更多的情况组合。但不论哪一种组合,都至少要包含一个点的坐标(X、Y)和一条边的方位角α,用于确定模型在特定坐标系中的位置和方向。这种可以任意假定,从而将几何模型定位于相应坐标系中的必要元素称为外部配置元素,简称为配置元素。由于配置元素的改变不影响该三角形的内部形状和大小,所以当三角形中没有已知点和已知方位角时,可以任意假定一个点的坐标和一条边的方位角,相当于将该三角形定位于某个给定的局部坐标系中。这样,除了3个可以假定的元素,参照(2)中的情况,实际上只要3个元素(其中至少需要包括一个边长元素)就可以唯一地确定该模型了。

(4)在图3-2所示的水准网中,为了确定A、B、C、D这4个点高程之间的相对关系,只要知道其中3个高差就可以了,如$\tilde{h}_1$、$\tilde{h}_2$、$\tilde{h}_4$或$\tilde{h}_1$、$\tilde{h}_3$、$\tilde{h}_4$或$\tilde{h}_4$、$\tilde{h}_5$、$\tilde{h}_6$等。在这一模型中,确定模型的元素属于同一类型——高差。

(5)确定图3-2水准网中A、B、C和D点的高程。这是不同于(4)中的几何模型。显然,如果已知网中各点之间的相对高差,则只需要任意一点的高程即可确定其他三点的高程。当网中没有已知高程点时,则必须假定其中1个点的高程是已知的,即水准网中配置元素是1个已知点高程。配置元素的大小不影响网中各点的相对位置(高差)关系。除去配置元素,只需要观测(4)中描述的3个高差就可以了。

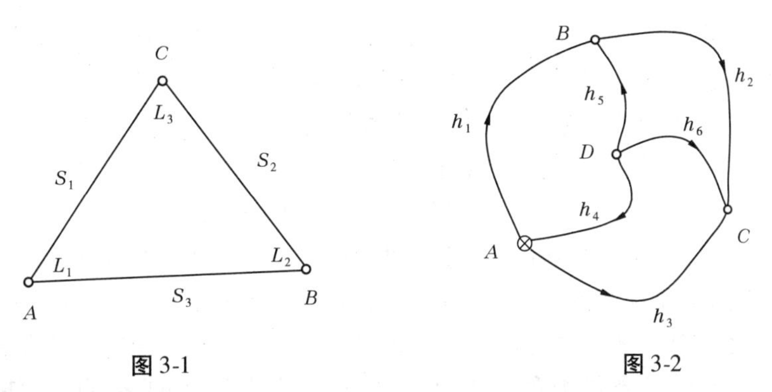

图3-1　　　图3-2

以上例子可以发现,一旦模型确定,能唯一确定该模型的必要元素的个数和类型也就确

定了。确定一个几何模型所必需的元素称为必要元素,除去配置元素外,必要元素必须通过观测才能得到,因此必要元素又称为必要观测元素(配置元素不包含在必要观测元素中)。必要观测元素的个数简称必要观测数,用 t 表示。对于上述五种情况,(1)中 $t=2$,其他情形中 $t=3$。对于第二种情况,3 个元素中,至少要有一个边长元素。因此,必要元素不仅要考虑其个数,而且要考虑它包含的类型。

如果在模型中总共有 n 个观测值,必要观测数是 t,设

$$r = n - t \tag{3-1}$$

则表示在平差模型中有 r 个多余观测值,r 称为多余观测数,在统计学中称为自由度。

能唯一确定某一模型的必要元素之间是不存在任何确定的函数关系的,换句话说,其中的任何一个元素都不可能表达成其余必要元素的函数。例如,在(1)中,任意两个必要元素,如 $\tilde{L}_1$、$\tilde{L}_2$,两者之间不存在函数关系;在(2)中,满足条件的任意三个必要元素 $\tilde{S}_1$、$\tilde{L}_1$、$\tilde{L}_2$ 之间,其中任何一个元素都不能用其他两个元素的函数关系式表达出来。这些彼此不存在函数关系的量称为函数独立的量,在不至于引起混淆的情况下,也简称为独立量。

既然一个模型通过 t 个必要而独立的量已经被唯一地确定下来了,就意味着在该模型中任何一个量的大小都可以通过这 t 个量的函数关系式表达。换言之,模型中的任何一个量必然都是这 t 个独立量的函数,模型中的任何一个元素与 t 个独立量之间一定存在着某种确定的函数关系。

例如,在(1)中,$t=2$,若已知任意两个必要元素,如 $\tilde{L}_1$、$\tilde{L}_2$,另一个角度 $\tilde{L}_3$ 与它们之间必然存在一种确定的函数关系,即

$$\tilde{L}_1 + \tilde{L}_2 + \tilde{L}_3 - 180° = 0 \tag{3-2}$$

又如,在(2)中,$t=3$,若选定 $\tilde{S}_1$、$\tilde{L}_1$、$\tilde{L}_2$ 为必要观测量,则模型中其他元素如 $\tilde{S}_2$、$\tilde{S}_3$ 与必要观测量之间存在确定的函数关系式,即

$$\frac{\tilde{S}_1}{\sin\tilde{L}_2} = \frac{\tilde{S}_2}{\sin\tilde{L}_1} \tag{3-3}$$

$$\frac{\tilde{S}_1}{\sin\tilde{L}_2} = \frac{\tilde{S}_3}{\sin(180° - \tilde{L}_1 - \tilde{L}_2)} \tag{3-4}$$

通过 t 个必要元素的观测值,虽然可以唯一地确定一个模型,但是如果观测值中含有错误或粗差,则将无法发现。例如,一个三角形的形状可以由任意两个角度唯一地确定,但如果其中任何一个角度中包含了错误,是无法察觉的。因此,在测量工作中一般是不允许这样做的,而必须进行多余观测。若有 r 个多余观测,在 n 个观测量的真值之间必然存在着 r 个函数关系,在测量平差中,满足某种特定约束条件的这种函数关系式被称为条件方程。

以图 3-1 为例,为了确定$\triangle ABC$ 的形状和大小,观测了三个内角和三条边长。由前面的描述已经知道,此时必要观测数 $t=3$,观测值总数 $n=6$,则多余观测数 $r=6-3=3$,必然会产生 3 个条件方程。其具体形式可以表达为式(3-2)~式(3-4)。当然条件方程还可以用其他的表达形式,但有效的条件方程个数是 3 个,这一点在后面的学习中会进行更详细的说明。

实际上,条件方程亦即观测值的真值应该满足的约束条件,可以表达成一般形式:

$$F(\tilde{L}) = 0 \tag{3-5}$$

由于观测值中不可避免地存在观测误差,由观测值代入上述条件方程必然得不到满足。以(1)中情形为例,若观测了角度 L_1、L_2、L_3,由于 $n=3$、$t=2$,则 $r=3-2=1$,可建立观测值真值间应该满足的条件方程,即

$$\tilde{L}_1 + \tilde{L}_2 + \tilde{L}_3 - 180^\circ = 0 \tag{3-6}$$

考虑到观测误差,因为

$$\tilde{L}_1 = L_1 + \Delta_1, \tilde{L}_2 = L_2 + \Delta_2, \tilde{L}_3 = L_3 + \Delta_3$$

则条件方程为

$$(L_1 + \Delta_1) + (L_2 + \Delta_2) + (L_3 + \Delta_3) - 180^\circ = 0$$

如果仅用观测值代入条件方程,上式一般不能成立,即

$$L_1 + L_2 + L_3 - 180^\circ = W_1 \neq 0 \tag{3-7}$$

同理,用观测值代入式(3-3),有:

$$\frac{S_1}{\sin L_2} - \frac{S_2}{\sin L_1} = W_2 \neq 0 \tag{3-8}$$

形如式(3-7)和式(3-8)中的 W_1 和 W_2 称为观测值间的不符值或条件方程的闭合差。显然,闭合差的理论值等于0。

受观测条件的限制,观测值中不可避免地带有偶然误差,使得条件方程因为观测值中误差的存在而闭合差不为零。如何调整观测值,即将观测值合理地加上改正数,从而达到消除闭合差的目的,这是测量平差的主要任务之一。“平差”一词的英文名词性表达“adjustment”本来就是“调整”的意思,即对观测值进行合理的调整,进而求出观测值及观测值函数的最佳估值。

一个测量平差问题,在几何模型的帮助下,先列出观测值和未知量之间全部有效的函数关系表达式,然后采用一定的平差原则对未知量进行估计,确保这种估计具有某些性质最优的特点,这是测量平差的主要任务之一;在此基础上计算和分析成果的精度,这是测量平差的又一个主要任务。

第二节　测量平差的数学模型

在测量平差中,为了求得某些待定量,需要建立某种数学模型,测量平差中的数学模型由函数模型和随机模型构成。函数模型是描述观测量与未知量之间的数学函数关系的模型,是确定客观实际的本质或特征的模型。测量平差的目的,实际上就是在最小二乘准则下求解函数模型中的未知量。但平差的数学模型与一般数学问题中解方程时只考虑函数模型不同,它还要考虑随机模型,因为带有误差的观测量是随机变量,所以平差的数学模型同时包含函数模型和随机模型两个组成部分,在研究任何平差方法时,必须予以同时考虑。测量平差的数学模型有函数模型和随机模型,缺一不可,这是测量平差的主要特点。

一、测量平差的函数模型

函数模型是描述观测量与未知量之间的函数关系的模型。函数模型中的未知量根据平

差实际问题中的需要来选择。在式(3-2)~式(3-4)所示的条件方程中,未知量选择的是观测量 $\underset{n1}{L}$ 的真值 $\underset{n1}{\tilde{L}}$,这是一种选取未知量的方法。当然,也可以选取几何模型中任意 t 个独立的未知参数($\underset{t1}{\tilde{X}}$)为未知量,此时函数模型的形式与条件方程不同,所建立的函数模型是将观测量表达为 t 个独立参数的函数,即

$$\underset{n1}{\tilde{L}} = \underset{n1}{F}(\underset{t1}{\tilde{X}}) \tag{3-9}$$

这种形式的函数模型称为观测方程。未知量还可以有其他不同的选取方法,从而建立不同的函数模型。对不同函数模型中的未知量的估计,则有相应的平差方法。

函数模型分为线性模型和非线性模型。测量平差通常是基于线性模型的。当函数模型为非线性形式时,一般是利用 Taylor 级数逼近理论,将非线性模型按 Taylor 级数公式展开,仅保留常数项和一次项,将非线性模型化为线性形式,然后用与线性模型相同的方法解算。本书仅阐述基于线性函数模型下的测量平差的理论和方法。

下面介绍四种基本平差方法的函数模型。

(一)条件平差的函数模型

在测量工作中,为了能及时发现观测数据中的错误,提高测量成果的精度,常做多余观测。由于测量误差的存在,有多余观测值后的观测值之间,会产生不符值或条件方程闭合差,为消除闭合差,需要对观测数据进行平差处理。如果一个几何模型中有 r 个多余观测,就会产生 r 个条件方程。以条件方程为函数模型的平差方法,就是条件平差法。

在条件平差中,一般选择观测量的真值为未知量。

以图 3-2 所示的水准网为例,说明条件平差的函数模型。设图中 A 是已知高程的水准点,B、C、D 为未知点,水准网中观测向量的真值为

$$\underset{61}{\tilde{L}} = \begin{bmatrix} \tilde{h}_1 & \tilde{h}_2 & \tilde{h}_3 & \tilde{h}_4 & \tilde{h}_5 & \tilde{h}_6 \end{bmatrix}^{\mathrm{T}}$$

为了确定 B、C、D 三点的高程,必要观测数 $t=3$,观测值个数 $n=6$,多余观测数 $r=n-t=6-3=3$,所以应列出 3 个线性无关的条件方程,它们可以是

$$\begin{cases} F_1(\tilde{L}) = \tilde{h}_2 + \tilde{h}_5 - \tilde{h}_6 = 0 & \text{(a)} \\ F_2(\tilde{L}) = \tilde{h}_1 + \tilde{h}_4 - \tilde{h}_5 = 0 & \text{(b)} \\ F_3(\tilde{L}) = \tilde{h}_3 + \tilde{h}_4 - \tilde{h}_6 = 0 & \text{(c)} \end{cases} \tag{3-10}$$

令

$$\underset{36}{A} = \begin{bmatrix} 0 & 1 & 0 & 0 & 1 & -1 \\ 1 & 0 & 0 & 1 & -1 & 0 \\ 0 & 0 & 1 & 1 & 0 & -1 \end{bmatrix}$$

则式(3-10)可以表达为

$$\underset{36}{A}\,\underset{61}{\tilde{L}} = 0 \tag{3-11}$$

列条件方程时,条件方程的形式并不唯一,但条件方程的有效个数是唯一的,必须等于多余观测数 r。如果列出的条件方程个数大于 r,说明所列出的条件方程不是函数独立的;如果列出的条件方程数小于 r,说明条件方程没有全部列出来。

在图 3-2 中,条件方程除式(3-10)中的列法外,还可以列出如下形式的方程:

$$F(\tilde{L}) = \tilde{h}_1 + \tilde{h}_2 - \tilde{h}_3 = 0 \tag{3-12}$$

可以发现,式(3-12)可以通过式(3-10)中(a)+(b)-(c)得到,即式(3-12)是式(3-10)中方程的线性组合,有效方程的个数仍等于多余观测数 3。用线性代数中的知识描述,即式(3-12)与式(3-10)中的全部方程的系数构成的矩阵的秩为 3。

又如,在图 3-1 平面△ABC 中,假设观测了三个内角 L_1、L_2 和 L_3,已知多余观测数 $r = n - t = 3 - 2 = 1$,则存在一个条件方程:

$$F(\tilde{L}) = \tilde{L}_1 + \tilde{L}_2 + \tilde{L}_3 - 180° = 0 \tag{3-13}$$

令

$$\underset{13}{A} = [1 \quad 1 \quad 1]$$

$$\underset{31}{\tilde{L}} = [\tilde{L}_1 \quad \tilde{L}_2 \quad \tilde{L}_3]^{\mathrm{T}}$$

$$A_0 = [-180°]$$

则式(3-13)可写为

$$\underset{13}{A}\,\underset{31}{\tilde{L}} + \underset{11}{A_0} = 0 \tag{3-14}$$

一般来说,如果某个平差模型中有 n 个观测值 $\underset{n1}{L}$,t 个必要观测,则应列出 $r = n - t$ 个函数独立的条件方程,即

$$F(\tilde{L}) = 0 \tag{3-15}$$

如果条件方程为线性形式,可直接写为

$$\underset{rn}{A}\,\underset{n1}{\tilde{L}} + \underset{r1}{A_0} = 0 \tag{3-16}$$

式中,A_0 为常数向量。将 $\tilde{L} = L + \Delta$ 代入式(3-16),并令

$$\underset{r1}{W} = \underset{rn}{A}\,\underset{n1}{L} + \underset{r1}{A_0} \tag{3-17}$$

则式(3-16)可变为

$$\underset{rn}{A}\,\underset{n1}{\Delta} + \underset{r1}{W} = 0 \tag{3-18}$$

式(3-16)或式(3-18)即为条件平差的函数模型。以条件平差的函数模型为基础的平差方法称为条件平差。

(二)间接平差的函数模型

在间接平差的函数模型中,是选择 t 个独立量作为未知数(参数)的。在一个平差的几何模型中,t 个独立量唯一确定了该模型,所以模型中的其他元素可以用这 t 个独立参数的函数形式表达。换言之,模型中的每个观测量都可以表达成所选 t 个独立参数的函数。

选择几何模型中 t 个独立量作为平差参数,将每一个观测量表达成所选参数的函数,列出的 n 个函数关系式,称为观测方程。以观测方程作为平差的函数模型,这种平差方法称为间接平差,又称为参数平差。

以图 3-1 为例,在平面△ABC 中,要确定三角形的形状,观测了三个内角 L_1、L_2 和 L_3。由于 $n = 3$、$t = 2$,故存在 $r = n - t = 3 - 2 = 1$ 个条件方程。选择∠A 和∠B 的真值为平差参

数,分别用 $\tilde{X}_1$ 和 $\tilde{X}_2$ 表示,即

$$\underset{21}{\tilde{X}} = \begin{bmatrix} \tilde{X}_1 & \tilde{X}_2 \end{bmatrix}^{\mathrm{T}}$$

由于增选了未知参数,故相应增加了新的限制条件,每增加一个未知参数,则会新产生一个限制条件方程。如增选了 $\tilde{X}_1$ 这一未知数,则会相应增加限制条件:

$$\tilde{L}_1 = \tilde{X}_1 \tag{3-19}$$

由于该模型增选了 2 个未知数,故会新增加 2 个限制条件方程,加上 1 个由多余观测产生的条件方程,总的条件方程个数为 2 + 1 = 3。因为该几何模型通过选定的这 2 个独立参数即可唯一确定,模型中的每一个元素都可用这 2 个参数的函数形式表达出来。总的观测值个数 $n = 3$,且独立观测值之间彼此不相关,观测值个数与条件方程总数一致,可以将每一个观测量表达为这两个平差参数的函数,得到如下一组观测方程:

$$\begin{cases} \tilde{L}_1 = \tilde{X}_1 \\ \tilde{L}_2 = \tilde{X}_2 \\ \tilde{L}_3 = -\tilde{X}_1 - \tilde{X}_2 + 180^\circ \end{cases} \tag{3-20}$$

可以看出,观测方程的个数即等于观测值的个数。

令

$$\underset{32}{B} = \begin{bmatrix} 1 & 0 \\ 0 & 1 \\ -1 & -1 \end{bmatrix}, \underset{31}{d} = \begin{bmatrix} 0 \\ 0 \\ 180^\circ \end{bmatrix}$$

$$\underset{31}{\tilde{L}} = \begin{bmatrix} \tilde{L}_1 & \tilde{L}_2 & \tilde{L}_3 \end{bmatrix}^{\mathrm{T}}$$

则式(3-20)可表达为

$$\underset{31}{\tilde{L}} = \underset{32}{B}\underset{21}{\tilde{X}} + \underset{31}{d} \tag{3-21}$$

又以图 3-2 的水准网为例。设在图中 A 点高程为已知值,平差的目的是求待定点 B、C、D 三点的高程,本例中,$n = 6$、$t = 3$,若选三个待定点的高程为平差参数,即

$$\underset{31}{\tilde{X}} = \begin{bmatrix} \tilde{X}_1 & \tilde{X}_2 & \tilde{X}_3 \end{bmatrix}^{\mathrm{T}} = \begin{bmatrix} \tilde{H}_B & \tilde{H}_C & \tilde{H}_D \end{bmatrix}^{\mathrm{T}}$$

如前所述,将模型中的每一个观测高差表达为所选三个参数的函数,得到的一组观测方程如下:

$$\begin{cases} \tilde{h}_1 = \tilde{X}_1 - H_A \\ \tilde{h}_2 = -\tilde{X}_1 + \tilde{X}_2 \\ \tilde{h}_3 = \tilde{X}_2 - H_A \\ \tilde{h}_4 = -\tilde{X}_3 + H_A \\ \tilde{h}_5 = \tilde{X}_1 - \tilde{X}_3 \end{cases} \tag{3-22}$$

令

$$\underset{53}{B}=\begin{bmatrix}1&0&0\\-1&1&0\\0&1&0\\0&0&-1\\1&0&-1\end{bmatrix},\ \underset{51}{d}=\begin{bmatrix}-H_A\\0\\-H_A\\H_A\\0\end{bmatrix}$$

$$\underset{51}{\tilde{L}}=\begin{bmatrix}\tilde{h}_1 & \tilde{h}_2 & \tilde{h}_3 & \tilde{h}_4 & \tilde{h}_5\end{bmatrix}^{\mathrm{T}}$$

则式(3-22)可以表达成：

$$\underset{51}{\tilde{L}}=\underset{53}{B}\underset{31}{\tilde{X}}+\underset{51}{d} \tag{3-23}$$

一般来说，在间接平差中，如果几何模型中有 n 个观测值、t 个必要观测值，选择 t 个独立量作为平差参数，则模型中每个观测量必定可以表达成这 t 个独立参数的函数。其一般表达形式为

$$\underset{n1}{\tilde{L}}=F(\underset{t1}{\tilde{X}}) \tag{3-24}$$

如果这种表达形式是线性的，一般用下式表达：

$$\underset{n1}{\tilde{L}}=\underset{nt}{B}\underset{t1}{\tilde{X}}+\underset{n1}{d} \tag{3-25}$$

令 $\tilde{L}=L+\Delta,\tilde{X}=X^0+\tilde{x}$，代入式(3-25)，并令

$$\underset{n1}{l}=\underset{n1}{L}-\underset{nt}{B}\underset{t1}{X^0}-\underset{n1}{d} \tag{3-26}$$

则式(3-25)可变为

$$\underset{n1}{l}+\underset{n1}{\Delta}=\underset{nt}{B}\underset{t1}{\tilde{x}} \tag{3-27}$$

式(3-25)或式(3-27)就是间接平差的函数模型。

值得注意的是，间接平差模型中，t 个独立参数的选择方式不是唯一的，见例 3-1。

（三）附有参数的条件平差的函数模型

设在平差问题中，观测值个数为 n，t 为必要观测数，则可以列出 $r=n-t$ 个条件方程。如果增加了 u 个独立量作为参数，且 $0<u<t$。每增设一个参数，应相应增加一个限制条件方程。

例如，在图 3-3(a)所示的平面△ABC 中，要求确定三角形的形状。假定观测了三个内角 L_1、L_2 和 L_3。此例中，$n=3$、$t=2$，故存在 $r=n-t=3-2=1$ 个条件方程。若选择∠A 为平差参数，用 $\tilde{X}_1$ 表示，由于增选了 1 个未知参数，则会相应增加一个限制条件方程——式(3-19)，全部条件方程如下：

$$\begin{cases}\tilde{L}_1+\tilde{L}_2+\tilde{L}_3-180^\circ=0\\ \tilde{L}_1-\tilde{X}_1=0\end{cases} \tag{3-28}$$

令

$$A=\begin{bmatrix}1&1&1\\1&0&0\end{bmatrix},B=\begin{bmatrix}0\\-1\end{bmatrix},A_0=\begin{bmatrix}-180^\circ\\0\end{bmatrix}$$

则式(3-28)可以写为

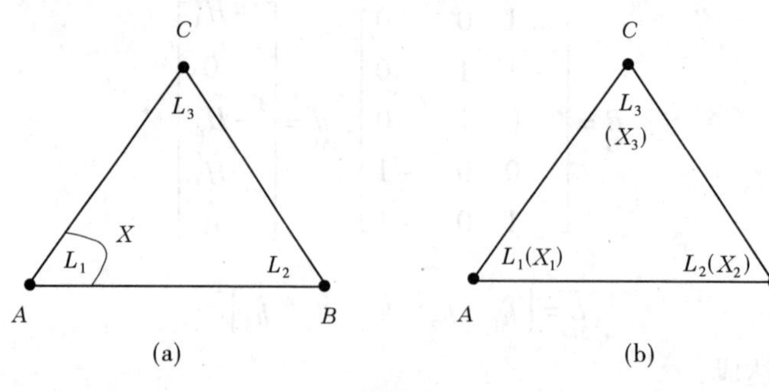

图3-3

$$A\tilde{L} + B\tilde{X} + A_0 = 0 \tag{3-29}$$

一般而言，在某一平差问题中，观测值个数为 n，必要观测数为 t，多余观测数 $r=n-t$，再增选 u 个独立参数，$0<u<t$，则总共应列出 $c=r+u$ 个条件方程，一般形式为

$$\underset{c1}{F}\left(\underset{n1}{\tilde{L}}\quad \underset{u1}{\tilde{X}}\right) = 0 \tag{3-30}$$

如果条件方程是线性的，其形式为

$$\underset{cn}{A}\underset{n1}{\tilde{L}} + \underset{cu}{B}\underset{u1}{\tilde{X}} + \underset{c1}{A_0} = 0 \tag{3-31}$$

令

$$\underset{n1}{\tilde{L}} = \underset{n1}{L} + \underset{n1}{\Delta},\ \underset{u1}{\tilde{X}} = \underset{u1}{X^0} + \underset{u1}{\tilde{x}},\ \underset{c1}{W} = \underset{cn}{A}\underset{n1}{L} + \underset{cu}{B}\underset{u1}{X^0} + \underset{c1}{A_0} \tag{3-32}$$

则式(3-31)变成如下形式：

$$\underset{cnn1}{A\Delta} + \underset{cu}{B}\underset{u1}{\tilde{x}} + \underset{c1}{W} = 0 \tag{3-33}$$

式(3-31)或式(3-33)就是附有参数的条件平差的函数模型。以含有参数的条件方程作为平差的函数模型的方法，称为附有参数的条件平差法，其特点是观测量和参数同时作为模型中的未知量参与平差，是间接平差与条件平差的混合模型。

(四)附有限制条件的间接平差的函数模型

在间接平差中，选择 t 个独立量为平差参数，将每一个观测量表达成所选参数的函数表达式，组成 n 个观测方程。如果在平差问题中，不是选择 t 个独立量作为平差参数，而是选择 u 个参数($u>t$)，且 u 个参数中包含 t 个独立参数，设 $s=u-t$。由于模型可以由 t 个独立参数唯一确定，则 u 个参数中必然包含 s 个参数间的函数关系，相当于是约束 u 个参数间关系的条件方程，称为参数间的限制条件方程。由于 u 个参数中已经包含了 t 个独立量，与间接平差函数模型一样，可以建立 n 个观测方程，加上另外增加的 s 个参数间的限制条件方程，总的条件方程个数为 $c=n+s$。以包含观测方程与参数间的限制条件方程的函数模型作为平差基础的平差方法，称为附有限制条件的间接平差法。

例如，要确定图3-3(b)所示的平面△ABC 的形状，若观测了三个内角 L_1、L_2 和 L_3，并分别选择各内角的真值为参数 $\tilde{X}_i(i=1,2,3)$。在本例中，$n=3$，$t=2$，$u=3$，3个参数中包含2个独立参数，参数间存在 $s=u-t=1$ 个约束条件方程，因此条件方程总数 $c=n+s=4$，其中包括3个观测方程，1个参数间的约束条件方程，具体如下：

$$\begin{cases}\tilde{L}_1 = \hat{X}_1 \\ \tilde{L}_2 = \hat{X}_2 \\ \tilde{L}_3 = \hat{X}_3 \\ \hat{X}_1 + \hat{X}_2 + \hat{X}_3 - 180^\circ = 0\end{cases}$$

令

$$B = \begin{bmatrix}1 & 0 & 0 \\ 0 & 1 & 0 \\ 0 & 0 & 1\end{bmatrix},\quad d = \begin{bmatrix}0 \\ 0 \\ 0\end{bmatrix},\quad C = [1\quad 1\quad 1],\quad W_x = [-180^\circ]$$

则条件方程的矩阵表达式为

$$\begin{cases}\underset{31}{\tilde{L}} = \underset{33}{B}\underset{31}{\hat{X}} + \underset{31}{d} \\ \underset{13}{C}\underset{31}{\hat{X}} + \underset{11}{W_x} = 0\end{cases}$$

一般来说，附有限制条件的间接平差的条件方程形式为

$$\begin{cases}\underset{n1}{\tilde{L}} = \underset{n1}{F}(\underset{u1}{\hat{X}}) \\ \underset{s1}{\Phi}(\underset{u1}{\hat{X}}) = 0\end{cases} \tag{3-34}$$

其线性形式的函数模型为

$$\begin{cases}\underset{n1}{\tilde{L}} = \underset{nu}{B}\underset{u1}{\hat{X}} + \underset{n1}{d} \\ \underset{su}{C}\underset{u1}{\hat{X}} + \underset{s1}{W_x} = 0\end{cases} \tag{3-35}$$

二、测量平差的随机模型

随机模型是描述平差问题中随机量及其相互间统计相关性质的模型。

在第一章中已经介绍，由于观测条件的限制，观测结果具有随机性。从统计学的角度来看，观测量是一个随机变量，描述随机变量的精度指示是方差，描述由多个随机变量构成的向量的精度指标是方差－协方差阵。

对于观测向量 $L = [L_1\quad L_2\quad \cdots\quad L_n]^{\mathrm{T}}$，随机模型是指 L 的方差－协方差阵，简称方差阵或协方差阵。观测量 L 的方差阵为

$$\underset{nn}{D} = \sigma_0^2 \underset{nn}{Q} = \sigma_0^2 \underset{nn}{P}^{-1} \tag{3-36}$$

式中　$\underset{nn}{Q}$、$\underset{nn}{P}$——L 的协因数阵及权阵；

σ_0^2——单位权方差。

因为

$$L = \tilde{L} - \Delta, E[\Delta] = 0 \tag{3-37}$$

按方差阵的定义有

$$D_{LL}=E\{[(\tilde{L}-\Delta)-E(\tilde{L}-\Delta)][(\tilde{L}-\Delta)-E(\tilde{L}-\Delta)]^{\mathrm{T}}\}$$
$$=E[\Delta\Delta^{\mathrm{T}}]=D_{\Delta\Delta} \tag{3-38}$$

式(3-38)说明,L 的方差就是 Δ 的方差。这一点在直观上也容易理解,因为 L 的随机性实际上是由 Δ 的随机性引起的。

式(3-36)称为平差数学模型中的随机模型。

三、四种基本平差方法的数学模型

依据函数模型中给出的观测值与未知量之间的函数关系,顾及观测量的统计性质所确定的随机模型,即观测值的方差阵或协因数阵,则可以按最小二乘原理求出未知量的最佳估值,这就是数学模型的作用。

为了更清楚地显示四种基本平差方法数学模型的特点,将它们的数学模型汇总如下。

(1)条件平差:

$$\underset{rn}{A}\underset{n1}{\Delta}+\underset{r1}{W}=0,\ \underset{nn}{D}=\sigma_0^2\underset{nn}{Q}=\sigma_0^2\underset{nn}{P^{-1}} \tag{3-39}$$
$$\underset{r1}{W}=\underset{rn}{A}\underset{n1}{L}+\underset{r1}{A_0}$$

(2)间接平差:

$$\underset{n1}{l}+\underset{n1}{\Delta}=\underset{nt}{B}\underset{t1}{\tilde{x}},\ \underset{nn}{D}=\sigma_0^2\underset{nn}{Q}=\sigma_0^2\underset{nn}{P^{-1}} \tag{3-40}$$
$$\underset{n1}{l}=\underset{n1}{L}-\underset{nt}{B}\underset{t1}{X^0}-\underset{n1}{d}=\underset{n1}{L}-\underset{n1}{L^0},\ \underset{t1}{\tilde{x}}=\underset{t1}{\tilde{X}}-\underset{t1}{X^0}$$

数学模型式(3-40)称为高斯-马尔柯夫(Gauss-Markoff)模型,简称 G-M 模型。

(3)附有参数的条件平差:

$$\underset{cn}{A}\underset{n1}{\Delta}+\underset{cu}{B}\underset{u1}{\tilde{x}}+\underset{c1}{W}=0,\ \underset{nn}{D}=\sigma_0^2\underset{nn}{Q}=\sigma_0^2\underset{nn}{P^{-1}} \tag{3-41}$$
$$\underset{c1}{W}=\underset{cn}{A}\underset{n1}{L}+\underset{cu}{B}\underset{u1}{X^0}+\underset{c1}{A_0} \tag{3-42}$$

(4)附有限制条件的间接平差:

$$\begin{cases}\underset{n1}{l}+\underset{n1}{\Delta}=\underset{nu}{B}\underset{u1}{\tilde{x}}\\ \underset{su}{C}\underset{u1}{\tilde{x}}+\underset{s1}{W_x}=0\end{cases},\ \underset{nn}{D}=\sigma_0^2\underset{nn}{Q}=\sigma_0^2\underset{nn}{P^{-1}} \tag{3-43}$$
$$\underset{n1}{l}=\underset{n1}{L}-\underset{nu}{B}\underset{u1}{X^0}-\underset{n1}{d}=\underset{n1}{L}-\underset{n1}{L^0},\ \underset{u1}{\tilde{x}}=\underset{u1}{\tilde{X}}-\underset{u1}{X^0},\ \underset{s1}{W_x}=\underset{s1}{\Phi}(\underset{u1}{X^0})$$

式(3-43)称为具有约束的高斯-马尔柯夫(Gauss-Markoff)模型。

以上平差函数模型都是用真误差 $\Delta(\tilde{L}=L+\Delta)$ 和未知量真值 $\tilde{x}(\tilde{X}=X^0+\tilde{x})$ 表达的。由于真值是未知的,通过平差可求出 Δ 和 $\tilde{x}$ 的平差值。定义观测值 L 与未知量 X 的平差值分别为

$$\hat{L}=L+V,\hat{X}=X^0+\hat{x} \tag{3-44}$$

V 是 Δ 的平差值,V 称为 L 的改正数,简称改正数。在讨论 V 的统计性质时,又称 V 为残差。$\hat{x}$ 为 $\tilde{x}$ 的平差值,它是 X^0 的改正数。

由于观测量及未知量的真值一般是不知道的，在以后各章中阐述平差的基本方法及原理时，平差的函数模型一般是用平差值代替真值列出。在这种情况下，基本平差方法函数模型如下。

(1)条件平差：

$$\underset{rn}{A}\underset{n1}{V} + \underset{r1}{W} = 0 \tag{3-45}$$

(2)间接平差：

$$\underset{n1}{V} = \underset{nt}{B}\underset{t1}{\hat{x}} - \underset{n1}{l} \tag{3-46}$$

(3)附有参数的条件平差法：

$$\underset{cn}{A}\underset{n1}{V} + \underset{cu}{B}\underset{u1}{\hat{x}} + \underset{c1}{W} = 0 \tag{3-47}$$

(4)附有限制条件的间接平差法：

$$\begin{cases} \underset{n1}{V} = \underset{nu}{B}\underset{u1}{\hat{x}} - \underset{n1}{l} \\ \underset{su}{C}\underset{u1}{\hat{x}} + \underset{s1}{W_x} = 0 \end{cases} \tag{3-48}$$

【例 3-1】 水准网如图 3-4 所示，共有 7 段观测高差，按下列几种情况分别引入参数后，需用哪种平差方法，并写出所用平差方法的线性模型。

(1) $\hat{x} = [\hat{x}_1 \quad \hat{x}_2 \quad \hat{x}_3]^{\mathrm{T}} = [\hat{H}_B \quad \hat{H}_C \quad \hat{h}_7]^{\mathrm{T}}$

(2) $\hat{x} = [\hat{x}_1 \quad \hat{x}_2 \quad \hat{x}_3 \quad \hat{x}_4]^{\mathrm{T}} = [\hat{h}_1 \quad \hat{h}_2 \quad \hat{h}_3 \quad \hat{h}_4]^{\mathrm{T}}$

(3) $\hat{x} = [\hat{x}_1 \quad \hat{x}_2 \quad \hat{x}_3 \quad \hat{x}_4]^{\mathrm{T}} = [\hat{h}_1 \quad \hat{h}_2 \quad \hat{H}_D \quad \hat{H}_E]^{\mathrm{T}}$

(4) $\hat{x} = [\hat{x}_1 \quad \hat{x}_2 \quad \hat{x}_3 \quad \hat{x}_4 \quad \hat{x}_5]^{\mathrm{T}} = [\hat{h}_1 \quad \hat{h}_2 \quad \hat{h}_5 \quad \hat{h}_6 \quad \hat{h}_7]^{\mathrm{T}}$

(5) $\hat{x} = [\hat{x}_1 \quad \hat{x}_2 \quad \hat{x}_3 \quad \hat{x}_4 \quad \hat{x}_5]^{\mathrm{T}} = [\hat{H}_B \quad \hat{h}_2 \quad \hat{H}_D \quad \hat{H}_E \quad \hat{h}_5]^{\mathrm{T}}$

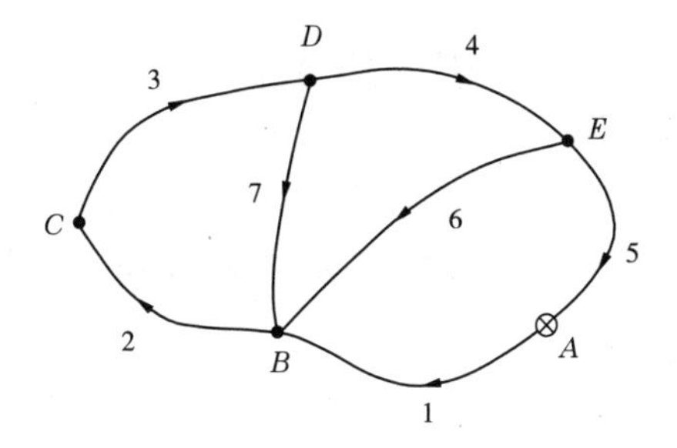

图 3-4

解 按已知条件，总观测次数 $n = 7$，共有 4 个待定高程点，则必要观测数 $t = 4$，故多余观测数 $r = n - t = 7 - 4 = 3$，于是：

(1)由于所选参数的个数 $u = 3$，小于必要观测数，即 $u < t$，且各参数彼此独立，故采用附有参数的条件平差，条件平差方程的个数 $c = r + u = 3 + 3 = 6$，其函数模型的线性表达

式为:

$$\underset{67}{A}\underset{71}{V} + \underset{63}{B}\underset{31}{\hat{x}} + \underset{61}{W} = 0$$

(2)由于所选参数的个数等于必要观测数,且各参数彼此独立,采用间接平差,其函数模型的线性表达式为:

$$\underset{71}{V} = \underset{74}{B}\underset{41}{\hat{x}} - \underset{71}{l}$$

(3)同(2),采用间接平差,其函数模型的线性表达式为:

$$\underset{71}{V} = \underset{74}{B}\underset{41}{\hat{x}} - \underset{71}{l}$$

(4)由于所选参数包含 4 个独立的未知参数,但由于参数的个数 $u = 5$,大于必要观测数,故参数间彼此不独立,存在 $s = u - t = 1$ 个限制条件方程,由图 3-4 可以看出,限制条件方程可根据参数 $\hat{h}_1$ 、$\hat{h}_5$ 、$\hat{h}_6$ 列出,即 $\hat{h}_1 + \hat{h}_5 - \hat{h}_6 = 0$,故采用附有限制条件的间接平差,其函数模型的线性表达式为:

$$\begin{cases} \underset{71}{V} = \underset{75}{B}\underset{51}{\hat{x}} - \underset{71}{l} \\ \underset{15}{C}\underset{51}{\hat{x}} + \underset{11}{W_x} = 0 \end{cases}$$

(5)由于所选参数包含 4 个独立的未知参数,但由于参数的个数 $u = 5$,大于必要观测数,故参数间彼此不独立,存在 $s = u - t = 1$ 个限制条件方程,由图 3-4 可以看出,限制条件方程可根据参数 $\hat{H}_E$ 、$\hat{h}_5$ 间的限制条件列出,如 $\hat{H}_E + \hat{h}_5 - H_A = 0$,故采用附有限制条件的间接平差,其函数模型的线性表达式为:

$$\begin{cases} \underset{71}{V} = \underset{75}{B}\underset{51}{\hat{x}} - \underset{71}{l} \\ \underset{15}{C}\underset{51}{\hat{x}} + \underset{11}{W_x} = 0 \end{cases}$$

本例说明,在间接平差(或附有限制条件的间接平差)函数模型中,参数的选择方法不是唯一的。

第三节　非线性模型的线性化

在平差的函数模型中,所列出的条件方程(包括限制条件方程在内)有的是线性形式的,有的是非线性形式的。在进行平差计算时,必须利用 Taylor 级数将非线性的条件方程线性化。

以经典平差中通用的平差函数模型即附有限制条件的条件平差法的函数模型[见式(3-49)]为例,说明其线性化的方法,然后给出前述四种基本平差方法的函数模型的线性化方程。

$$\begin{cases} \underset{c1}{F} = F(\underset{n1}{\tilde{L}}, \underset{u1}{\tilde{X}}) = 0 \\ \underset{s1}{\Phi}(\tilde{X}) = 0 \end{cases} \tag{3-49}$$

设

$$\tilde{X} = X^0 + \tilde{x},\ \tilde{L} = L + \Delta \tag{3-50}$$

式中 $\tilde{X}$、X^0、$\tilde{x}$——$u \times 1$ 维的未知参数的真值、近似值及其改正数的真值；

$\tilde{L}$、L、Δ——$n \times 1$ 维的观测量的真值、观测值和观测真误差。

由于 $\tilde{x}$ 和 Δ 都是微小量，在按 Taylor 级数展开时可以略去二次和二次以上的项，而只保留一次项和常数项，得

$$\begin{aligned} F(\tilde{L},\tilde{X}) &= F(L+\Delta, X^0+\tilde{x}) \\ &= F(L,X^0) + \left.\frac{\partial F}{\partial \tilde{L}}\right|_{L,X^0}\Delta + \left.\frac{\partial F}{\partial \tilde{X}}\right|_{L,X^0}\tilde{x} = 0 \end{aligned} \tag{3-51a}$$

$$\Phi(\tilde{X}) = \Phi(X^0+\tilde{x}) = \Phi(X^0) + \left.\frac{\partial \Phi}{\partial \tilde{X}}\right|_{X^0}\tilde{x} = 0 \tag{3-51b}$$

$\frac{\partial F}{\partial \tilde{L}}$是 $c \times n$ 阶的矩阵，以 A 表示；$\frac{\partial F}{\partial \tilde{X}}$是 $c \times u$ 阶的矩阵，以 B 表示；$\frac{\partial \Phi}{\partial \tilde{X}}$是 $s \times u$ 阶的矩阵，以 C 表示，即

$$\underset{cn}{A} = \left.\frac{\partial F}{\partial \tilde{L}}\right|_{L,X^0} = \begin{bmatrix} \frac{\partial F_1}{\partial \tilde{L}_1} & \frac{\partial F_1}{\partial \tilde{L}_2} & \cdots & \frac{\partial F_1}{\partial \tilde{L}_n} \\ \frac{\partial F_2}{\partial \tilde{L}_1} & \frac{\partial F_2}{\partial \tilde{L}_2} & \cdots & \frac{\partial F_2}{\partial \tilde{L}_n} \\ \vdots & \vdots & & \vdots \\ \frac{\partial F_c}{\partial \tilde{L}_1} & \frac{\partial F_c}{\partial \tilde{L}_2} & \cdots & \frac{\partial F_c}{\partial \tilde{L}_n} \end{bmatrix}_{L,X^0} \tag{3-52}$$

矩阵中的第 i 行是第 i 个条件方程对所有观测量的偏导数值（$i=1,2,\cdots,c$）。

$$\underset{cu}{B} = \left.\frac{\partial F}{\partial \tilde{X}}\right|_{L,X^0} = \begin{bmatrix} \frac{\partial F_1}{\partial \tilde{X}_1} & \frac{\partial F_1}{\partial \tilde{X}_2} & \cdots & \frac{\partial F_1}{\partial \tilde{X}_u} \\ \frac{\partial F_2}{\partial \tilde{X}_1} & \frac{\partial F_2}{\partial \tilde{X}_2} & \cdots & \frac{\partial F_2}{\partial \tilde{X}_u} \\ \vdots & \vdots & & \vdots \\ \frac{\partial F_c}{\partial \tilde{X}_1} & \frac{\partial F_c}{\partial \tilde{X}_2} & \cdots & \frac{\partial F_c}{\partial \tilde{X}_u} \end{bmatrix}_{L,X^0} \tag{3-53}$$

矩阵中的第 i 行是第 i 个条件方程对所有参数的偏导数值（$i=1,2,\cdots,c$）。

$$\underset{su}{C} = \left.\frac{\partial \Phi}{\partial \hat{X}}\right|_{X^0} = \begin{bmatrix} \frac{\partial \Phi_1}{\partial \hat{X}_1} & \frac{\partial \Phi_1}{\partial \hat{X}_2} & \cdots & \frac{\partial \Phi_1}{\partial \hat{X}_u} \\ \frac{\partial \Phi_2}{\partial \hat{X}_1} & \frac{\partial \Phi_2}{\partial \hat{X}_2} & \cdots & \frac{\partial \Phi_2}{\partial \hat{X}_u} \\ \vdots & \vdots & & \vdots \\ \frac{\partial \Phi_s}{\partial \hat{X}_1} & \frac{\partial \Phi_s}{\partial \hat{X}_2} & \cdots & \frac{\partial \Phi_s}{\partial \hat{X}_u} \end{bmatrix}_{X^0} \tag{3-54}$$

矩阵中的第 j 行是第 j 个限制条件对所有参数的偏导数值($j=1,2,\cdots,s$)。同时,$F(L,X^0)$是表示以观测值和参数近似值代入条件式中算得的数值,$\Phi(X^0)$是以参数近似值代入限制条件方程式中算得的数值,它们是条件方程和限制条件方程中的常数项。

附有限制条件的条件平差的函数模型的线性化形式可表达为

$$F(\tilde{L},\hat{X}) = F(L,X^0) + A\Delta + B\tilde{x} = 0 \tag{3-55a}$$

$$\Phi(\hat{X}) = \Phi(X^0 + \tilde{x}) = \Phi(X^0) + C\tilde{x} = 0 \tag{3-55b}$$

令

$$W = F(L,X^0), \quad W_x = \Phi(X^0) \tag{3-56}$$

则附有限制条件的间接平差的函数模型的线性化形式可表达为

$$\begin{cases} A\Delta + B\tilde{x} + W = 0 \\ C\tilde{x} + W_x = 0 \end{cases} \tag{3-57}$$

根据式(3-55a)、式(3-55b)及式(3-57),可以很容易写出其他各种函数模型的线性化形式。

(1)条件平差法。由于不选取任何未知参数,则 $u=0$、$s=0$、$B=0$、$C=0$,此时 $c=r$,则有

$$\underset{rn}{A}\,\underset{n1}{\Delta} + \underset{r1}{W} = 0 \tag{3-58}$$

$$\underset{r1}{W} = \underset{r1}{F}(L) \tag{3-59}$$

(2)间接平差法。当选取 u 个函数独立的参数,且 $u=t$,则 $s=0$、$C=0$,此时 $c=r+u=n$,这时总可以使每个条件方程中只包含一个观测值,并使它的系数均为 -1,即 $A=-E$,则有

$$-\underset{n1}{\Delta} + \underset{nt}{B}\,\underset{t1}{\tilde{x}} + \underset{n1}{W} = 0 \tag{3-60}$$

$$\underset{n1}{\Delta} = \underset{nt}{B}\,\underset{t1}{\tilde{x}} + \underset{n1}{W}, \quad \underset{n1}{W} = \underset{n1}{F}(X^0) - \underset{n1}{L} \tag{3-61}$$

(3)附有参数的条件平差法。当选取 u 个函数独立的参数,且 $u<t$,则 $s=0$、$C=0$,此时 $c=r+u$,则有

$$\underset{cn}{A}\,\underset{n1}{\Delta} + \underset{cuu1}{B\tilde{x}} + \underset{c1}{W} = 0 \tag{3-62}$$

$$\underset{c1}{W} = \underset{c1}{F}(L,X^0) \tag{3-63}$$

(4)附有限制条件的间接平差法。当选取 u 个未知参数, $u>t$,且其中包含 t 个独立参数,$s=u-t$ 个不独立参数,此时一定可以将每个观测量都表达成 u 个参数的函数,故可以使 $A=-E$,此外,还应列出 s 个限制条件,则有

$$\begin{cases} \underset{n1}{l} + \underset{n1}{\Delta} = \underset{nu}{B}\underset{u1}{\tilde{x}} \\ \underset{suu1}{C\tilde{x}} + \underset{s1}{W_x} = 0 \end{cases} \tag{3-64}$$

$$\underset{n1}{l} = \underset{n1}{L} - \underset{n1}{F}(X^0), \underset{s1}{W_x} = \underset{s1}{\Phi}(X^0) \tag{3-65}$$

【例 3-2】　在下列非线性方程中，A、B 为已知值，L_i 为观测值，$\tilde{L}_i = L_i + \Delta_i$，写出其线性化的形式。

(1) $\tilde{L}_1 \cdot \tilde{L}_2 - A = 0$。　　(2) $\dfrac{\sin\tilde{L}_1 \sin\tilde{L}_3}{\sin\tilde{L}_2 \sin\tilde{L}_4} - 1 = 0$。

(3) $\dfrac{\sin\tilde{L}_1 \sin\tilde{L}_3}{\sin\tilde{L}_2 \sin\tilde{L}_4} - A = 0$。　　(4) $A\dfrac{\sin\tilde{L}_3 \sin(\tilde{L}_4 + \tilde{L}_5)}{\sin\tilde{L}_5 \sin\tilde{L}_6} - B = 0$。

解　(1)令 $\varphi_1 = \tilde{L}_1 \cdot \tilde{L}_2 - A$。

将上式按 Taylor 级数展开，略去二次及二次以上项，则

$$\varphi_1 = L_1 \cdot L_2 - A + L_2\Delta_1 + L_1\Delta_2 = 0$$

写成条件方程形式，即

$$L_2\Delta_1 + L_1\Delta_2 + W = 0$$

其中

$$W = L_1 \cdot L_2 - A$$

(2)令 $\varphi_2 = \dfrac{\sin\tilde{L}_1 \sin\tilde{L}_3}{\sin\tilde{L}_2 \sin\tilde{L}_4} - 1$。

将上式按 Taylor 级数展开，略去二次及二次以上项，并注意等式两边的单位一致，则

$$\begin{aligned} \varphi_2 &= \frac{\sin L_1 \sin L_3}{\sin L_2 \sin L_4} - 1 + \\ &\quad \frac{\cos L_1 \sin L_3}{\sin L_2 \sin L_4}\frac{\Delta_1}{\rho''} + \frac{\sin L_1 \cos L_3}{\sin L_2 \sin L_4}\frac{\Delta_3}{\rho''} - \frac{\sin L_1 \sin L_3 \cos L_2}{\sin^2 L_2 \sin L_4}\frac{\Delta_2}{\rho''} - \frac{\sin L_1 \sin L_3 \cos L_4}{\sin L_2 \sin^2 L_4}\frac{\Delta_4}{\rho''} \\ &= \frac{\sin L_1 \sin L_3}{\sin L_2 \sin L_4} - 1 + \frac{1}{\rho''}\frac{\sin L_1 \sin L_3}{\sin L_2 \sin L_4}(\cot L_1\Delta_1 + \cot L_3\Delta_3 - \cot L_2\Delta_2 - \cot L_4\Delta_4) \\ &= 1 - \frac{\sin L_2 \sin L_4}{\sin L_1 \sin L_3} + \frac{1}{\rho''}(\cot L_1\Delta_1 + \cot L_3\Delta_3 - \cot L_2\Delta_2 - \cot L_4\Delta_4) \end{aligned}$$

将上式化简，并整理得

$$\cot L_1\Delta_1 - \cot L_2\Delta_2 + \cot L_3\Delta_3 - \cot L_4\Delta_4 + W = 0$$

其中

$$W = \rho''\left(1 - \frac{\sin L_2 \sin L_4}{\sin L_1 \sin L_3}\right)$$

请注意上式线性化后的表达式的规律性，并结合下面两个算例进一步体会该类非线性模型线性化表达式的特点或规律，该知识点在学习条件平差一章时会用得到。

(3)结合本例(2)，可直接写出线性化表达式：

$$\cot L_1\Delta_1 - \cot L_2\Delta_2 + \cot L_3\Delta_3 - \cot L_4\Delta_4 + W = 0$$

其中

$$W = \rho''\left(1 - A\frac{\sin L_2 \sin L_4}{\sin L_1 \sin L_3}\right)$$

（4）同（3），直接写出线性化表达式：

$$\cot L_3\Delta_3 + \cot(L_4 + L_5)\Delta_4 + [\cot(L_4 + L_5) - \cot L_5]\Delta_5 - \cot L_6\Delta_6 + W = 0$$

其中
$$W = \rho''\left(1 - \frac{B\sin L_5\sin L_6}{A\sin L_3\sin(L_4 + L_5)}\right)$$

【例3-3】 将 j、k 两点间的距离用其坐标表达的非线性方程线性化，即

$$\tilde{L} = \sqrt{(\hat{X}_k - \hat{X}_j)^2 + (\hat{Y}_k - \hat{Y}_j)^2}$$

其中 $\hat{X}_j = X_j^0 + \tilde{x}_j, \hat{Y}_j = Y_j^0 + \tilde{y}_j, \hat{X}_k = X_k^0 + \tilde{x}_k, \hat{Y}_k = Y_k^0 + \tilde{y}_k$。

解 将上式按 Taylor 级数展开，略去二次及二次以上项，则

$$\tilde{L} = L + \Delta = \sqrt{(X_k^0 - X_j^0)^2 + (Y_k^0 - Y_j^0)^2} - \frac{2(X_k^0 - X_j^0)\tilde{x}_j}{2\sqrt{(X_k^0 - X_j^0)^2 + (Y_k^0 - Y_j^0)^2}} - \frac{2(Y_k^0 - Y_j^0)\tilde{y}_j}{2\sqrt{(X_k^0 - X_j^0)^2 + (Y_k^0 - Y_j^0)^2}} + \frac{2(X_k^0 - X_j^0)\tilde{x}_k}{2\sqrt{(X_k^0 - X_j^0)^2 + (Y_k^0 - Y_j^0)^2}} + \frac{2(Y_k^0 - Y_j^0)\tilde{y}_k}{2\sqrt{(X_k^0 - X_j^0)^2 + (Y_k^0 - Y_j^0)^2}}$$

令

$$S_{jk}^0 = \sqrt{(X_k^0 - X_j^0)^2 + (Y_k^0 - Y_j^0)^2}, \Delta X_{jk}^0 = X_k^0 - X_j^0$$

$$\Delta Y_{jk}^0 = Y_k^0 - Y_j^0, \alpha_{jk}^0 = \arctan\frac{\Delta Y_{jk}^0}{\Delta X_{jk}^0}$$

则误差方程为

$$\Delta = -\frac{\Delta X_{jk}^0}{S_{jk}^0}\tilde{x}_j - \frac{\Delta Y_{jk}^0}{S_{jk}^0}\tilde{y}_j + \frac{\Delta X_{jk}^0}{S_{jk}^0}\tilde{x}_k + \frac{\Delta Y_{jk}^0}{S_{jk}^0}\tilde{y}_k + W$$

其中

$$W = \sqrt{(X_k^0 - X_j^0)^2 + (Y_k^0 - Y_j^0)^2} - L$$

由于 $\Delta X_{jk}^0 = S_{jk}^0\cos\alpha_{jk}^0, \Delta Y_{jk}^0 = S_{jk}^0\sin\alpha_{jk}^0$，上述误差方程可写成

$$\Delta = -\cos\alpha_{jk}^0\tilde{x}_j - \sin\alpha_{jk}^0\tilde{y}_j + \cos\alpha_{jk}^0\tilde{x}_k + \sin\alpha_{jk}^0\tilde{y}_k + W$$

【例3-4】 将 j、k 两点间的方位角用其坐标表达的非线性方程线性化，即

$$\tilde{\alpha}_{jk} = \arctan\frac{\hat{Y}_k - \hat{Y}_j}{\hat{X}_k - \hat{X}_j}$$

其中 $\hat{X}_j = X_j^0 + \tilde{x}_j, Y_j^0 = Y_j + \tilde{y}_j, X_k^0 = X_k + \tilde{x}_k, Y_k^0 = Y_k + \tilde{y}_k$。

解 上述表达式即为

$$\tilde{\alpha}_{jk} = \alpha_{jk}^0 + \delta\alpha_{jk} = \arctan\frac{(Y_k^0 + \tilde{y}_k) - (Y_j^0 + \tilde{y}_j)}{(X_k^0 + \tilde{x}_k) - (X_j^0 + \tilde{x}_j)}$$

将上式右边按 Taylor 级数展开，略去二次及二次以上项，则

$$\delta\alpha_{jk} = \arctan\frac{Y_k^0 - Y_j^0}{X_k^0 - X_j^0} - \alpha_{jk}^0 +$$

$$\left(\frac{\partial\tilde{\alpha}_{jk}}{\partial\hat{X}_j}\right)_0\tilde{x}_j+\left(\frac{\partial\tilde{\alpha}_{jk}}{\partial\hat{Y}_j}\right)_0\tilde{y}_j+\left(\frac{\partial\tilde{\alpha}_{jk}}{\partial\hat{X}_k}\right)_0\tilde{x}_k+\left(\frac{\partial\tilde{\alpha}_{jk}}{\partial\hat{Y}_k}\right)_0\tilde{y}_k$$

令

$$S_{jk}^0=\sqrt{(X_k^0-X_j^0)^2+(Y_k^0-Y_j^0)^2},\Delta X_{jk}^0=X_k^0-X_j^0$$

$$\Delta Y_{jk}^0=Y_k^0-Y_j^0,\ \alpha_{jk}^0=\arctan\frac{\Delta Y_{jk}^0}{\Delta X_{jk}^0}$$

由于

$$\left(\frac{\partial\tilde{\alpha}_{jk}}{\partial\hat{X}_j}\right)_0=\frac{\dfrac{Y_k^0-Y_j^0}{(X_k^0-X_j^0)^2}}{1+\left(\dfrac{Y_k^0-Y_j^0}{X_k^0-X_j^0}\right)^2}=\frac{\Delta Y_{jk}^0}{(S_{jk}^0)^2}$$

同理

$$\left(\frac{\partial\tilde{\alpha}_{jk}}{\partial\hat{Y}_j}\right)_0=-\frac{\Delta X_{jk}^0}{(S_{jk}^0)^2},\left(\frac{\partial\tilde{\alpha}_{jk}}{\partial\hat{X}_k}\right)_0=-\frac{\Delta Y_{jk}^0}{(S_{jk}^0)^2},\left(\frac{\partial\tilde{\alpha}_{jk}}{\partial\hat{Y}_k}\right)_0=\frac{\Delta X_{jk}^0}{(S_{jk}^0)^2}$$

顾及等式两边的单位统一,进一步整理,有

$$\delta\alpha_{jk}=\frac{\rho''}{(S_{jk}^0)^2}(\Delta Y_{jk}^0\tilde{x}_j-\Delta X_{jk}^0\tilde{y}_j-\Delta Y_{jk}^0\tilde{x}_k+\Delta X_{jk}^0\tilde{y}_k)$$

由于 $\Delta X_{jk}^0=S_{jk}^0\cos\alpha_{jk}^0$,$\Delta Y_{jk}^0=S_{jk}^0\sin\alpha_{jk}^0$,上述误差方程可写成

$$\delta\alpha_{jk}=\frac{\rho''}{S_{jk}^0}(\sin\alpha_{jk}^0\tilde{x}_j-\cos\alpha_{jk}^0\tilde{y}_j-\sin\alpha_{jk}^0\tilde{x}_k+\cos\alpha_{jk}^0\tilde{y}_k)$$

第四节　测量平差原则

一、概述

仍以图 3-1 为例,为确定平面△*ABC* 的形状,通常只需要观测其中两个角度,但为了发现观测数据中的粗差,提高观测成果的精度,观测了三个内角。按条件平差法,可列出下列条件方程

$$v_1+v_2+v_3+\omega=0 \tag{3-66}$$

式中,$\omega=L_1+L_2+L_3-180°$。

假设本例中 $\omega=9''$,并设各观测角精度相同,由角度观测值构成的权阵为单位阵 E。由方程式(3-66)可见,方程中含有 3 个未知数,即三个角度观测值的改正数 v_1、v_2 和 v_3,而方程的个数为 1,即方程的个数小于未知数的个数,故该方程为相容方程,方程有无穷多组解。如

$$V_1=\begin{bmatrix}-9\\0\\0\end{bmatrix},V_2=\begin{bmatrix}-2\\-7\\0\end{bmatrix},\cdots,V_n=\begin{bmatrix}-3\\-3\\-3\end{bmatrix}$$

都是满足式(3-66)的解。比较上面的三组不同解,尽管它们均满足条件方程式,但进一步计

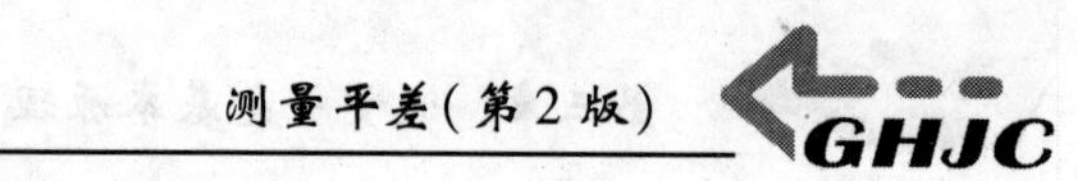

算各组解的加权平方和,可以发现$[pv^2]_1 = 1 \times (-9)^2 + 1 \times 0^2 + 1 \times 0^2 = 81$,$[pv^2]_2 = 53$,$[pv^2]_3 = 27$,即各组解的加权平方和并不相同。

二、测量平差原则

由于测量平差函数模型中的未知量的个数大于方程的个数,满足方程组条件的解不唯一。为了确定满足函数模型的一组唯一解,在测量平差中,采用最小二乘原理,通过对解附加约束得以实现解的唯一性。

最小二乘原理用函数关系表达的形式为

$$V^{\mathrm{T}}PV = \min \tag{3-67}$$

其中

$$V = \begin{bmatrix} v_1 \\ v_2 \\ \vdots \\ v_n \end{bmatrix}, P = Q^{-1} = \begin{bmatrix} P_{11} & P_{12} & \cdots & P_{1n} \\ P_{21} & P_{22} & \cdots & P_{2n} \\ \vdots & \vdots & & \vdots \\ P_{n1} & P_{n2} & \cdots & P_{nn} \end{bmatrix} \tag{3-68}$$

当观测值的精度不相同,且相互独立时,观测值的权阵的形式为

$$P = Q^{-1} = \begin{bmatrix} p_1 & 0 & \cdots & 0 \\ 0 & p_2 & \cdots & 0 \\ \vdots & \vdots & & \vdots \\ 0 & 0 & \cdots & p_n \end{bmatrix} \tag{3-69}$$

则非等精度独立观测值的最小二乘表达式为

$$V^{\mathrm{T}}PV = \sum_{i=1}^{n} p_i v_i^2 = \min \tag{3-70}$$

进一步,设观测值为等精度独立观测值,且各观测值的权为1,则有

$$V^{\mathrm{T}}PV = \sum_{i=1}^{n} v_i^2 = \min \tag{3-71}$$

三、测量平差中未知量解的性质

由多余观测产生的函数模型中,未知量的个数大于方程的个数,未知量的解(估计量)不唯一,通过对观测值的改正数附加最小二乘准则,可得到未知量的唯一的最小二乘解(平差值)。平差值具有数理统计中所描述的估计量的最优性质。

(1)无偏性。设$\hat{\theta}$为未知量θ的估计量,则估计量$\hat{\theta}$的数学期望等于未知量θ的真值,即

$$E(\hat{\theta}) = \tilde{\theta} \tag{3-72}$$

(2)有效性。设$\hat{\theta}$为未知量θ的无偏估计量,具有无偏性的估计量一般并不唯一。设无偏估计量$\hat{\theta}_1$和$\hat{\theta}_2$,满足

$$D(\hat{\theta}_1) < D(\hat{\theta}_2)$$

则称 $\hat{\theta}_1$ 比 $\hat{\theta}_2$ 有效。其中方差最小的估计量 $\hat{\theta}$,即 $D(\hat{\theta})=\min$,称为 θ 的最优无偏估计量。

【例 3-5】　设对某待定量 $\hat{X}$ 进行了等精度 n 次观测,各观测值的权为 1,得观测值向量 $\underset{n1}{L}$,试按最小二乘原理求该量的估值。

解　第一种方法。为了与后续章节内容保持一致,这里运用矩阵的微分知识(见附录一)求解。设该量的估值为 $\hat{X}$,则有

$$v_i=\hat{X}-L_i$$

要求 $V^{\mathrm{T}}PV=\min$,即要求

$$\frac{\mathrm{d}V^{\mathrm{T}}PV}{\mathrm{d}\hat{X}}=\frac{\mathrm{d}V^{\mathrm{T}}PV}{\mathrm{d}V}\ \frac{\mathrm{d}V}{\mathrm{d}\hat{X}}=2V^{\mathrm{T}}\begin{bmatrix}1\\1\\\vdots\\1\end{bmatrix}=2\sum_{i=1}^{n}v_i=0$$

将 $v_i=\hat{X}-L_i$ 代入,得

$$\sum_{i=1}^{n}v_i=\sum_{i=1}^{n}(\hat{X}-L_i)=n\hat{X}-\sum_{i=1}^{n}L_i=0$$

于是,对某待定量 $\hat{X}$ 的最小二乘解是

$$\hat{X}=\frac{1}{n}\sum_{i=1}^{n}L_i=\bar{L}$$

第二种方法。按高等数学中求函数极值的方法求解。

由

$$v_i=\hat{X}-L_i$$

有

$$V^{\mathrm{T}}PV=[pv^2]=[v^2]=\sum_{i=1}^{n}(\hat{X}^2-2L_i\hat{X}+L_i^2)$$

要求 $V^{\mathrm{T}}PV=\min$,即要求

$$\frac{\mathrm{d}V^{\mathrm{T}}PV}{\mathrm{d}\hat{X}}=2\sum_{i=1}^{n}\hat{X}-2\sum_{i=1}^{n}L_i=0$$

即

$$\hat{X}=\frac{1}{n}\sum_{i=1}^{n}L_i=\bar{L}$$

两种解算方法结果一致,但第一种方法在形式上更加简洁。可以发现,等精度观测值的算术平均值与最小二乘解相同。

【例 3-6】　为确定平面△ABC 的形状,等精度观测了三个内角,各角度观测值的权为 1。已知条件方程 $v_1+v_2+v_3+\omega=0$,其中 $\omega=-9''$,试确定角度改正数的最小二乘解。

解　按条件极值解法求解,即要求在

$$v_1+v_2+v_3-9=0$$

条件下满足：

$$\sum_{i=1}^{3} v_i^2 = \min$$

构造函数，令

$$f = v_1^2 + v_2^2 + v_3^2 + k(v_1 + v_2 + v_3 - 9)$$

式中 k——拉格朗日(Lagrange)乘系数。

则要求：

$$\begin{cases} \dfrac{\partial f}{\partial v_1} = 2v_1 + k = 0 \\ \dfrac{\partial f}{\partial v_2} = 2v_2 + k = 0 \\ \dfrac{\partial f}{\partial v_3} = 2v_3 + k = 0 \end{cases}$$

解上述方程组，可得

$$v_1 = v_2 = v_3$$

代入条件方程，可得

$$v_1 = v_2 = v_3 = 3''$$

可以看出，等精度观测三角形的三个内角，角度观测值的最小二乘解等于三角形闭合差反号后平均分配至各观测角度后的值。

需要说明的是，在统计理论中，将按极大似然估计求得的参数估计值称为最或然值；当变量服从正态分布时，按最小二乘原理得到的参数估计值与最或然值相同，因此在测量中，将按最小二乘原理求得的估值也称为最或然值，所以平差值也就是最或然值。

习　题

1. 发现误差的必要条件是什么？必要观测值的特性是什么？试举例说明如何确定几何模型中的必要元素。

2. 四种基本平差方法的函数模型是按照什么区分的？

3. 如图3-5所示，图中 A、B 为已知点，C、D 为待定点，h_i 为观测高差，S_i 为观测边长，β_i 为观测角度，试按条件平差法分别列出图中水准网和三角网的函数模型。

4. 在下列函数模型中，A、B 为已知值，L_i 为观测值，$\tilde{L}_i = L_i + \Delta_i$，试写出其线性化形式。

$$A\frac{\sin\tilde{L}_1\sin(\tilde{L}_2 + \tilde{L}_3)}{\sin\tilde{L}_4\sin\tilde{L}_5} - B\frac{\sin\tilde{L}_2\sin\tilde{L}_3}{\sin\tilde{L}_6} = 0$$

5. 指出下面所列方程属于基本平差方法中的哪一类函数模型，并说明每个方程中的 n、t、r、u、c、s 各为多少。

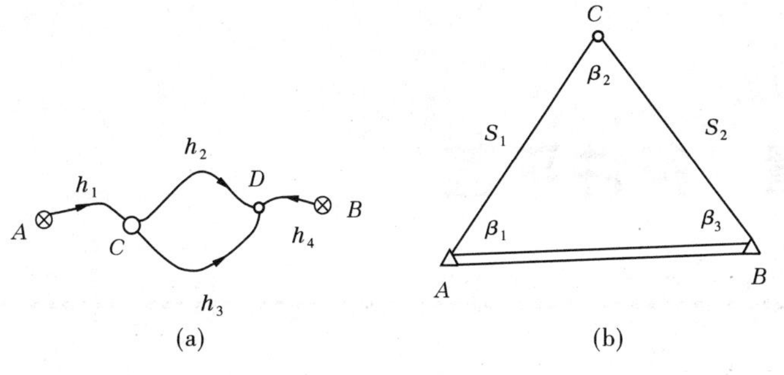

图3-5

(1) $\begin{cases}\hat{L}_1+\hat{L}_5+\hat{L}_6=0\\ \hat{L}_2-\hat{L}_6+\hat{L}_7=0\\ \hat{L}_3+\hat{L}_4-\hat{L}_7=0\\ \hat{L}_5+\hat{X}_1-A=0\\ \hat{L}_4-\hat{X}_2+B=0\end{cases}$；　(2) $\begin{cases}\hat{L}_1=\hat{X}_1-A\\ \hat{L}_2=-\hat{X}_1+\hat{X}_2\\ \hat{L}_3=-\hat{X}_2+\hat{X}_3\\ \hat{L}_4=-\hat{X}_3+B\\ \hat{L}_5=-\hat{X}_1+\hat{X}_3\end{cases}$；

(3) $\begin{cases}\hat{L}_1+\hat{L}_2+\hat{L}_3+A=0\\ \hat{L}_4-\hat{L}_5+\hat{L}_6=0\\ \hat{L}_7+\hat{L}_8-\hat{L}_9=0\\ \hat{L}_{10}+\hat{L}_{11}+\hat{L}_{12}=0\\ \hat{L}_1+\hat{L}_3+\hat{X}_1+B=0\end{cases}$；　(4) $\begin{cases}\hat{L}_1=\hat{X}_2-A\\ \hat{L}_2=-\hat{X}_1-\hat{X}_2+B\\ \hat{L}_3=-\hat{X}_1+\hat{X}_3\\ \hat{L}_4=-\hat{X}_3+A\\ \hat{L}_5=-\hat{X}_1-\hat{X}_3\\ \hat{X}_2-\hat{X}_3+B=0\end{cases}$

提示：

(1)由于整个表达式中除包含观测值平差值外，还包含两个未知参数，故该函数模型为附有参数的条件平差。其中，观测值的平差值个数等于总观测数，即 $n=7$，所选独立参数的个数 $u=2$，条件方程的个数为表达式的个数，所以 $c=5$，于是多余观测数 $r=c-u=3$，必要观测数 $t=n-r=4$，所选参数之间彼此函数独立，故限制条件方程个数 $s=0$。

(2)由于各表达式是将观测值的平差值表达为参数的函数，且参数间没有限制条件，故函数模型为间接平差。其中，观测值个数 $n=5$，必要观测数等于参数的个数，即 $t=3$，多余观测数 $r=n-t=2$，所选参数的个数 $u=3$，方程的个数 $c=r+u=5$，参数间彼此独立，因此$s=0$。

(3)同(1)，函数模型为附有参数的条件平差。其中，观测值的平差值个数等于总观测数，即 $n=12$，所选独立参数的个数 $u=1$，条件方程的总数等于表达式的个数，即 $c=5$，于是多余观测数 $r=c-u=4$，必要观测数 $t=n-r=8$，由于只包含唯一参数，故限制条件方程个数 $s=0$。

(4)由于表达式中既有用参数平差值的函数表达观测值平差值的表达式，且参数间有1个函数表达式，故函数模型为附有限制条件的间接平差。其中，观测值总数等于观测值平差值个数，即 $n=5$，所选参数的个数 $u=3$，限制条件方程个数 $s=1$，必要观测数 $t=u-s=2$，多余观测数 $r=n-t=3$，方程的个数 $c=n+s=u+r=6$。

第四章 条件平差

学习目标

掌握条件平差的原理及条件平差计算过程;掌握水准网、三角网条件方程的列法;掌握条件平差精度评定方法;能运用条件平差处理工程实例。

【学习导入】

针对平差问题的几何模型,如何对水准网、三角网列出有效的条件方程?如何在最小二乘准则下求出条件方程中未知数的平差值并评定相关未知数及其函数的精度?本章结合典型实例,对此进行详细的论述。

条件平差是测量平差的四种基本方法之一,平差函数模型中以观测值的平差值为未知数。本章的主要内容包括条件平差原理;水准网、三角网条件方程个数的计算与条件方程的列法;观测成果精度的评定;在本章最后,对条件平差的公式进行了归纳,并以水准网条件平差为例,详细说明了条件平差的计算过程。

第一节 条件平差原理

在测量工作中,由于受到观测条件的限制,观测值中不可避免地带有误差。为了能及时发现错误并提高测量成果的精度,常需要做多余观测。

例如,为了确定图4-1中平面三角形的形状,只要知道其中任意两个内角就可以了,即必要观测数$t=2$,但为了发现角度观测过程中的粗差,并提高观测成果的质量,通常对三个内角都进行观测,此时观测值个数$n=3$,观测值个数大于必要观测数,产生了$r=n-t=3-2=1$个多余观测。由于测量误差的存在,观测值之间会出现不符值W,即

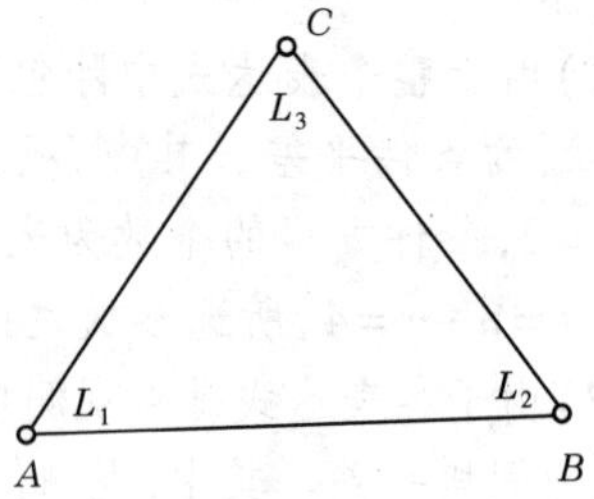

$$W=L_1+L_2+L_3-180°\neq 0 \tag{4-1}$$

图4-1

在一个几何模型中,有r个多余观测,就会产生r个条件方程,以条件方程为函数模型的平差方法,就是条件平差。

在第三章中已经给出了条件平差的数学模型。

条件平差的函数模型为

$$\underset{rn}{A}\,\underset{n1}{\hat{L}}+\underset{r1}{A_0}=0 \quad 或 \quad \underset{rn}{A}\,\underset{n1}{V}+\underset{r1}{W}=0 \tag{4-2}$$

其中

$$\underset{r1}{W} = \underset{rn}{A}\underset{n1}{L} + \underset{r1}{A_0}$$

条件平差的随机模型为

$$\underset{nn}{D} = \sigma_0^2 \underset{nn}{Q} = \sigma_0^2 \underset{nn}{P^{-1}} \tag{4-3}$$

测量平差的准则是

$$V^{\mathrm{T}}PV = \min$$

条件平差就是要求在满足 r 个条件方程式(4-2)的条件下,求使函数 $V^{\mathrm{T}}PV = \min$ 的 V 值。在高等数学中是属于求函数的条件极值问题。

一、条件平差原理

设有 r 个平差值条件方程:

$$\begin{cases} a_1\hat{L}_1 + a_2\hat{L}_2 + \cdots + a_n\hat{L}_n + a_0 = 0 \\ b_1\hat{L}_1 + b_2\hat{L}_2 + \cdots + b_n\hat{L}_n + b_0 = 0 \\ \qquad \vdots \\ r_1\hat{L}_1 + r_2\hat{L}_2 + \cdots + r_n\hat{L}_n + r_0 = 0 \end{cases} \tag{4-4}$$

式中　$a_i, b_i, \cdots, r_i (i=1,2,\cdots,n)$——条件方程系数;

$a_0, b_0, \cdots, r_0$——条件方程常数项。

系数和常数项与平差问题的性质相关,与本身的观测值大小无关。

将 $\hat{L} = L + V$ 代入上式,可得

$$\begin{cases} a_1v_1 + a_2v_2 + \cdots + a_nv_n + \omega_a = 0 \\ b_1v_1 + b_2v_2 + \cdots + b_nv_n + \omega_b = 0 \\ \qquad \vdots \\ r_1v_1 + r_2v_2 + \cdots + r_nv_n + \omega_r = 0 \end{cases} \tag{4-5}$$

式中　$\omega_a, \omega_b, \cdots, \omega_r$——条件方程的闭合差,或称不符值,即

$$\begin{cases} \omega_a = a_1L_1 + a_2L_2 + \cdots + a_nL_n + a_0 \\ \omega_b = b_1L_1 + b_2L_2 + \cdots + b_nL_n + b_0 \\ \qquad \vdots \\ \omega_r = r_1L_1 + r_2L_2 + \cdots + r_nL_n + r_0 \end{cases} \tag{4-6}$$

令

$$A = \begin{bmatrix} a_1 & a_2 & \cdots & a_n \\ b_1 & b_2 & \cdots & b_n \\ \vdots & \vdots & & \vdots \\ r_1 & r_2 & \cdots & r_n \end{bmatrix}_{r\times n}, W = \begin{bmatrix} \omega_a \\ \omega_b \\ \vdots \\ \omega_r \end{bmatrix}_{r\times 1}, V = \begin{bmatrix} v_1 \\ v_2 \\ \vdots \\ v_n \end{bmatrix}_{n\times 1}$$

则式(4-4)可写为

$$A\hat{L} + A_0 = 0 \tag{4-7}$$

同理,式(4-5)可写为

$$AV + W = 0 \tag{4-8}$$

式中

$$\hat{L} = [\hat{L}_1 \quad \hat{L}_2 \quad \cdots \quad \hat{L}_n]^{\mathrm{T}}, A_0 = [a_0 \quad b_0 \quad \cdots \quad r_0]^{\mathrm{T}}$$

式(4-6)的矩阵形式为

$$W = AL + A_0 \tag{4-9}$$

由式(4-7)知,$AL + A_0$ 的理论值为零。

由式(4-7)或式(4-8)可知,条件方程的未知数个数为 n,方程的个数为 r,由于 $r < n$,方程的个数小于未知量的个数,原方程组为相容方程组,有无穷多组解。

为了求得条件方程组的唯一解,要求附加约束条件,即满足最小二乘准则 $V^{\mathrm{T}}PV = \min$。按高等数学中求函数条件极值的方法(见附录二),结合矩阵微分的性质(见附录一),设其乘系数向量为 $\underset{r1}{K} = [k_a \quad k_b \quad \cdots \quad k_r]^{\mathrm{T}}$,$K$ 在条件平差中称为联系数向量。

构造函数:

$$\Phi = V^{\mathrm{T}}PV - 2K^{\mathrm{T}}(AV + W)$$

将 Φ 对 V 求一阶导数,并令其为零,得

$$\frac{\mathrm{d}\Phi}{\mathrm{d}V} = 2V^{\mathrm{T}}P - 2K^{\mathrm{T}}A = 0$$

两边转置,P 是对称阵,即 $P^{\mathrm{T}} = P$,得

$$PV = A^{\mathrm{T}}K$$

于是,观测值改正数向量的计算公式为

$$V = P^{-1}A^{\mathrm{T}}K = QA^{\mathrm{T}}K \tag{4-10}$$

上式称为改正数方程。

联立 n 个改正数方程式(4-10)与 r 个条件方程式(4-8)得

$$\begin{cases} AV + W = 0 \\ V = P^{-1}A^{\mathrm{T}}K \end{cases} \tag{4-11}$$

式(4-11)称为条件平差的基础方程。可以发现,基础方程中未知数的个数为 $n+r$,有 n 个改正数、r 个联系数,方程的个数为 $n+r$,即 n 个改正数方程,r 个条件方程,方程的个数等于未知数的个数,可以得到满足最小二乘准则下的条件方程的唯一解。

基础方程解算可以按以下过程进行:

将式(4-10)代入式(4-8)得

$$AP^{-1}A^{\mathrm{T}}K + W = 0$$

令

$$N_{aa} = AP^{-1}A^{\mathrm{T}} = AQA^{\mathrm{T}} \tag{4-12}$$

则有

$$N_{aa}K + W = 0 \tag{4-13}$$

式(4-13)称为条件平差的联系数法方程,简称法方程。法方程系数矩阵的秩:

$$R(N_{aa}) = R(AQA^{\mathrm{T}}) = R(A) = r \tag{4-14}$$

且

$$(N_{aa})^{\mathrm{T}} = (AP^{-1}A^{\mathrm{T}})^{\mathrm{T}} = AP^{-1}A^{\mathrm{T}} = N_{aa} \tag{4-15}$$

即 N_{aa} 是对称满秩矩阵,其逆阵 N_{aa}^{-1} 存在,由法方程式(4-12)可得联系数 K 的唯一解:

$$K = -N_{aa}^{-1}W \tag{4-16}$$

将 K 代入式(4-10),可求出改正数向量 V:

$$V = P^{-1}A^{\mathrm{T}}K = -P^{-1}A^{\mathrm{T}}N_{aa}^{-1}W \tag{4-17}$$

进而可求出观测值平差值 $\hat{L}$:

$$\hat{L} = L + V = L - P^{-1}A^{\mathrm{T}}N_{aa}^{-1}W \tag{4-18}$$

至此,完成了条件平差法中求平差值的工作。

当权阵为对角阵时,改正数方程式(4-10)和法方程式(4-13)若用纯量形式表示,分别为

$$v_i = \frac{1}{p_i}(a_ik_a + b_ik_b + \cdots + r_ik_r) \quad (i = 1,2,\cdots,n) \tag{4-19}$$

$$\begin{cases} \left[\frac{aa}{p}\right]k_a + \left[\frac{ab}{p}\right]k_b + \cdots + \left[\frac{ar}{p}\right]k_r + \omega_a = 0 \\ \left[\frac{ba}{p}\right]k_a + \left[\frac{bb}{p}\right]k_b + \cdots + \left[\frac{br}{p}\right]k_r + \omega_b = 0 \\ \qquad\qquad\vdots \\ \left[\frac{ra}{p}\right]k_a + \left[\frac{rb}{p}\right]k_b + \cdots + \left[\frac{rr}{p}\right]k_r + \omega_r = 0 \end{cases} \tag{4-20}$$

二、条件平差计算步骤

按条件平差法进行平差的主要计算步骤可以归纳如下:

(1)确定条件方程的个数,条件方程的个数等于多余观测数。

(2)定权。根据定权原理确定各观测值的权。

(3)根据平差的具体情况,列出条件方程式。

(4)根据条件方程的系数、闭合差及观测值的权阵组成法方程。

(5)根据法方程,解算联系数向量 K。

(6)根据式(4-17)计算观测值改正数向量。

(7)根据式(4-18)计算观测值平差值。

(8)将计算出的平差结果代入条件方程式(4-4),校核计算的正确性。

(9)计算观测值平差值函数的平差值,并评定平差结果的精度。

三、条件平差算例

【例 4-1】 设等精度观测了图 4-1 中三角形的 3 个内角,得观测值 $L_1 = 42°38'17''$,$L_2 = 60°15'24''$,$L_3 = 77°06'31''$。试按条件平差法求 3 个内角的平差值 $\hat{L}_i(i = 1,2,3)$。

解 (1)确定条件方程个数。依题意,$t = 2$、$n = 3$,故 $r = n - t = 3 - 2 = 1$,则条件方程的个数为 1。

(2)定权。为不失一般性,这里设各等精度观测角的权为 p。

(3)列平差值条件方程,即

$$\hat{L}_1 + \hat{L}_2 + \hat{L}_3 - 180° = 0$$

由于 $\hat{L}_i = L_i + v_i$,代入观测值,得改正数条件方程

$$v_1 + v_2 + v_3 + 12'' = 0$$

(4)组法方程。由于本例只有一个条件方程,故法方程形式为

$$\left[\frac{aa}{p}\right]k_a + \omega_a = 0$$

代入条件方程系数及常数项,则有

$$\frac{3}{p}k_a + 12 = 0$$

(5)解算联系数。由法方程式得 $k_a = -4p$。

(6)计算观测值改正数。

由式(4-17)

$$V = \begin{bmatrix} v_1 \\ v_2 \\ v_3 \end{bmatrix} = P^{-1}A^{\mathrm{T}}K = \frac{1}{p} \times \begin{bmatrix} 1 & 0 & 0 \\ 0 & 1 & 0 \\ 0 & 0 & 1 \end{bmatrix} \times \begin{bmatrix} 1 \\ 1 \\ 1 \end{bmatrix} \times (-4p) = \begin{bmatrix} -4 \\ -4 \\ -4 \end{bmatrix}$$

可以发现,对等精度独立观测值,观测值改正数的大小与权取值的大小无关,为计算方便,以后均设等精度独立观测值的权阵为单位阵 E。

(7)计算角度平差值。

由 $\hat{L} = L + V$,即有

$$\hat{L} = \begin{bmatrix} \hat{L}_1 \\ \hat{L}_2 \\ \hat{L}_3 \end{bmatrix} + \begin{bmatrix} L_1 + v_1 \\ L_2 + v_2 \\ L_3 + v_3 \end{bmatrix} = \begin{bmatrix} 42°38'13'' \\ 60°15'20'' \\ 77°06'27'' \end{bmatrix}$$

(8)校核计算结果的正确性。

因为 $\hat{L}_1 + \hat{L}_2 + \hat{L}_3 - 180° = 0$,三角形内角平差值的和满足几何条件,不存在不符值,故平差计算无误。

【例4-2】 在如图4-2所示的水准网中,观测高差及路线长度见表4-1。已知 $H_A = 50.000$ m、$H_B = 40.000$ m。试用条件平差求各观测高差的平差值。

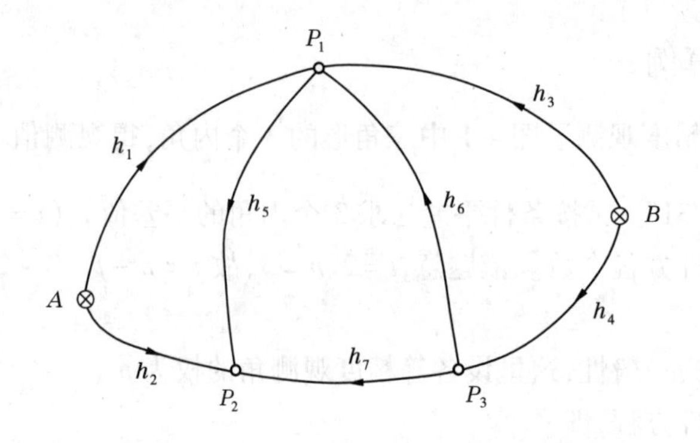

图4-2

表 4-1

序号	观测高差(m)	路线长(km)	路线权	高差平差值(m)
h_1	10. 356	1. 0	1	10. 355 6
h_2	15. 000	1. 0	1	15. 002 8
h_3	20. 360	2. 0	0. 5	20. 355 6
h_4	14. 501	2. 0	0. 5	14. 500 7
h_5	4. 651	1. 0	1	4. 647 2
h_6	5. 856	1. 0	1	5. 854 8
h_7	10. 500	2. 0	0. 5	10. 502 0

解 按条件平差步骤求解如下：

(1)确定条件方程个数。

本例中观测值个数 $n=7$，待定点个数为 3，故必要观测数 $t=3$，多余观测数 $r=n-t=7-3=4$。

(2)定权。

设每千米观测高差为单位权观测值，即取定权公式为 $p_i=\frac{1}{S_i}$，得各观测路线的权，见表 4-1 中“路线权”一列。

(3)列条件方程式。

本例中 4 个条件方程，若根据图 4-1 中的 3 个小闭合环再加上一个附合水准路线来列，平差值条件方程如下：

$$\begin{cases}\hat{h}_1-\hat{h}_2+\hat{h}_5=0\\ \hat{h}_5+\hat{h}_6-\hat{h}_7=0\\ \hat{h}_3-\hat{h}_4-\hat{h}_6=0\\ \hat{h}_1-\hat{h}_3+H_A-H_B=0\end{cases}$$

因为 $\hat{h}_i=h_i+v_i$，由平差值条件方程可得到如下改正数条件方程：

$$\begin{cases}v_1-v_2+v_5+7=0\\ v_5+v_6-v_7+7=0\\ v_3-v_4-v_6+3=0\\ v_1-v_3-4=0\end{cases}$$

(4)根据条件方程的系数、闭合差及观测值的权组成法方程：

$$N_{aa}K+W=\begin{bmatrix}3&1&0&1\\1&4&-1&0\\0&-1&5&-2\\1&0&-2&3\end{bmatrix}\begin{bmatrix}k_a\\k_b\\k_c\\k_d\end{bmatrix}+\begin{bmatrix}7\\7\\3\\-4\end{bmatrix}=\begin{bmatrix}0\\0\\0\\0\end{bmatrix}$$

(5)求联系数向量:

$$K = -N_{aa}^{-1}W = \begin{bmatrix} -2.78 \\ -1.02 \\ 0.13 \\ 2.35 \end{bmatrix}$$

(6)计算改正数[1]:

$$V = P^{-1}A^{T}K = [\,-0.43 \quad 2.78 \quad -4.43 \quad -0.27 \quad -3.80 \quad -1.16 \quad 2.04\,]^{T}$$

(7)计算观测高差的平差值:

$$\hat{L} = L + V = [\,10.3556 \quad 15.0028 \quad 20.3556 \quad 14.5007 \quad 4.6472 \quad 5.8548 \quad 10.5020\,]^{T}$$

(8)校核计算结果的正确性。将计算结果代入条件方程,可以验证计算无误。

第二节　条件方程

在条件平差中,条件方程的个数等于多余观测数 r,如果已经求得了多余观测数,则表示需要列出 r 个条件方程。由前面的介绍已经知道,条件方程的个数是确定的,而条件方程的列法可以有多种,但要求所列出的条件方程是彼此函数独立的。为了平差计算的方便,一般优先选用形式简单、易于列立的条件方程。多余观测数 r 是观测值个数 n 与必要观测数 t 之差,即 $r = n - t$,确定条件方程的个数实际上是确定必要观测数。下面分别介绍几种常见几何模型的必要观测数的计算及条件方程的列法。

一、水准网条件方程

以图4-3所示的水准网为例。

第一种情况:若 A 为已知点,B、C、D 为待定点,要确定 B、C、D 三点的高程,必须观测3个高差,必要观测数 $t=3$。

第二种情况:如果网中没有已知高程点,为了确定网中各点的高程,则必须假设其中某一点的高程为已知值,相当于将水准网定位于某一假定的高程系统中,假定高程的大小不影响水准网中水准点高程之间的相对关系,所以没有已知高程点的自由水准网的配置元素的个数为1。在配置元素确定之后,与第一种情况相同,必要观测数仍然是3。

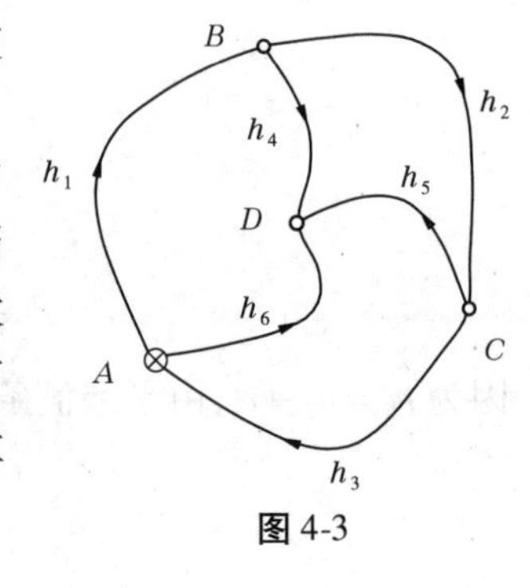

图4-3

由此可见,水准网平差时,必要观测数的确定方法是:

(1)当水准网中有已知点时,必要观测数等于待定点的个数。

(2)当水准网中没有已知点时,必要观测数等于水准点总数减去1。

为与平面控制网必要观测数计算公式表达式一致,水准网必要观测数 t 的计算公式表达为

$$t = p_1 - p_2 - p_3 \tag{4-21}$$

---

[1] 本书中凡涉及较复杂的矩阵计算时,均由Matlab软件完成。有关Matlab知识介绍见附录三。

式中　p_1——水准网中的水准点总数；

p_2——水准网的配置元素的个数，恒等于1；

p_3——水准网中超出 p_2 的已知高程水准点的个数，即多余起算点数。

【例4-3】　如图4-3所示的水准网中，共观测了 $h_1 \sim h_6$ 共6个高差，试列出条件方程。

解　运用式(4-21)计算必要观测数 t，其中水准点总数 $p_1=4$，网外配置元素 $p_2=1$，网中只有一个必要的已知高程点，$p_3=0$，共观测高差 $n=6$ 个，所以必要观测数 $t=4-1-0=3$，多余观测数 $r=6-3=3$，应列出3个条件方程。按图4-3中几何模型，可以列出如下7个条件方程：

$$
\begin{cases}
v_1+v_4-v_6+\omega_a=0 & \text{(a)}\\
v_2-v_4+v_5+\omega_b=0 & \text{(b)}\\
v_3-v_5+v_6+\omega_c=0 & \text{(c)}\\
v_1+v_2+v_5-v_6+\omega_d=0 & \text{(d)}\\
v_2+v_3-v_4+v_6+\omega_e=0 & \text{(e)}\\
v_1+v_3+v_4-v_5+\omega_f=0 & \text{(f)}\\
v_1+v_2+v_3+\omega_g=0 & \text{(g)}
\end{cases}
$$

本题中只能列出3个有效的条件方程，即上述条件方程中，只有3个方程是彼此函数独立的，其余的方程均可用3个线性无关的方程线性表达。由线性代数知识可以发现，方程组中前面3个方程(a)、(b)、(c)含有不同的观测量改正数，可以直观地判断由这3个条件方程的系数构成的矩阵的秩为3($R=3$)，即方程(a)、(b)、(c)是线性无关的。若选择这3个方程为基准方程，则其余的方程一定可以用这3个方程线性表达，如：

$$(d)=(a)+(b),(e)=(b)+(c),\cdots,(g)=(a)+(b)+(c)$$

等。当然也可以选择另外的任意3个线性无关的方程为条件方程。

对水准网来说，要比较直观地列出条件方程，一般可以按水准网中不同的小闭合环或附合水准路线进行，让每个方程对应不同的水准路线，可以保证水准网条件方程间的独立性。

二、三角网条件方程

三角网是以三角形为基本图形构成的测量控制网，按观测值的不同，三角网分为测角网、测边网和边角网三种，导线测量可以视作一种特殊类型的边角网。三角网中若少于或只有一套必要的起算数据，称这种三角网为独立或自由三角网，如果控制网中多于一套必要起算数据，则称这种类型控制网为附合网或约束网。

为了确定三角网中各点的坐标，对于测角网，必须知道网中一个点的坐标、一条边的长度和一条边的方位角，相当于必须知道网中两个点的坐标；对于测边网或边角网，由于进行了边长观测，所以必须知道一个点的坐标、一条边的方位角。如果三角网没有或缺少必要的起算数据，要确定网中每个点的位置，必须假定其中包含必须的起算数据，相当于已知网中一个点的坐标、一条边的方位角，对于测角网，还已知一条边长，即相当于将三角网定位于某一局部坐标系中。除测角网中必须一条已知边长外，其他假定的外部配置元素(一个点的坐标、一条边的方位角)的取值不影响三角网的形状和大小。对于测角网，外部配置元素数

是4[一个点的坐标(x,y),一条边的长度S,一条边的方位角α或两个点的坐标(x_1,y_1)和(x_2,y_2)];对于边角网或测边网,外部配置元素相对测角网而言,不需要已知边长的条件,配置元素是3个。

(一)测角网条件方程

测角网的基本条件方程有三种类型,结合图4-4进行说明。

1. 图形条件(内角和条件)

图形条件是指在每个闭合的平面多边形中,各内角平差值的和应等于其理论值。图4-4中线性无关的图形条件:

$$\begin{cases}\hat{L}_1+\hat{L}_2+\hat{L}_3-180^\circ=0\\ \hat{L}_4+\hat{L}_5+\hat{L}_6-180^\circ=0\\ \hat{L}_7+\hat{L}_8+\hat{L}_9-180^\circ=0\end{cases}\tag{4-22}$$

2. 圆周条件(水平条件)

对于中点多边形来说,如果仅仅满足了上述三个图形条件,还不能保证它的几何图形能够完全闭合,因此还要列出圆周条件。图4-4中可列出的一个圆周条件为

$$\hat{L}_3+\hat{L}_6+\hat{L}_9-360^\circ=0\tag{4-23}$$

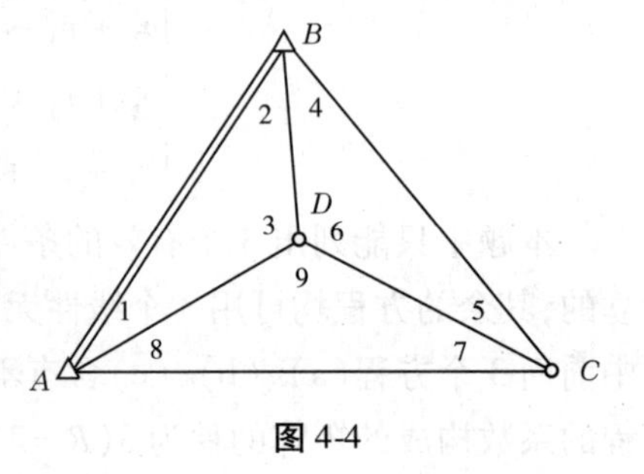

图4-4

3. 极条件(边条件)

满足上述四个条件方程的角值,还不能使图4-4的几何图形完全闭合。例如图4-4中的角值已经满足上述四个条件方程,但通过这些角值计算CD边长时,沿不同的计算路径如$AB\to BD\to CD$及$AB\to AD\to CD$,同一条边可能会出现不同的计算结果,如图4-5中所示的S_{CD}及$S_{C'D}$。为了使平差值满足相应几何图形的要求,要求由不同路线推算的同一条边的长度相等,即

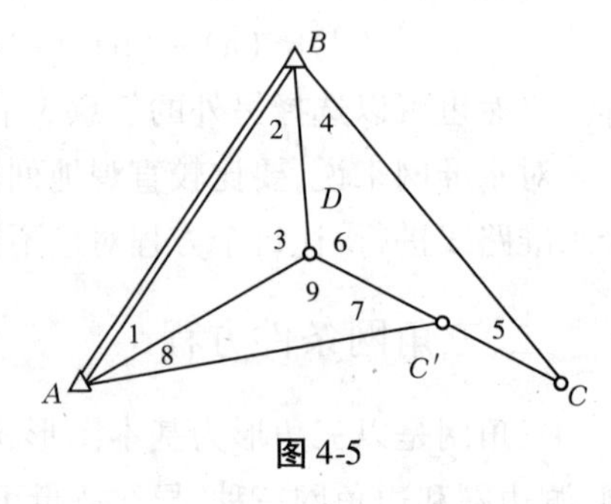

图4-5

$$\hat{S}_{CD}=S_{AB}\frac{\sin\hat{L}_1\sin\hat{L}_4}{\sin\hat{L}_3\sin\hat{L}_5}=S_{AB}\frac{\sin\hat{L}_2\sin\hat{L}_8}{\sin\hat{L}_3\sin\hat{L}_7}\tag{4-24a}$$

亦即

$$\frac{\sin\hat{L}_1\sin\hat{L}_4\sin\hat{L}_7}{\sin\hat{L}_2\sin\hat{L}_5\sin\hat{L}_8}=1\tag{4-24b}$$

用边长表示为

$$\frac{\hat{S}_{DB}\hat{S}_{DC}\hat{S}_{DA}}{\hat{S}_{DA}\hat{S}_{DB}\hat{S}_{DC}}=1\tag{4-25}$$

即以D点为极点,列出图形中各边长比的积为1,故称为极条件方程,或称为边长条件方程。极条件方程为非线性形式,按函数模型线性化的方法,可得到线性形式的极条件方程。

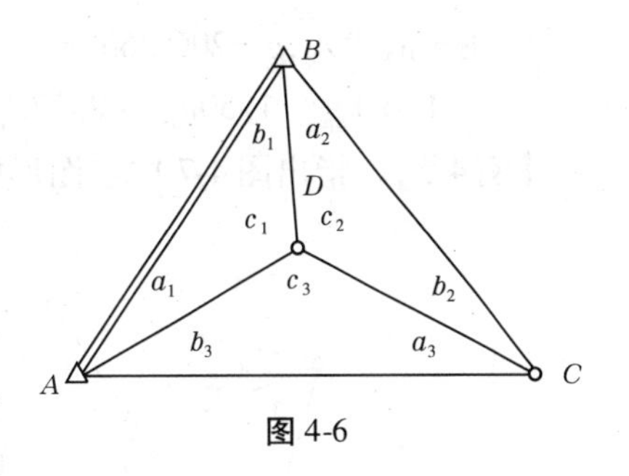

图 4-6

【例 4-4】　在图 4-6 中,9 个同精度观测值为 $a_1=30°52'39.2''$、$b_1=42°16'41.2''$、$c_1=106°50'40.6''$,$a_2=33°40'54.8''$、$b_2=20°58'26.4''$、$c_2=125°20'37.2''$,$a_3=23°45'12.5''$、$b_3=28°26'07.9''$、$c_3=127°48'39.0''$,试列出条件方程,并将非条件方程线性化。

解　在测角网中,确定一个点的位置需要观测两个角度。对于没有已知点的独立测角网,要确定几何图形中各点的位置,必须假定配置元素,即要求假定其中任意两个点(或者是一个已知点、一条已知边和一个固定方位角,相当于已知两个点的坐标)是已知的,此时,网中待定点个数为 2,故网中必要观测数 $t=2\times2=4$。

实际上,对于三角网,必要观测数可以用计算公式表达如下:

$$t = 2\times p_1 - p_2 - p_3 \tag{4-26}$$

式中　p_1——三角网中总点数;

p_2——配置元素的个数,对于测角网,$p_2=4$,对于测边网或边角网,$p_2=3$;

p_3——超出 p_2 的已知的独立起算数据个数,即多余独立起算数据个数,其中 $p_3\geq0$。

注意,"已知的独立起算数据",是指用作平差计算基准的已知数据之间没有函数关系,是彼此独立的。以图 4-6 中三角网为例,A、B 是已知点,已知数据包括:已知点的平面坐标 $A(x_A,y_A)$、$B(x_B,y_B)$,两点之间的距离 S_{AB} 和方位角 α_{AB},网中共有 6 个已知数据,但只有 4 个是独立的,它们或者是两个已知点的坐标(距离和方位角能由两点的坐标反算得到),或者是一个点的坐标、一条边长和一个方位角(另一个点的坐标可由坐标正算得到)。

本例中,$p_1=4$,$p_2=4$,网中有两个已知点,4 个独立起算数据,没有多余的独立起算数据,即 $p_3=4-4=0$,因此 $t=2\times4-4-0=4$,$r=9-4=5$。

根据三角网基本条件方程的介绍,在本例 5 个条件方程中,包括 3 个图形条件、1 个圆周条件和 1 个极条件。将观测值代入相应的平差值条件方程,即可得到相应的改正数条件方程,即

图形条件:

$$\begin{cases} v_{a_1}+v_{b_1}+v_{c_1}+1.0=0 \\ v_{a_2}+v_{b_2}+v_{c_2}-1.6=0 \\ v_{a_3}+v_{b_3}+v_{c_3}-0.6=0 \end{cases}$$

圆周条件:

$$v_{c_1}+v_{c_2}+v_{c_3}-3.2=0$$

极条件:

$$\frac{\sin\hat{a}_1\sin\hat{a}_2\sin\hat{a}_3}{\sin\hat{b}_1\sin\hat{b}_2\sin\hat{b}_3}=1$$

将非线性的极条件线性化,其形式为

$$\cot a_1 v_{a_1}+\cot a_2 v_{a_2}+\cot a_3 v_{a_3}-\cot b_1 v_{b_1}-\cot b_2 v_{b_2}-\cot b_3 v_{b_3}+\left(1-\frac{\sin b_1\sin b_2\sin b_3}{\sin a_1\sin a_2\sin a_3}\right)\rho''=0$$

将观测值代入,$\rho=206\ 265$,有

$$1.67v_{a_1}+1.50v_{a_2}+2.27v_{a_3}-1.10v_{b_1}-2.61v_{b_2}-1.85v_{b_3}-33.12=0$$

【例 4-5】 指出图 4-7 中各图形的条件方程数和各类条件方程个数。

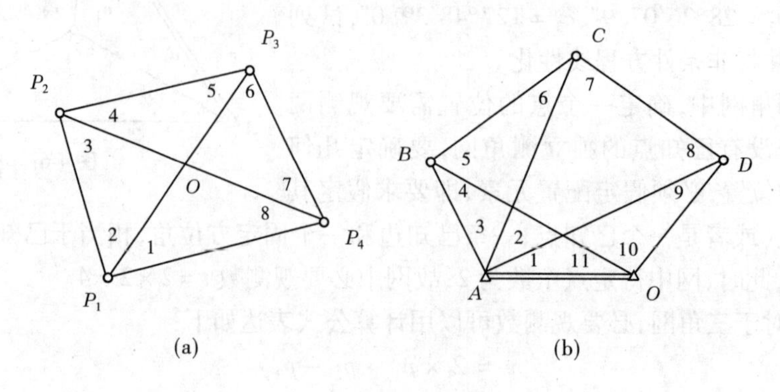

图 4-7

解 图 4-7(a)为大地四边形。根据式(4-26),这里三角网中总点数 $p_1=4$,测角网的配置元素的个数 $p_2=4$,由于没有已知点,故 $p_3=0$,从而必要观测数 $t=2\times4-4-0=4$,因为观测值总数 $n=8$,所以条件方程个数 $r=n-t=8-4=4$。除列出 3 个线性无关的图形条件外,还有 1 个极条件,极条件可以选择 4 个顶点中的任何一个为极点,也可以选择其对角线的交点为极点。

以 P_1 点为极点,列极条件式如下:

$$\frac{\hat{S}_{P_1P_2}\hat{S}_{P_1P_3}\hat{S}_{P_1P_4}}{\hat{S}_{P_1P_3}\hat{S}_{P_1P_4}\hat{S}_{P_1P_2}}=1$$

换成角度表达式,即

$$\frac{\sin\hat{L}_5\sin(\hat{L}_7+\hat{L}_8)\sin\hat{L}_3}{\sin(\hat{L}_3+\hat{L}_4)\sin\hat{L}_6\sin\hat{L}_8}-1=0$$

判断本题中条件方程的个数及种类,可以按下面的方法进行:先从大地四边形中去掉一条对角线,则原图形变成了由两个三角形构成的简单图形,这时存在 2 个图形条件;再在两个三角形的基础上补上去掉的那条边,则相应增加 1 个图形条件和 1 个极条件。

图 4-7(b)为以 A 为顶点的扇形。根据式(4-26),这里 $p_1=5$ 、$p_2=4$,图形中没有多余的独立起算数据,$p_3=0$,所以 $t=2\times5-4=6$,$r=n-t=11-6=5$,除列出 4 个线性无关的图形条件外,还有 1 个极条件,极条件只能以扇形的顶点 A 为极列出,具体形式如下:

$$\frac{\hat{S}_{AB}\hat{S}_{AC}\hat{S}_{AD}\hat{S}_{AO}}{\hat{S}_{AC}\hat{S}_{AD}\hat{S}_{AO}\hat{S}_{AB}}=1$$

换成角度的平差值表达形式,即

$$\frac{\sin\hat{L}_6\sin\hat{L}_8\sin(\hat{L}_{10}+\hat{L}_{11})\sin\hat{L}_4}{\sin(\hat{L}_4+\hat{L}_5)\sin\hat{L}_7\sin\hat{L}_9\sin\hat{L}_{11}}=1$$

通过已经学过的知识，可以总结如下：三角形中有一个多余观测值，应列出1个图形条件；大地四边形中有四个多余观测值，应列出3个图形条件和1个极条件；中点 n 边形，有 $n+2$ 个多余观测值，应列出 n 个图形条件、1个极条件、1个圆周条件；包含顶点在内共 n 个点构成的扇形中有 n 个多余观测值，应列出 $n-1$ 个图形条件，1个极条件。

因为一个复杂的图形总是由一些最简单的图形如三角形、四边形和中点多边形等经过邻接或叠加后构成的，通过对简单图形的分析，就可以完成复杂图形条件方程个数及类型的掌握。在例4-6中体现了这一点，请读者仔细体会。

【例4-6】 指出图4-8中的测角网按条件平差时条件方程的总数及各类条件的个数，其中 A、B 是已知点。

解 因为 $p_1=5$、$p_2=4$、$p_3=0$，根据式(4-26)，必要观测数 $t=2\times5-4-0=6$，由于观测值总数 $n=13$，所以条件方程个数 $r=13-6=7$。

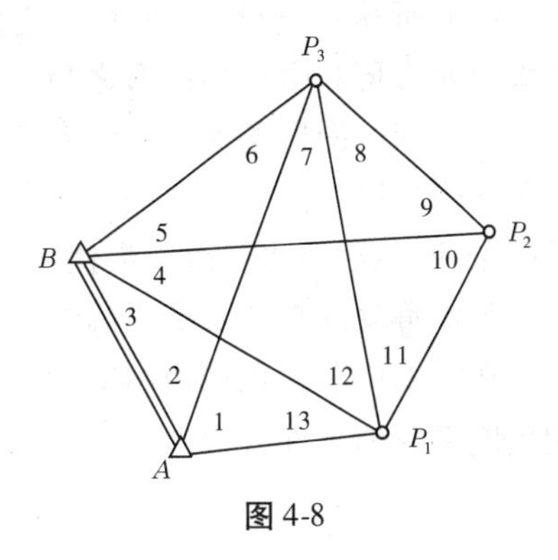

图4-8

若在图形中去掉边 AP_3 及边 BP_2，原图形变形三个简单的三角形相连，故存在3个图形条件；在简单图形的基础上补上去掉的两条边，由例4-5知，每增加一条边，则增加1个图形条件和1个极条件；增加两条边，则相应增加2个图形条件和2个极条件。故本题中有5个图形条件、2个极条件。

（二）测边网条件方程

1. 基本图形的条件方程个数计算

与测角网一样，测边网也可以分解为三角形、大地四边形和中点多边形等三种基本图形。仅以不含已知点的自由网为例，对测边网的基本图形的必要观测数用式(4-26)计算，进行详细说明。其他形式的测边网的计算方法与此类似。

1）三角形

如图4-9所示，对于测边网和边角网，$p_2=3$，当网中没有多余的已知数据时，$p_3=0$，故 $t=2\times3-3-0=3$，$r=3-3=0$，即测边三角形中没有多余观测，这一点容易理解，因为决定一个测边三角形的形状和大小需要三个边长元素，所以其必要观测数是3。

为了更充分地理解式(4-26)，不妨假设图4-9中已知两个点，此时，除去已知点之间的一条已知边，边长观测数 $n=2$。测边网 $p_2=3$，而已知的独立的起算数据数为4（两个已知点的坐标），故 $p_3=4-3=1$，在此情况下，必要观测数 $t=2\times3-3-1=2$，多余观测数 $r=2-2=0$，与没有已知点的自由测边网多余观测数计算结果相同。

2）大地四边形

如图4-10所示，由于 $p_2=3$、$p_3=0$，故必要观测数 $t=2\times4-3-0=5$，多余观测数 $r=6-5=1$，即大地四边形存在1个图形条件。

3）中点多边形

以中点三边形为例，如图4-11所示，由于 $p_2=3$、$p_3=0$，故必要观测数 $t=2\times4-3-0=$

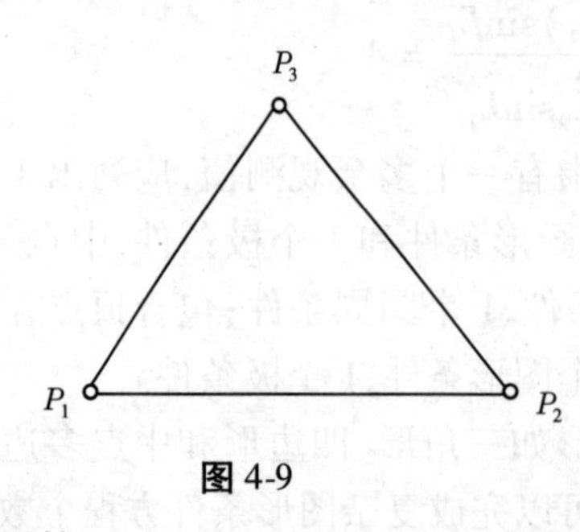

图 4-9

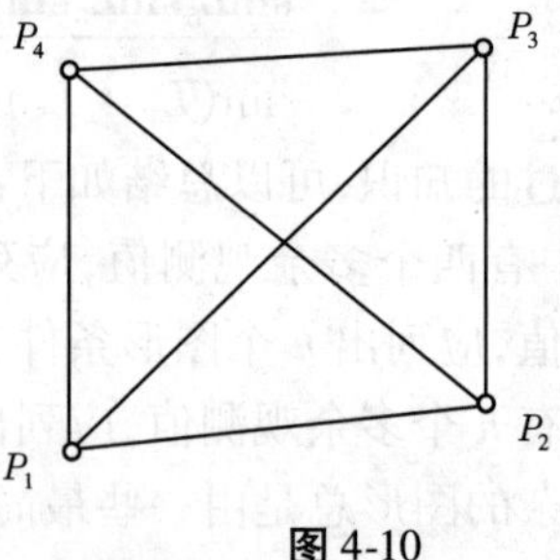

图 4-10

5,多余观测数 $r=6-5=1$,即中点多边形存在1个图形条件。

综上所述,对于测边网,由于三角形不含多余观测数,测边网的条件方程的个数即为网中大地四边形和中点多边形之和。

测边网的图形条件的列法有多种,如角度闭合法、边长闭合法和面积闭合法,这里仅介绍角度闭合法。角度闭合法的基本思想是,利用观测边长求出网中的内角,列出角度间应满足的条件,然后以边长改正数代换角度改正数,得到以边长改正数表示的图形条件。

2. *以角度改正数表示的条件方程*

在图 4-12 所示的测边网中,可以由各观测边长 $S_i(i=1,2,\cdots,6)$ 算出角度 $\beta_j(j=1,2,3)$,则角度平差值条件方程为

$$\hat{\beta}_1+\hat{\beta}_2-\hat{\beta}_3=0$$

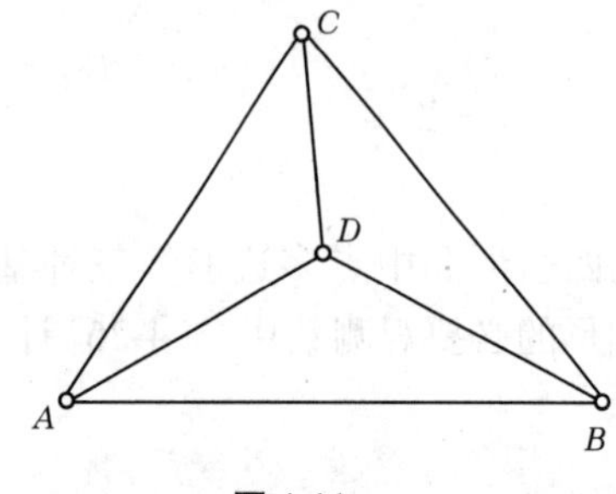

图 4-11

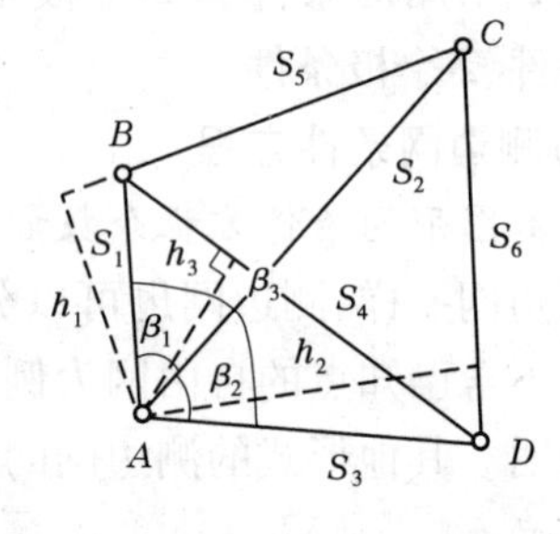

图 4-12

以角度改正数表示的图形条件为

$$v_{\hat{\beta}_1}+v_{\hat{\beta}_2}-v_{\hat{\beta}_3}+w=0 \tag{4-27}$$

其中,$w=\beta_1+\beta_2-\beta_3$。

同样,在图 4-13 所示的中点三边形构成的测边网中,可以由各观测边长 $S_i(i=1,2,\cdots,6)$ 算出角度 $\beta_j(j=1,2,3)$,则角度平差值条件方程为

$$\hat{\beta}_1+\hat{\beta}_2+\hat{\beta}_3-360°=0$$

以角度改正数表示的图形条件为

$$v_{\hat{\beta}_1}+v_{\hat{\beta}_2}+v_{\hat{\beta}_3}+w=0 \tag{4-28}$$

其中,$w=\beta_1+\beta_2+\beta_3-360°$。

由于测边网中观测值是各条边长,为了表示观测值应该满足的条件方程式,必须将上面条件方程中以角度表示的改正数代换成以边长表示的改正数,才是图形条件的最终形式。

3. 角度改正数与边长改正数的关系式

如图 4-14 所示,由余弦定理有

$$S_a^2 = S_b^2 + S_c^2 - 2S_bS_c\cos A$$

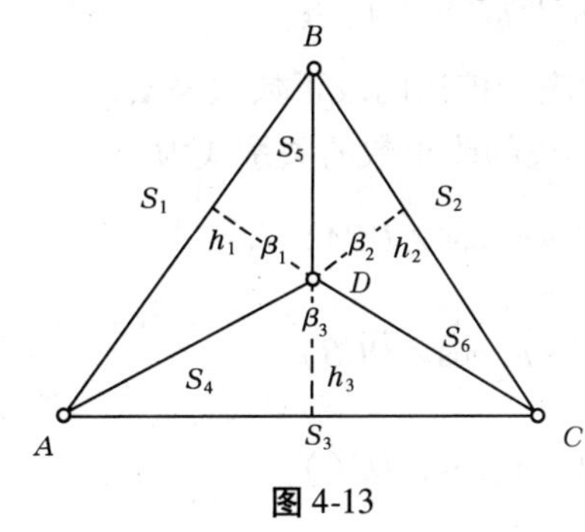

图 4-13

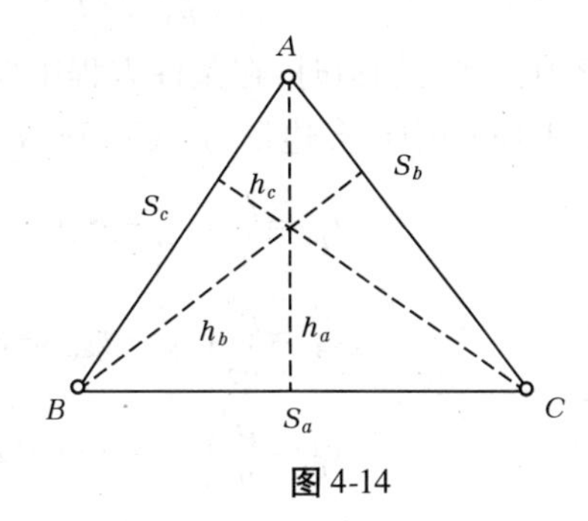

图 4-14

等式两边全微分得

$$2S_a\mathrm{d}S_a = (2S_b - 2S_c\cos A)\mathrm{d}S_b + (2S_c - 2S_b\cos A)\mathrm{d}S_c + 2S_bS_c\sin A\mathrm{d}A$$

整理得

$$\mathrm{d}A = \frac{1}{S_bS_c\sin A}[S_a\mathrm{d}S_a - (S_b - S_c\cos A)\mathrm{d}S_b - (S_c - S_b\cos A)\mathrm{d}S_c] \tag{4-29}$$

由图 4-14 有

$$S_bS_c\sin A = S_bh_b = S_ah_a = 2\text{ 倍三角形面积}$$

$$S_b - S_c\cos A = S_a\cos C, S_c - S_b\cos A = S_a\cos B$$

代入式(4-29),得

$$\mathrm{d}A = \frac{1}{h_a}(\mathrm{d}S_a - \cos C\mathrm{d}S_b - \cos B\mathrm{d}S_c) \tag{4-30}$$

将式(4-30)中的微分换成相应量的改正数,同时考虑到式中 dA 的单位是弧度,而角度改正数是以秒(″)为单位的,等式两边统一单位后,式(4-30)表达为

$$v_A'' = \frac{\rho''}{h_a}(v_{S_a} - v_{S_b}\cos C - v_{S_c}\cos B) \tag{4-31}$$

这就是角度改正数与边长改正数之间的关系式,并称该式为角度改正数方程。

注意:式(4-31)具有明显的规律性,即任意一个角度(如 A)的改正数等于它的对边(S_a)的改正数与两个夹边(S_b、S_c)的改正数分别与其邻角余弦(S_b 边的邻角为 C,S_c 边的邻角为 B)乘积的负值之和再乘以 ρ''为分子、以该角至其对边的高(h_a)为分母的分数。

4. 以边长改正数表示的图形条件方程

按照上述规律,可以写出图 4-12 中角 $\beta_j(j=1,2,3)$的改正数方程分别为

$$v_{\beta_1} = \frac{\rho''}{h_1}(v_{S_5} - v_{S_1}\cos\angle ABC - v_{S_2}\cos\angle ACB)$$

$$v_{\beta_2} = \frac{\rho''}{h_2}(v_{S_6} - v_{S_2}\cos\angle ACD - v_{S_3}\cos\angle ADC)$$

$$v_{\beta_3} = \frac{\rho''}{h_3}(v_{S_4} - v_{S_1}\cos\angle ABD - v_{S_3}\cos\angle ADB)$$

将它们代入式(4-27),合并同类项,整理即得以边长改正数表示的四边形的图形条件:

$$\rho''\left(\frac{\cos\angle ABD}{h_3}-\frac{\cos\angle ABC}{h_1}\right)v_{S_1}-\rho''\left(\frac{\cos\angle ACB}{h_1}+\frac{\cos\angle ACD}{h_2}\right)v_{S_2}+$$
$$\rho''\left(\frac{\cos\angle ADB}{h_3}-\frac{\cos\angle ADC}{h_2}\right)v_{S_3}-\frac{\rho''}{h_3}v_{S_4}+\frac{\rho''}{h_1}v_{S_5}+\frac{\rho''}{h_2}v_{S_6}+w=0 \tag{4-32}$$

当图形中出现已知边时,在条件方程中要把相应于该边的改正数项舍去。

对于图4-13的中点多边形,角度改正数与对应边的改正数的关系式为

$$v_{\beta_1}=\frac{\rho''}{h_1}(v_{S_1}-v_{S_4}\cos\angle DAB-v_{S_5}\cos\angle DBA)$$
$$v_{\beta_2}=\frac{\rho''}{h_2}(v_{S_2}-v_{S_5}\cos\angle DBC-v_{S_6}\cos\angle DCB)$$
$$v_{\beta_3}=\frac{\rho''}{h_3}(v_{S_3}-v_{S_6}\cos\angle DCA-v_{S_4}\cos\angle DAC)$$

将上述关系式代入式(4-28),整理即得中点多边形的图形条件方程式:

$$\frac{\rho''}{h_1}v_{S_1}+\frac{\rho''}{h_2}v_{S_2}+\frac{\rho''}{h_3}v_{S_3}-\rho''\left(\frac{\cos\angle DAB}{h_1}+\frac{\cos\angle DAC}{h_3}\right)v_{S_4}-$$
$$\rho''\left(\frac{\cos\angle DBA}{h_1}+\frac{\cos\angle DBC}{h_2}\right)v_{S_5}-\rho''\left(\frac{\cos\angle DCB}{h_2}+\frac{\cos\angle DCA}{h_3}\right)v_{S_6}+w=0 \tag{4-33}$$

其中,$w=\beta_1+\beta_2+\beta_3-360°$。

由观测边长计算系数中的角值时,可按数学中的余弦定理、万能公式等进行。

(三)边角网条件方程

边角网几何图形中,包含了角度和边长两类观测值,在边角网的条件方程中,一般有与测角网相同的图形条件、圆周条件和极条件,以及平差图形中观测角和观测边的平差值应该满足的几何条件,即按正弦定理或余弦定理列立的正弦条件或余弦条件。

【例4-7】 观测值如图4-15所示,试列出图中的条件方程。

解 运用式(4-26)求条件方程的个数,并分别列出各条件方程的表达式。

这里$p_1=3$、$p_2=3$、$p_3=0$,所以$t=2\times3-3-0=3$,因为观测值总数$n=6$,所以条件方程数为$r=n-t=6-3=3$。

很显然,图形中包括1个图形条件,另外2个可列出边与角之间的正弦条件。

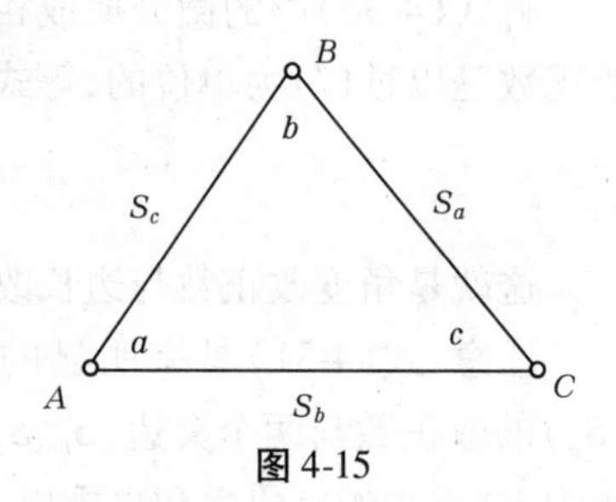

图4-15

图形条件:

$$\hat{a}+\hat{b}+\hat{c}-180°=0$$

两个正弦条件分别是:

$$\frac{\hat{S}_a}{\hat{S}_b}=\frac{\sin\hat{a}}{\sin\hat{b}}$$
$$\frac{\hat{S}_a}{\hat{S}_c}=\frac{\sin\hat{a}}{\sin\hat{c}}$$

当然除正弦条件外,也可以用余弦条件列出别的条件方程形式。因为条件方程的形式不是唯一的,但条件方程的个数是唯一的,在众多的条件方程式中,要求选择数量足够又彼

此线性无关的条件方程。为求解问题的方便，在列条件方程时，以形式简单、易于列出、便于计算为基本出发点。

【例 4-8】 指出图 4-16 中各测角网按条件平差时条件方程的总数及各类条件的个数(图中 P_i 为待定坐标点)。

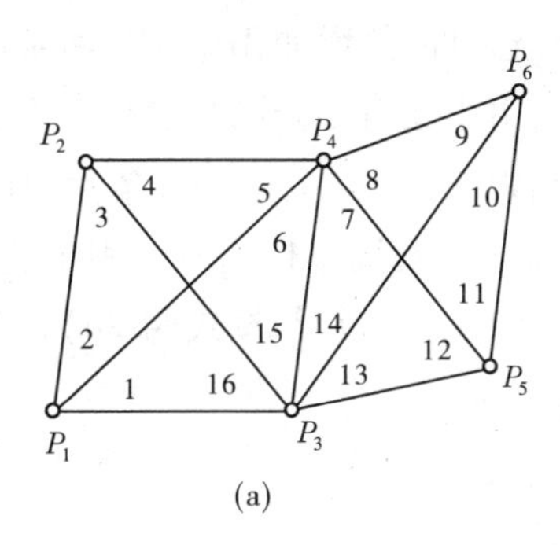

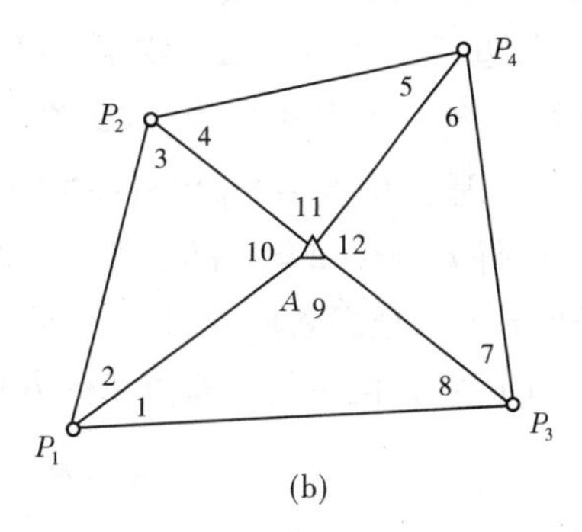

图 4-16

解 对图 4-16(a)运用式(4-26)，这里，测角网总点数 $p_1=6$，配置元素 $p_2=4$，网中没有已知坐标点，故 $p_3=0$，则必要观测数 $t=2\times6-4-0=8$，由于观测值总数 $n=16$，所以多余观测数即条件方程个数 $r=n-t=16-8=8$。

因为图形是由两个大地四边形构成的，每个大地四边形中各有 3 个图形条件和 1 个极条件，共计 8 个条件方程。

对图 4-16(b)运用式(4-26)，这里，测角网总点数 $p_1=5$，配置元素 $p_2=4$，尽管网中有一个已知点，但没有超出必要起算数据的已知数据，故 $p_3=0$，所以必要观测数 $t=2\times5-4-0=6$，由于观测值总数 $n=12$，所以条件方程数为 $r=n-t=12-6=6$。

从图中很容易发现，6 个条件方程中包括 4 个图形条件、1 个极条件和 1 个圆周条件。

【例 4-9】 如图 4-17 所示的三角网中，A、B 为已知点，P_i 为待定点，$\tilde{\alpha}_0$ 为已知方位角，$\tilde{S}_0$ 为已知边长，观测了 23 个内角 $\beta_i(i=1,2,\cdots,23)$，试指出按条件平差时条件方程的总数及各类条件方程的个数，并列出固定方位角与固定边条件。

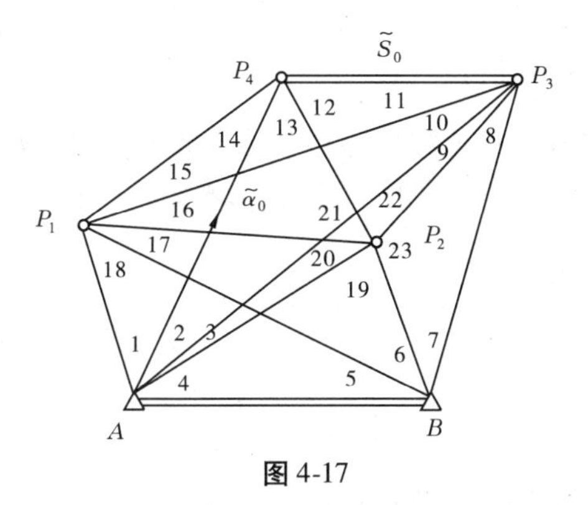

图 4-17

解 运用式(4-26)，这里，测角网总点数 $p_1=6$，配置元素 $p_2=4$，网中除 4 个必要起算数据(设为两个已知点坐标)外，还包括 1 条已知边长和 1 个固定方位角，故 $p_3=2$，所以必要观测数 $t=2\times6-4-2=6$，因为观测值总数 $n=23$，所以条件方程数为 $r=n-t=23-6=17$。

我们已经知道,每个大地四边形中包含3个图形条件和1个极条件,每个中点n边形中包含1个圆周条件、1个极条件和n个图形条件。在例4-9中,先去掉AP_3、AP_4两条边,原几何图形变为由两个大地四边形和一个三角形的简单图形叠加构成,并在P_2点形成了一个中点多边形,考虑到图形间的叠加关系,共有3个极条件、7个图形条件、1个圆周条件;在此基础上,每增加一条边,就增加1个图形条件和1个极条件,故增加AP_3、AP_4两条边时,增加了图形条件和极条件各2个,共4个条件;在图形中,由于还有一条已知边和一个已知方位角,相应需要增加1个固定边($\tilde{S}_0 \to S_{AB}$)条件和1个固定方位角($\alpha_{AB} \to \tilde{\alpha}_0$)条件,则各条件方程数分别为:图形条件$r_1=7+2=9$,极条件$r_2=3+2=5$,圆周条件$r_3=1$,固定边条件$r_4=1$,固定方位角条件$r_5=1$,全部条件方程$r=9+5+1+1+1=17$,与按式(4-26)计算结果相同。其中,可分别列出固定方位角的平差值条件方程:

$$\tilde{\alpha}_0+\hat{\beta}_2+\hat{\beta}_3+\hat{\beta}_4-\alpha_{AB}=0$$

固定边的平差值条件方程:

$$\frac{S_{AB}}{\tilde{S}_0}-\frac{\sin\hat{\beta}_8\sin\hat{\beta}_{12}\sin\hat{\beta}_{19}}{\sin\hat{\beta}_4\sin\hat{\beta}_7\sin\hat{\beta}_{22}}=0 \quad 或 \quad \frac{\tilde{S}_0\sin\hat{\beta}_8\sin\hat{\beta}_{12}\sin\hat{\beta}_{19}}{S_{AB}\sin\hat{\beta}_4\sin\hat{\beta}_7\sin\hat{\beta}_{22}}-1=0$$

第三节　精度评定

在本章第一节中阐述了条件平差的原理,介绍了在条件方程已知的情况下,如何运用最小二乘原理求观测值的改正数及观测值的平差值,进一步可以求得观测值平差值的函数表达式的值。测量平差的任务包括两个方面:求观测成果即观测值的平差值及观测值平差值函数表达式的值,评定观测成果的精度。

设观测值向量L的方差为

$$D_{LL}=D_{\Delta\Delta}=\sigma_0^2Q=\sigma_0^2P^{-1} \tag{4-34}$$

平差前,结合误差传播律,根据测量上常用的定权方法,可以确定观测值的权,即$P=Q^{-1}$在平差前是已知的,但单位权方差σ_0^2一般是不知道的。评定精度,即计算观测值的实际观测精度(方差或中误差的估值)。

根据式(4-34),只要得到了单位权方差估值$\hat{\sigma}_0^2$,就可以求得观测值方差的估值$\hat{D}_{LL}$,从而得到观测值的观测精度。进一步运用广义误差传播律,就可以得到观测值函数的精度。

一、单位权方差的估值公式

一个平差问题,不论采用哪种基本平差方法,单位权方差的估值计算公式都是:

$$\hat{\sigma}_0^2=\frac{V^{\mathrm{T}}PV}{r} \tag{4-35}$$

独立观测值的$V^{\mathrm{T}}PV$用纯量形式表示是:

$$V^{\mathrm{T}}PV=[pvv]=\sum_{i=1}^{n}p_iv_i^2 \tag{4-36}$$

观测值的改正数又被称作观测值的残差,所以$V^{\mathrm{T}}PV$也被称为残差的加权平方和。在条件平差中,求出了观测值改正数 V 之后,按式(4-35)即可求出单位权方差的估值 $\hat{\sigma}_0^2$。

V^TPV 除可以用 V 直接计算外,还可以用如下计算方法。

(1)用联系数 K 向量计算。

由

$$V = QA^TK \tag{4-37}$$

有

$$V^TPV = (QA^TK)^TA^TK = K^TAQA^TK = K^TN_{aa}K \tag{4-38}$$

(2)用闭合差 W 和联系数 K 计算。

由条件方程:

$$AV + W = 0 \tag{4-39}$$

有

$$W^T = -V^TA^T \tag{4-40}$$

结合式(4-37),代入 V^TPV 即有

$$V^TPV = V^TP(QA^TK) = V^TA^TK = -W^TK \tag{4-41}$$

二、协因数阵的计算

在条件平差中,基本向量为 L、W、K、V 及 $\hat{L}$,它们都是观测值向量 L 的函数,下面运用协方差传播律,推导基本向量的协因数阵及基本向量间的互协因数阵。

令

$$Z^T = \begin{bmatrix} L^T & W^T & K^T & V^T & \hat{L}^T \end{bmatrix}$$

则 Z 的协因数阵 Q_{ZZ} 为

$$Q_{ZZ} = \begin{bmatrix} Q_{LL} & Q_{LW} & Q_{LK} & Q_{LV} & Q_{L\hat{L}} \\ Q_{WL} & Q_{WW} & Q_{WK} & Q_{WV} & Q_{W\hat{L}} \\ Q_{KL} & Q_{KW} & Q_{KK} & Q_{KV} & Q_{K\hat{L}} \\ Q_{VL} & Q_{VW} & Q_{VK} & Q_{VV} & Q_{V\hat{L}} \\ Q_{\hat{L}L} & Q_{\hat{L}W} & Q_{\hat{L}K} & Q_{\hat{L}V} & Q_{\hat{L}\hat{L}} \end{bmatrix} \tag{4-42}$$

为了书写简便,记 $Q_{LL}=Q$,求 Q_{ZZ}。

基本向量用 L 表达的关系式是:

$$W = AL + A_0 = AL + W^0 \tag{4-43}$$

$$K = -N_{aa}^{-1}W = -N_{aa}^{-1}AL - N_{aa}^{-1}A_0 = -N_{aa}^{-1}AL + K^0 \tag{4-44}$$

$$V = QA^TK = -QA^TN_{aa}^{-1}AL - QA^TN_{aa}^{-1}A_0 = -QA^TN_{aa}^{-1}AL + V^0 \tag{4-45}$$

$$\hat{L} = L + V = (E - QA^TN_{aa}^{-1}A)L + \hat{L}^0 \tag{4-46}$$

说明:由于协因数传播律与向量中的常数项无关,故上式中的常数项作了相应的简化处理,分别记 W、K、V 及 $\hat{L}$ 中的常数项为 W^0、K^0、V^0 及 $\hat{L}^0$。

按协因数传播律,可推导 L、W、K、V 及 $\hat{L}$ 的自协因数阵及互协因数阵如下:

$$Q_{LL}=Q$$
$$Q_{WW}=AQA^{\mathrm{T}}=N_{aa}$$
$$Q_{KK}=N_{aa}^{-1}AQA^{\mathrm{T}}N_{aa}^{-1}=N_{aa}^{-1}N_{aa}N_{aa}^{-1}=N_{aa}^{-1}$$
$$Q_{VV}=QA^{\mathrm{T}}N_{aa}^{-1}AQA^{\mathrm{T}}N_{aa}^{-1}AQ=QA^{\mathrm{T}}N_{aa}^{-1}N_{aa}N_{aa}^{-1}AQ=QA^{\mathrm{T}}N_{aa}^{-1}AQ$$
$$Q_{\hat{L}\hat{L}}=(E-QA^{\mathrm{T}}N_{aa}^{-1}A)Q(E-QA^{\mathrm{T}}N_{aa}^{-1}A)^{\mathrm{T}}=Q-QA^{\mathrm{T}}N_{aa}^{-1}AQ$$
$$Q_{LW}=QA^{\mathrm{T}}$$
$$Q_{LK}=-QA^{\mathrm{T}}N_{aa}^{-1}$$
$$Q_{LV}=-QA^{\mathrm{T}}N_{aa}^{-1}AQ$$
$$Q_{L\hat{L}}=Q(E-QA^{\mathrm{T}}N_{aa}^{-1}A)^{\mathrm{T}}=Q-QA^{\mathrm{T}}N_{aa}^{-1}AQ$$
$$Q_{WK}=-AQA^{\mathrm{T}}N_{aa}^{-1}=-N_{aa}N_{aa}^{-1}=-E$$
$$Q_{WV}=-AQA^{\mathrm{T}}N_{aa}^{-1}AQ=-N_{aa}N_{aa}^{-1}AQ=-AQ$$
$$Q_{W\hat{L}}=AQ(E-QA^{\mathrm{T}}N_{aa}^{-1}A)^{\mathrm{T}}=AQ-AQ=0$$
$$Q_{KV}=N_{aa}^{-1}AQA^{\mathrm{T}}N_{aa}^{-1}AQ=N_{aa}^{-1}AQ$$
$$Q_{K\hat{L}}=-N_{aa}^{-1}AQ(E-QA^{\mathrm{T}}N_{aa}^{-1}A)^{\mathrm{T}}=-N_{aa}^{-1}AQ+N_{aa}^{-1}AQ=0$$
$$Q_{V\hat{L}}=-QA^{\mathrm{T}}N_{aa}^{-1}AQ(E-QA^{\mathrm{T}}N_{aa}^{-1}A)^{\mathrm{T}}=-QA^{\mathrm{T}}N_{aa}^{-1}AQ+QA^{\mathrm{T}}N_{aa}^{-1}AQ=0$$

由于协方差阵的对称性,所以任意两变量间的互协因数阵互为对称阵,以 L 和 V 的互协因数阵为例,有 $Q_{LV}=Q_{VL}^{\mathrm{T}}$。为了更清楚地表达基本向量间的协因数阵,将上述推导结果列于表4-2中,以便查用。

表4-2

基本向量	L	W	K	V	$\hat{L}$
L	Q	QA^{T}	$-QA^{\mathrm{T}}N_{aa}^{-1}$	$-QA^{\mathrm{T}}N_{aa}^{-1}AQ$	$Q-QA^{\mathrm{T}}N_{aa}^{-1}AQ$
W	AQ	N_{aa}	$-E$	$-AQ$	0
K	$-N_{aa}^{-1}AQ$	$-E$	N_{aa}^{-1}	$N_{aa}^{-1}AQ$	0
V	$-QA^{\mathrm{T}}N_{aa}^{-1}AQ$	$-QA^{\mathrm{T}}$	$QA^{\mathrm{T}}N_{aa}^{-1}$	$QA^{\mathrm{T}}N_{aa}^{-1}AQ$	0
$\hat{L}$	$Q-QA^{\mathrm{T}}N_{aa}^{-1}AQ$	0	0	0	$Q-QA^{\mathrm{T}}N_{aa}^{-1}AQ$

三、平差值函数的值及其协因数的计算

在条件平差中,经过平差计算,得到了各个观测量的平差值。例如,在水准网平差中,求得各观测高差的改正数之后,可以得到各个观测高差的平差值;三角网平差后,也可以得到各个观测值的平差值。但在多数情况下,水准网平差后要求得到各待定点高程的平差值及其精度,平面网平差后要求得到点的坐标、边长和方位角的平差值及其函数的精度等。所有这些量都可以归纳为求观测量平差值函数大小及其精度。

（一）求观测量平差值函数的大小

一个几何模型可以由它的必要观测元素确定，通过多余观测，在最小二乘准则下，得到了各个观测量的平差值。将观测量的平差值代入由观测量的平差值构成的函数表达式中，就可以得到观测量平差值函数表达式的大小。

以图4-18为例，平差结束后，可以得到各个观测角度和边长的平差值，将观测量的平差值代入相应的函数表达式，就可以确定AC边的方位角$\hat{\alpha}_{AC}$、边长$\hat{S}_{AC}$及C点坐标的平差值$(\hat{X}_C,\hat{Y}_C)$等，用观测值的函数式表达依次为

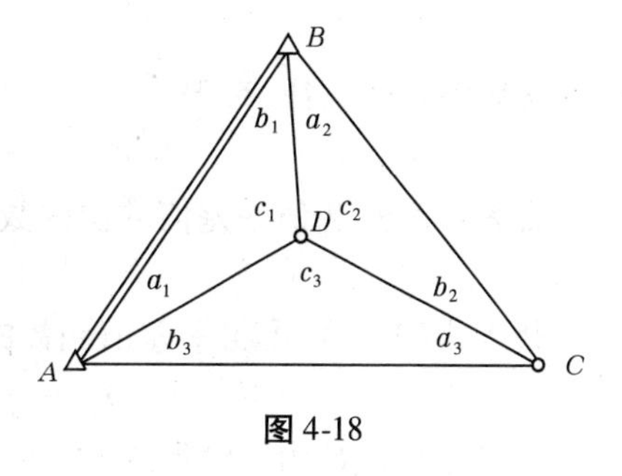

图4-18

AC边的方位角平差值$\hat{\alpha}_{AC}$：

$$\hat{\alpha}_{AC}=\alpha_{AB}+\hat{a}_1+\hat{b}_3$$

AC边的边长平差值$\hat{S}_{AC}$：

$$\hat{S}_{AC}=S_{AB}\frac{\sin\hat{b}_1\sin\hat{c}_3}{\sin\hat{c}_1\sin\hat{a}_3}$$

C点坐标的平差值$(\hat{X}_C,\hat{Y}_C)$：

$$\hat{X}_C=X_A+\hat{S}_{AC}\cos\hat{\alpha}_{AC}$$

$$\hat{Y}_C=Y_A+\hat{S}_{AC}\sin\hat{\alpha}_{AC}$$

由上面的例子可见，观测量平差值的函数也有线性函数和非线性函数两种形式。

（二）求观测量平差值函数的精度

由方差与协因数的关系表达式：

$$\sigma_i^2=\sigma_0^2Q_{ii} \tag{4-47}$$

计算某个量的方差，在已经求出了单位权方差估值的基础上，只要求出它的协因数即可。已知观测值平差值的协因数阵$Q_{\hat{L}\hat{L}}$，运用协因数传播律，即可求出待定量的协因数，推导过程如下。

一般地，设平差值函数为

$$\varphi=f(\hat{L}_1,\hat{L}_2,\cdots,\hat{L}_n) \tag{4-48}$$

为了得到φ的协因数，当式(4-49)是非线性形式时，求全微分将非线性表达式线性化：

$$\mathrm{d}\varphi=\left(\frac{\partial f}{\partial\hat{L}_1}\right)_0\mathrm{d}\hat{L}_1+\left(\frac{\partial f}{\partial L_2}\right)_0\mathrm{d}\hat{L}_2+\cdots+\left(\frac{\partial f}{\partial L_n}\right)_0\mathrm{d}\hat{L}_n \tag{4-49}$$

式中，$\left(\frac{\partial f}{\partial\hat{L}_i}\right)_0$表示用$\hat{L}_i$的值代入各系数表达式后得到的常数项，并令它为$f_i$，则式(4-49)可以表达为

$$\mathrm{d}\varphi=f_1\mathrm{d}\hat{L}_1+f_2\mathrm{d}\hat{L}_2+\cdots+f_n\mathrm{d}\hat{L}_n \tag{4-50}$$

非线性函数线性化后，按协因数传播律，可以得到原非线性函数的权（或协因数），因此，称式(4-50)为权函数式。将权函数式写成矩阵形式，即有

$$d\varphi = f^{T} d\hat{L} = [f_1 \quad f_2 \quad \cdots \quad f_n]\begin{bmatrix} d\hat{L}_1 \\ d\hat{L}_2 \\ \vdots \\ d\hat{L}_n \end{bmatrix} \tag{4-51}$$

按协因数传播律,可得

$$Q_{\varphi\varphi} = f^{T} Q_{\hat{L}\hat{L}} f \tag{4-52}$$

查表4-2,观测值平差值的协因数阵是:

$$Q_{\hat{L}\hat{L}} = Q - QA^{T}N_{aa}^{-1}AQ \tag{4-53}$$

代入式(4-52),可得平差值函数的协因数 $Q_{\varphi\varphi}$:

$$Q_{\varphi\varphi} = f^{T}Qf - (AQf)^{T}N_{aa}^{-1}(AQf) \tag{4-54}$$

当平差值函数为线性形式时,即当权函数表达式为

$$\varphi = f_1\hat{L}_1 + f_2\hat{L}_2 + \cdots + f_n\hat{L}_n + f^{0} \tag{4-55}$$

则可直接应用式(4-54)计算 φ 的协因数 $Q_{\varphi\varphi}$。

于是,平差值函数的中误差为

$$\hat{\sigma}_{\varphi} = \hat{\sigma}_0\sqrt{Q_{\varphi\varphi}} \tag{4-56}$$

【例4-10】 续前例4-4,在图4-6中,9个同精度观测值为 $a_1 = 30°52'39.2''$、$b_1 = 42°16'41.2''$、$c_1 = 106°50'40.6''$,$a_2 = 33°40'54.8''$、$b_2 = 20°58'26.4''$、$c_2 = 125°20'37.2''$,$a_3 = 23°45'12.5''$、$b_3 = 28°26'07.9''$、$c_3 = 127°48'39.0''$,在原有解算成果的基础上,假设 A、B 两点的坐标分别为 $A(100.000,100.000)$、$B(250.000,250.000)$(单位:m)。

(1)求各观测值的平差值及单位权方差。

(2)试计算 AC 边的方位角的平差值 $\hat{\alpha}_{AC}$ 中误差 $\hat{\sigma}_{\hat{\alpha}_{AC}}$。

(3)求 AD 边长平差值的中误差 $\hat{\sigma}_{\hat{S}_{AD}}$ 及相对中误差。

解 由例4-1中得知,对于等精度独立观测值,可以设观测值的权阵为单位阵。在例4-4中已经得到了各类条件方程,即

图形条件:

$$\begin{cases} v_{a_1} + v_{b_1} + v_{c_1} + 1.0 = 0 \\ v_{a_2} + v_{b_2} + v_{c_2} - 1.6 = 0 \\ v_{a_3} + v_{b_3} + v_{c_3} - 0.6 = 0 \end{cases}$$

圆周条件:

$$v_{c_1} + v_{c_2} + v_{c_3} - 3.2 = 0$$

线性化后的极条件:

$$1.67v_{a_1} + 1.50v_{a_2} + 2.27v_{a_3} - 1.10v_{b_1} - 2.61v_{b_2} - 1.85v_{b_3} - 33.12 = 0$$

写成矩阵形式 $AV + W = 0$,即

$$\begin{bmatrix} 1 & 1 & 1 & 0 & 0 & 0 & 0 & 0 & 0 \\ 0 & 0 & 0 & 1 & 1 & 1 & 0 & 0 & 0 \\ 0 & 0 & 0 & 0 & 0 & 0 & 1 & 1 & 1 \\ 0 & 0 & 1 & 0 & 0 & 1 & 0 & 0 & 1 \\ 1.67 & -1.10 & 0 & 1.50 & -2.61 & 0 & 2.27 & -1.85 & 0 \end{bmatrix} \begin{bmatrix} v_{a_1} \\ v_{b_1} \\ v_{c_1} \\ v_{a_2} \\ v_{b_2} \\ v_{c_2} \\ v_{a_3} \\ v_{b_3} \\ v_{c_3} \end{bmatrix} + \begin{bmatrix} 1.0 \\ -1.6 \\ -0.6 \\ -3.2 \\ -33.12 \end{bmatrix} = \begin{bmatrix} 0 \\ 0 \\ 0 \\ 0 \\ 0 \end{bmatrix}$$

(1)求各观测值的平差值及单位权方差。

因为

$$A = \begin{bmatrix} 1 & 1 & 1 & 0 & 0 & 0 & 0 & 0 & 0 \\ 0 & 0 & 0 & 1 & 1 & 1 & 0 & 0 & 0 \\ 0 & 0 & 0 & 0 & 0 & 0 & 1 & 1 & 1 \\ 0 & 0 & 1 & 0 & 0 & 1 & 0 & 0 & 1 \\ 1.67 & -1.10 & 0 & 1.50 & -2.61 & 0 & 2.27 & -1.85 & 0 \end{bmatrix}, W = \begin{bmatrix} 1.0 \\ -1.6 \\ -0.6 \\ -3.2 \\ -33.12 \end{bmatrix}$$

由 $N_{aa} = AP^{-1}A^{\mathrm{T}}$ 计算法方程系数矩阵：

$$N_{aa} = \begin{bmatrix} 3.00 & 0.00 & 0.00 & 1.00 & 0.57 \\ 0.00 & 3.00 & 0.00 & 1.00 & -1.11 \\ 0.00 & 0.00 & 3.00 & 1.00 & 0.42 \\ 1.00 & 1.00 & 1.00 & 3.00 & 0.00 \\ 0.57 & -1.11 & 0.42 & 0.00 & 21.63 \end{bmatrix}$$

由 $K = -N_{aa}^{-1}W$ 计算联系数：

$$K = [-1.09 \quad 0.67 \quad -0.48 \quad 1.37 \quad 1.60]^{\mathrm{T}}$$

由 $V = P^{-1}A^{\mathrm{T}}K$ 得各观测值改正数(单位：″)：

$$V = [1.58 \quad -2.86 \quad 0.27 \quad 3.08 \quad -3.51 \quad 2.04 \quad 3.16 \quad -3.45 \quad 0.89]^{\mathrm{T}}$$

由 $\hat{L} = L + V$ 得各观测值平差值：

$$\hat{a}_1 = 30°52'40.8'', \hat{b}_1 = 42°16'38.3'', \hat{c}_1 = 106°50'40.9'',$$

$$\hat{a}_2 = 33°40'57.9'', \hat{b}_2 = 20°58'22.9'', \hat{c}_2 = 125°20'39.2'',$$

$$\hat{a}_3 = 23°45'15.7'', \hat{b}_3 = 28°26'04.4'', \hat{c}_3 = 127°48'39.9''$$

将上述观测值平差结果代入相应的条件方程式，可以验证计算结果是正确的。

计算 $V^{\mathrm{T}}PV$：

$$V^{\mathrm{T}}PV = 59.61('')^2$$

计算单位权方差的估值 $\hat{\sigma}_0^2$：

$$\hat{\sigma}_0^2=\frac{V^{\mathrm{T}}PV}{r}=\frac{59.61}{5}=11.92('')^2$$

(2)求 AC 边的方位角的平差值中误差。

首先列出 AC 边的方位角平差值 $\hat{\alpha}_{AC}$ 的函数表达式：

$$\varphi_1=\hat{\alpha}_{AC}=\alpha_{AB}+\hat{a}_1+\hat{b}_3$$

则

$$f_1^{\mathrm{T}}=[1\quad 0\quad 0\quad 0\quad 0\quad 0\quad 0\quad 1\quad 0]$$

由式(4-53)计算观测值平差值的协因数：

$$Q_{\hat{L}\hat{L}}=Q-QA^{\mathrm{T}}N_{aa}^{-1}AQ$$

$$=\begin{bmatrix} 0.51 & -0.30 & -0.21 & -0.19 & 0.10 & 0.09 & -0.21 & 0.08 & 0.12\\ -0.30 & 0.53 & -0.23 & 0.06 & -0.19 & 0.13 & 0.07 & -0.18 & 0.10\\ -0.21 & -0.23 & 0.44 & 0.13 & 0.09 & -0.22 & 0.13 & 0.09 & -0.22\\ -0.19 & 0.06 & 0.13 & 0.44 & -0.19 & -0.25 & -0.25 & 0.12 & 0.12\\ 0.10 & -0.19 & 0.09 & -0.19 & 0.37 & -0.18 & 0.17 & -0.27 & 0.09\\ 0.09 & 0.13 & -0.22 & -0.25 & -0.18 & 0.44 & 0.07 & 0.14 & -0.22\\ -0.21 & 0.07 & 0.13 & -0.25 & 0.17 & 0.07 & 0.39 & -0.19 & -0.21\\ 0.08 & -0.18 & 0.09 & 0.12 & -0.27 & 0.14 & -0.19 & 0.42 & -0.24\\ 0.12 & 0.10 & -0.22 & 0.12 & 0.09 & -0.22 & -0.21 & -0.24 & 0.44 \end{bmatrix}$$

于是由式(4-54)可计算方位角的协方差：

$$Q_{\varphi_1\varphi_1}=f_1^{\mathrm{T}}Q_{\hat{L}\hat{L}}f_1=1.10$$

于是 AC 边的方位角的平差值 $\hat{\alpha}_{AC}$ 中误差 $\hat{\sigma}_{\hat{\alpha}_{AC}}$：

$$\hat{\sigma}_{\hat{\alpha}_{AC}}=\hat{\sigma}_0\sqrt{Q_{\varphi_1\varphi_1}}=\sqrt{11.92\times 1.10}=3.6''$$

(3)求 AD 边长平差值的中误差 $\hat{\sigma}_{\hat{S}_{AD}}$ 及相对中误差。

列边长平差值与观测值平差值的函数表达式：

$$\varphi_2=\hat{S}_{AD}=S_{AB}\frac{\sin\hat{b}_1}{\sin\hat{c}_1}$$

两边求微分，将上述非线性方程线性化：

$$\mathrm{d}\varphi_2=\frac{\hat{S}_{AD}}{\rho''}\cot\hat{b}_1\,\mathrm{d}\hat{b}_1-\frac{\hat{S}_{AD}}{\rho''}\cot\hat{c}_1\,\mathrm{d}\hat{c}_1$$

将观测值的平差 $\hat{b}_1$、$\hat{c}_1$ 及由观测值的平差值计算的 AD 边的长度 $\hat{S}_{AD}$ 代入上式，有

$$\mathrm{d}\varphi_2=0.80\mathrm{d}\hat{b}_1+0.22\mathrm{d}\hat{c}_1$$

则可以得到权函数式系数：

$$f_2^{\mathrm{T}}=[0\quad 0.80\quad 0.22\quad 0\quad 0\quad 0\quad 0\quad 0\quad 0]$$

于是由式(4-54)可计算边长的协方差：

$$Q_{\varphi_2\varphi_2}=f_2^{\mathrm{T}}Q_{\hat{L}\hat{L}}f_2=0.28$$

AD 边长平差值的中误差 $\hat{\sigma}_{\hat{S}_{AD}}$：

$$\hat{\sigma}_{\hat{S}_{AD}}=\hat{\sigma}_0\sqrt{Q_{\varphi_2\varphi_2}}=\sqrt{11.92\times0.28}=1.8(\mathrm{mm})$$

AD 边长平差值的相对中误差：

$$\frac{\hat{\sigma}_{\varphi_2}}{S_{AD}}=\frac{1.8}{149\ 102.8}\approx\frac{1}{82\ 900}$$

第四节　条件平差公式汇编及水准网平差示例

在本章前3节中，对条件平差的原理、解算步骤、条件方程的列法、条件平差的精度评定等进行了详细的介绍，在学完条件平差全部内容之后，本节对条件平差的公式进行了系统性的归纳，并结合水准网条件平差实例，详细表述了条件平差的完整计算过程。

一、公式汇编

条件平差的函数模型：

$$A\hat{L}+A_0=0\quad 或\quad AV+W=0$$

条件平差的随机模型：

$$D=\sigma_0^2Q=\sigma_0^2P^{-1}$$

法方程：

$$N_{aa}K+W=0$$

联系数 K 的解：

$$K=-N_{aa}^{-1}W$$

方差与协因数的关系表达式：

$$\sigma_i^2=\sigma_0^2Q_{ii}$$

改正数向量 V：

$$V=P^{-1}A^{\mathrm{T}}K=-P^{-1}A^{\mathrm{T}}N_{aa}^{-1}W$$

观测量平差值函数：

$$\varphi=f(\hat{L}_1,\hat{L}_2,\cdots,\hat{L}_n)$$

平差值函数的权函数的一般表达式：

$$\mathrm{d}\varphi=f_1\mathrm{d}\hat{L}_1+f_2\mathrm{d}\hat{L}_2+\cdots+f_n\mathrm{d}\hat{L}_n$$

单位权方差的估值的计算公式：

$$\hat{\sigma}_0^2=\frac{V^{\mathrm{T}}PV}{r}$$

平差值函数协因数的计算公式：

$$Q_{\varphi\varphi}=f^{\mathrm{T}}Qf-(AQf)^{\mathrm{T}}N_{aa}^{-1}(AQf)$$

平差值函数的中误差计算公式：

$$\hat{\sigma}_{\varphi\varphi}=\hat{\sigma}_0\sqrt{Q_{\varphi\varphi}}$$

条件平差基本向量的协因数阵见表4-2。

二、计算必要观测数的统一表达式

计算必要观测数的统一表达式为

$$t = N_1 - N_2 - N_3 \tag{4-57}$$

式中 N_1——几何模型中独立参数的个数；

N_2——配置元素的个数；

N_3——独立的多余起算数据个数，$N_3 \geq 0$。

对于不同类型的控制网，分别说明如下。

（一）水准网

N_1 等于网中高程点总数；N_2 恒等于1；N_3 等于已知高程点数 -1，若 N_3 计算值为负（没有已知高程点时），则 $N_3=0$。

对于水准网，更简单的等价计算方法是：当水准网中存在已知高程点时，必要观测数等于网中待定点个数；当水准网中没有已知点时，必要观测数为水准点总数 -1。

（二）测角网

N_1 等于网中平面点个数的2倍（一个点包括 x 和 y 两个坐标值）；N_2 恒等于4；N_3 等于网中独立起算数据总数 -4，若 N_3 计算值为负（起算数据不足时），则 $N_3=0$。

（三）测边网、边角网

N_1 等于网中平面点总数的2倍；N_2 恒等于3；N_3 等于网中独立起算数据总数 -3，若 N_3 计算值为负，则 $N_3=0$。

值得注意的是，对于测方向的三角网，由于增加了测站定向角未知数，故对于测方向的三角网，必要观测数在测角网的基础上还需要加上观测方向时的测站数。这一点在第六章中会进行详细说明。

（四）GPS 网

由基线向量构成的 GPS 网中，每个点的位置由（$X \quad Y \quad Z$）三个坐标分量组成，每条基线向量对应3个坐标差观测值（$\Delta X_{ij} \quad \Delta Y_{ij} \quad \Delta Z_{ij}$），网中至少需要1个已知点，因此 N_1 等于网中总点数的3倍；$N_2=3$，$N_3=3\times$（已知点总数 -1）。

三、水准网条件平差示例

【例4-11】 如图4-19所示的水准网中，A、B、C 为已知点，$H_A=12.000$ m、$H_B=12.500$ m、$H_C=14.000$ m，高差观测值 $h_1=2.500$ m、$h_2=2.000$ m、$h_3=1.352$ m、$h_4=1.851$ m，各观测路线长 $S_1=1$ km、$S_2=1$ km、$S_3=2$ km、$S_4=1$ km。

试按条件平差法求：

(1)高差的平差值。

(2)P_2 点高程平差值的精度 $\hat{\sigma}_{P_2}$。

(3)P_1 至 P_2 点观测高差平差值的精度 $\hat{\sigma}_{\hat{h}_{12}}$。

解 (1)计算多余观测数，即条件方程式的个数。

根据式(4-57)，这里，水准点总数 $N_1=5$，水准网配置元素 $N_2=1$，$N_3=3-1=2$，所以 $t=5-1-2=2$，$r=4-2=2$，条件方程的个数为2（对于水准网，由于网中有已知高程点，必要观测数等于待定点个数，即 $t=2$）。

(2)列条件方程。可列两个平差值条件方程为（说明：条件方程形式不唯一）

$$\begin{cases}\hat{h}_1-\hat{h}_2+H_A-H_B=0\\ \hat{h}_2+\hat{h}_3-\hat{h}_4+H_B-H_C=0\end{cases}\quad\text{(a)}$$

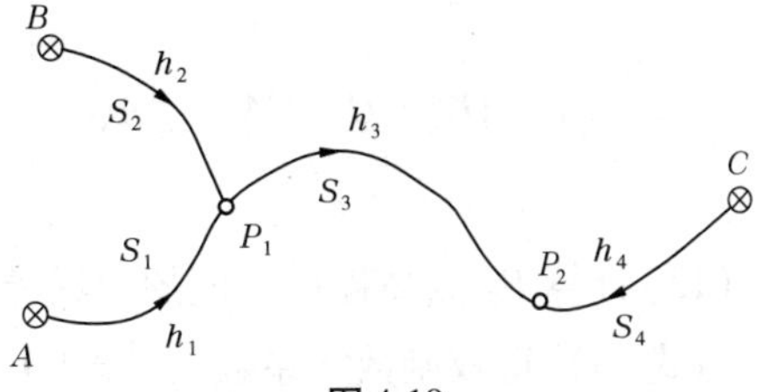

图 4-19

代入各已知条件，得改正数条件方程：

$$\begin{cases}v_1-v_2+0=0\\ v_2+v_3-v_4+1=0\end{cases}\quad\text{(b)}$$

于是，条件方程的系数阵 A 及常数阵 W 分别为

$$A=\begin{bmatrix}1 & -1 & 0 & 0\\ 0 & 1 & 1 & -1\end{bmatrix},W=\begin{bmatrix}0\\1\end{bmatrix}\quad\text{(c)}$$

(3) P_2 点高程平差值的函数表达式

$$\varphi_1=\hat{H}_2=H_C+\hat{h}_4\quad\text{(d)}$$

(4) P_1 至 P_2 点观测高差平差值 $\hat{h}_{12}$ 的函数表达式

$$\varphi_2=\hat{h}_{P_1P_2}=\hat{h}_3\quad\text{(e)}$$

(5) 定权，进一步求观测值权阵。令 $C=1$，即以 1 km 观测高差为单位权观测，由 $p_i=\dfrac{C}{S_i}$，且各高差观测值是独立观测值，即各观测值的权阵为对角阵，则

$$P=\begin{bmatrix}1 & 0 & 0 & 0\\ 0 & 1 & 0 & 0\\ 0 & 0 & 0.5 & 0\\ 0 & 0 & 0 & 1\end{bmatrix}\quad\text{(f)}$$

(6) 法方程阵为

$$\begin{bmatrix}2 & -1\\ -1 & 4\end{bmatrix}\begin{bmatrix}k_a\\ k_b\end{bmatrix}+\begin{bmatrix}0\\1\end{bmatrix}=\begin{bmatrix}0\\0\end{bmatrix}\quad\text{(g)}$$

(7) 解法方程，求联系数：

$$K=\begin{bmatrix}k_a\\ k_b\end{bmatrix}=\begin{bmatrix}-0.14\\ -0.29\end{bmatrix}$$

(8) 计算改正数。根据式(4-17)，可计算得

$$V=[-0.14\quad -0.14\quad -0.57\quad 0.29]^{\mathrm{T}}\quad(单位:\mathrm{mm})$$

(9) 根据式(4-18)计算各观测高差平差值：

$$\hat{L}=[2.4999\quad 1.9999\quad 1.3514\quad 1.8513]\quad(单位:\mathrm{m})$$

代入平差值条件式(a)检验，结果满足所有的条件方程。

(10) 计算 P_1、P_2 点高程平差值：

$$\hat{H}_1=H_A+\hat{h}_1=14.4999(\mathrm{m})$$

$$\hat{H}_2=\hat{H}_1+\hat{h}_3=15.8513\quad(\mathrm{m})$$

(11) 计算单位权方差及单位权中误差：

$$\hat{\sigma}_0^2=\frac{V^{\mathrm{T}}PV}{r}=\frac{0.29}{2}=0.145(\mathrm{mm}^2),\hat{\sigma}_0=\sqrt{\hat{\sigma}_0^2}=0.38\quad(\mathrm{mm})$$

(12) 计算观测值平差的协因数：

$$Q_{\hat{L}\hat{L}} = Q - QA^{\mathrm{T}}N_{aa}^{-1}AQ = \begin{bmatrix} 0.43 & 0.43 & -0.29 & 0.14 \\ 0.43 & 0.43 & -0.29 & 0.14 \\ -0.29 & -0.29 & 0.86 & 0.57 \\ 0.14 & 0.14 & 0.57 & 0.71 \end{bmatrix}$$

(13)计算 P_2 点高程平差值的中误差 $\hat{\sigma}_{P_2}$:

由式(d),得权函数式系数:$f_1^{\mathrm{T}} = [0 \quad 0 \quad 0 \quad 1]$,代入式(4-56)有

$$\hat{\sigma}_{P_2} = \hat{\sigma}_0\sqrt{Q_{\varphi_1\varphi_1}} = \hat{\sigma}_0\sqrt{f_1^{\mathrm{T}}Q_{\hat{L}\hat{L}}f_1} = 0.38 \times \sqrt{0.71} = 0.32(\mathrm{mm})$$

(14)计算 P_1 至 P_2 点观测高差平差值的精度 $\hat{\sigma}_{\hat{h}_{12}}$。

由式(e)得权函数式系数:$f_2^{\mathrm{T}} = [0 \quad 0 \quad 1 \quad 0]$,代入式(4-56)有

$$\hat{\sigma}_{\hat{h}_{12}} = \hat{\sigma}_0\sqrt{Q_{\varphi_2\varphi_2}} = \hat{\sigma}_0\sqrt{f_2^{\mathrm{T}}Q_{\hat{L}\hat{L}}f_2} = 0.38 \times \sqrt{0.86} = 0.35(\mathrm{mm})$$

此外,计算 P_2 点高程平差值的中误差 $\hat{\sigma}_{\hat{H}_{P_2}}$,若按如下方法进行:

设

$$\varphi_3 = \hat{H}_{P_2} = H_A + \hat{h}_1 + \hat{h}_3$$

则权函数式系数:$f_3^T = [1 \quad 0 \quad 1 \quad 0]$,依式(4-52),有

$$Q_{\varphi_3\varphi_3} = f_3^T Q_{\hat{L}\hat{L}} f_3$$

代入相关计算式,则有

$Q_{\varphi_3\varphi_3} = 0.71$,进一步,$\hat{\sigma}_{\varphi_3} = 0.38\sqrt{0.71} = 0.32(\mathrm{mm})$,与(13)计算结果相同。

计算结果表明:不论采用哪种计算方法,待定点高程平差值精度的计算结果相同。

习　题

1. 指出图 4-20 中各水准网条件方程的个数(水准网中 P_i 表示待定点高程,h_i 表示观测高差)。

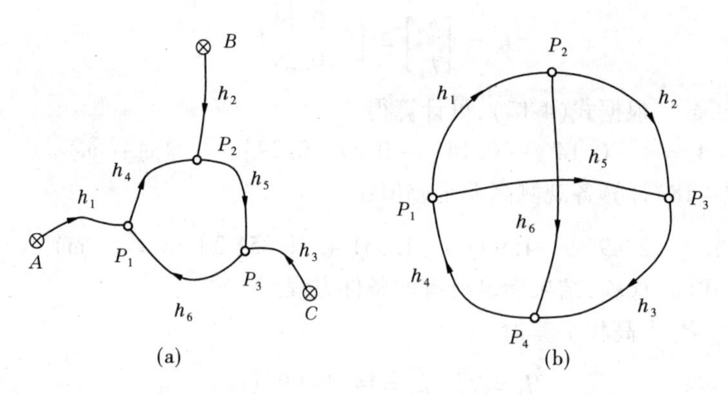

图 4-20

2. 指出图 4-21 中各测角网按条件平差时条件方程的总数及各类条件的个数(图中 P_i 为待定坐标点,$\widetilde{S}_i$ 为已知边,$\widetilde{\alpha}_i$ 为已知方位角)。

3. 在图 4-22 所示的三角网中,A、B 为已知点,C、D、E、F 为待定点,同精度观测了 15 个内角,试写出:

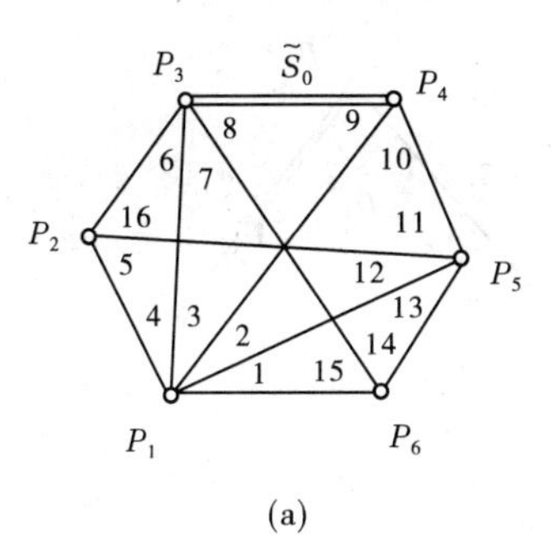

(a)

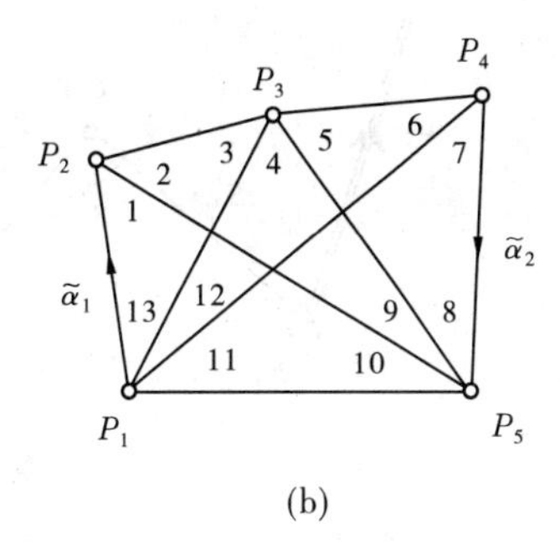

(b)

图 4-21

(1)图中 CD 边长的权函数式。

(2)平差后 $\hat{L}_8$ 的权函数式。

4. 如图 4-23 所示的水准网,观测高差及路线长度见表 4-3,试按条件平差法求:

(1)各高差的平差值。

(2)A 点到 E 点平差后高差的中误差。

(3)E 点到 C 点平差后高差的中误差。

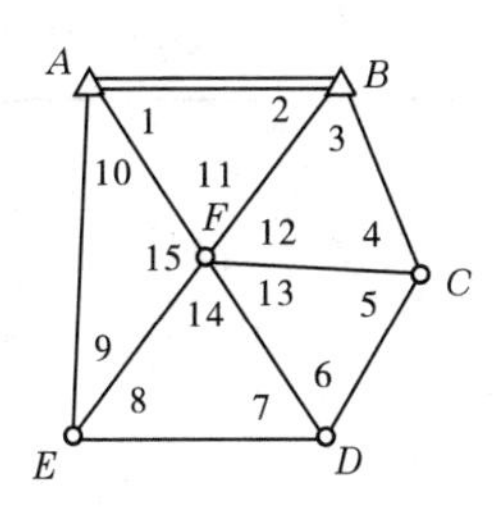

图 4-22

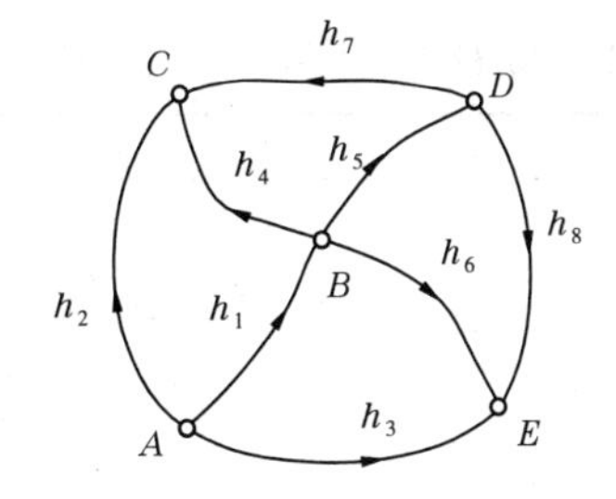

图 4-23

表 4-3

编号	观测高差(m)	路线长(km)	编号	观测高差(m)	路线长(km)
1	189.404	3.1	5	273.528	16.1
2	736.977	9.3	6	187.274	35.1
3	376.607	59.7	7	274.082	12.1
4	547.576	6.2	8	-86.261	9.3

5. 如图 4-24,在单一附合导线上观测了 4 个角度和 3 个边长,A、B 为已知点,C、D 为待定点,已知数据与观测数据见表 4-4。设测角中误差 $\sigma_\beta=5''$,测边中误差 $\sigma_{S_i}=0.5\sqrt{S_i}$($\sigma_{S_i}$ 以 mm 为单位,S_i 以 m 为单位),试按条件平差法:

(1)列出条件方程式。

(2)组成法方程。

(3)求联系数 K、改正数 V 及各观测值平差值 $\hat{L}$。

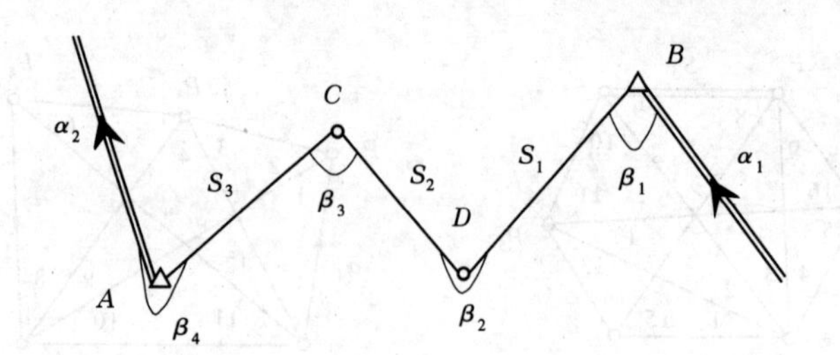

图 4-24

表 4-4

角度编号	观测角(° ′ ″)	边长编号	边长(m)	起算数据
1	230 32 37	1	204.952	$X_B = 3\,020.348$ m, $Y_B = -49.801$ m
2	180 00 42	2	200.130	$X_A = 3\,059.503$ m, $Y_A = -796.549$ m
3	170 39 22	3	345.153	$\alpha_1 = 226°44'59''$
4	236 48 37			$\alpha_2 = 324°46'03''$

第五章　附有参数的条件平差

学习目标

理解附有参数的条件平差原理及精度评定方法；能用附有参数的条件平差解决工程案例。

【学习导入】

在条件方程中，引入适当的待定参数，一方面可以得到平差问题的直接解；另一方面，有助于更便捷地列出条件方程。本章结合实例，对该平差模型进行了详细的介绍。

附有参数的条件平差是测量平差四种基本方法之一。本章开始前，通过两个实例说明了在条件方程中引入未知参数的意义；在此基础上，介绍了附有参数的条件平差原理及精度评定方法；并结合具体实例对该方法的应用进行了详细介绍。

第一节　概　述

在第三章中介绍平差模型时，已经表明，在一个平差问题中，如果观测值个数为 n，必要观测数为 t，则多余观测数 $r=n-t$。若不增选新的参数，只需列出 r 个函数独立的条件方程。在此基础上，如果又增选了 u 个独立量（$0<u<t$）为参数参加平差计算，则相应增加 u 个条件方程，条件方程中含有新增的未知参数。以含有参数的条件方程作为平差的函数模型的平差方法，称为附有参数的条件平差法。

【例 5-1】　如图 5-1 所示，在某地形图上有一块矩形的稻田。为了确定该稻田的面积，用卡规量测了该矩形的长和宽分别为 L_1 和 L_2，又用求积仪量测了该矩形的面积为 L_3。若设矩形的面积为未知参数 $\hat{X}$，试列出条件方程。

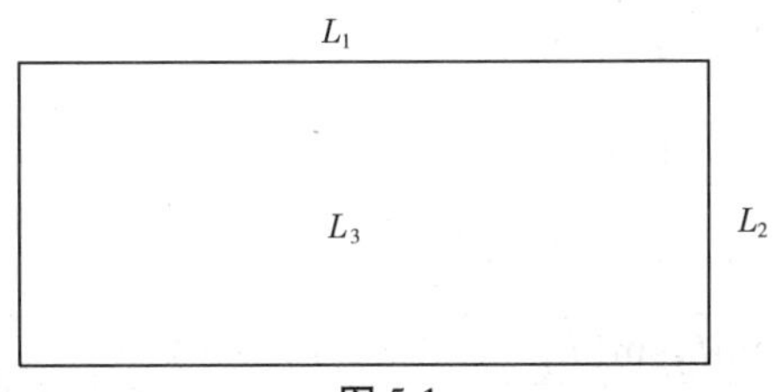

图 5-1

解　先说明如何确定本题中的必要观测数 t 和多余观测数 r。

本例中,获得该矩形面积(以矩形面积为观测对象)的方法有两种:一种是通过观测矩形的长和宽,利用直接观测量的函数关系得到观测对象的大小,像这种通过直接观测量的函数关系得到的面积称为观测对象的间接观测量;另一种是用求积仪观测面积,观测对象的大小就是观测量本身,这种情况下直接观测值又被称为直接观测量。采用第一种方法,即通过观测图形的几何尺寸确定面积时,必须同时测量长和宽两个元素,它们是构成1个间接观测量的一组不可分割的元素整体,在这种情况下,必要观测数 $t=2$(必需观测长和宽两个元素),总观测数 $n=3$(另包含求积仪所测的面积元素),多余观测数 $r=n-t=1$。若采用第二种方法,即用求积仪观测矩形面积,必要观测数 $t=1$(面积元素),总观测数 $n=2$(1个直接观测量和1个间接观测量),多余观测数 $r=n-t=1$,在这种情况下计算总观测数时,仅与间接观测量的个数有关系,而与间接观测量中涉及多少个直接观测元素无关。在本例中,不论哪种,多余观测数都是一致的,$r=1$。

由于选定了一个独立的未知参数,即 $u=1$,故条件方程总数 $c=r+u=1+1=2$。可列平差值条件方程如下:

$$\begin{cases}\hat{L}_1\hat{L}_2-\hat{L}_3=0\\ \hat{L}_3-\hat{X}=0\end{cases}$$

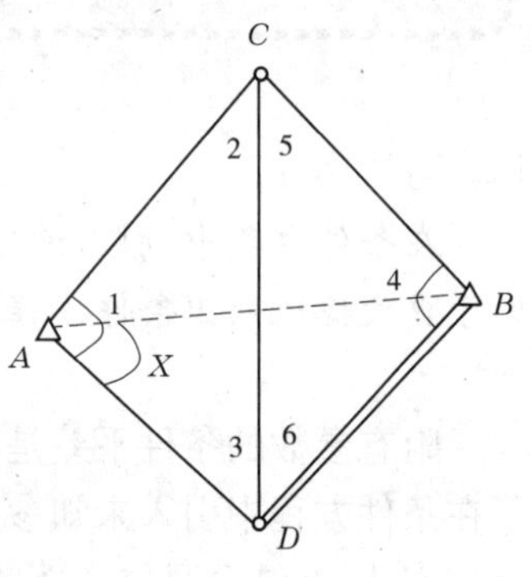

图5-2

【例5-2】 在图5-2所示的三角网中,A、B 为已知点,又已知 B、D 两点间的距离 S_{BD},观测了图中的6个角度 $L_i(i=1,2,\cdots,6)$。若设 $\angle BAD$ 为未知参数 $\hat{X}$,试列出全部条件方程。

解 先不考虑选定了未知参数的情况下,运用式(4-57)确定网中必要观测数。对于测角网,网中总点数为4,则独立参数个数 $N_1=2\times4=8$,配置元素 $N_2=4$,除两个已知坐标点(含4个独立起算数据)外,还有一条已知边长,故 $N_3=5-4=1$(因为 $N_2=4$,而本网已知独立起算数据是5个),所以必要观测数 $t=8-4-1=3$,多余观测数 $r=6-3=3$。很容易列出两个图形条件,但第三个条件方程很难列出来。

将 AB 边用虚线连接起来,并如图5-2所示增设未知参数 $\hat{X}$,由于增加了一个未知参数,故相应地会增加一个条件方程,条件方程总数变为 $c=r+u=3+1=4$ 个。但此时可以很容易列出1个边长附合条件,即 $S_{AB}\rightarrow S_{BD}$ 和1个极条件方程。

列出符合要求的一组条件方程(其中极条件以 B 为极点),如:

$$\begin{cases}\hat{L}_1+\hat{L}_2+\hat{L}_3-180^\circ=0\\ \hat{L}_4+\hat{L}_5+\hat{L}_6-180^\circ=0\\ \dfrac{S_{AB}\sin\hat{X}}{S_{BD}\sin(\hat{L}_3+\hat{L}_6)}-1=0\\ \dfrac{\sin\hat{L}_5\sin(\hat{L}_3+\hat{L}_6)\sin(\hat{L}_1-\hat{X})}{\sin(\hat{L}_2+\hat{L}_5)\sin\hat{L}_6\sin\hat{X}}-1=0\end{cases}$$

在上述两个实例中都引入了未知参数,但引入未知参数的目的并不相同。第一个实例由于要得到稻田面积,故在条件方程中直接引入了表示该面积的未知参数,在解条件方程时,求出了未知参数,就得到了矩形的面积;第二个实例,则是为了解决列条件方程时碰到的麻烦,使条件方程容易列出来。

第二节　附有参数的条件平差原理

附有参数的条件平差的数学模型在第三章第二节中已经给出,即

函数模型:

$$\underset{cn n1}{AV} + \underset{cu\ u1}{B\hat{x}} + \underset{c1}{W} = 0 \tag{5-1}$$

其中

$$W = AL + BX^0 + A_0$$

V 为观测值 L 的改正数,$\hat{x}$ 为参数近似值 X^0 的改正数,即

$$\hat{L} = L + V, \hat{X} = X^0 + \hat{x}$$

这里,$c = r + u$,$u < t$,故 $c < n$,系数阵的秩分别为

$$R(A) = c, R(B) = u$$

随机模型

$$\underset{nn}{D} = \sigma_0^2 \underset{nn}{Q} = \sigma_0^2 \underset{nn}{P}^{-1} \tag{5-2}$$

由式(5-1)可知,未知数包括 n 个改正数、u 个参数,未知数总数为 $n + u$,方程的个数为 $c = r + u$,而 $r = n - t < n$,故 $c < n + u$,即方程的个数少于未知数的个数,且其系数矩阵的秩等于其增广矩阵的秩,即 $R(A\ \ B) = R(A\ \ B\cdots\ \ W) = c$。这句话直观地解释是,条件方程式(5-1)是一组彼此独立的相容方程,方程有无穷多组解。按最小二乘原理,应在无穷多组解中求出能使 $V^{\mathrm{T}}PV = \min$ 的一组解。

为了求出式(5-1)中满足 $V^{\mathrm{T}}PV = \min$ 的解,按求条件极值的方法,先构造函数:

$$\Phi = V^{\mathrm{T}}PV - 2K^{\mathrm{T}}(AV + B\hat{x} + W)$$

式中,$\underset{c1}{K}$ 是对应于条件方程式(5-1)的 c 维联系数列向量。

为求 Φ 的极小值,将其分别对 V 和 $\hat{x}$ 求一阶导数,并令它们等于零,即

$$\begin{cases} \dfrac{\partial \Phi}{\partial V} = 2V^{\mathrm{T}}P - 2K^{\mathrm{T}}A = 0 \\ \dfrac{\partial \Phi}{\partial \hat{x}} = -2K^{\mathrm{T}}B = 0 \end{cases}$$

将上面的两个式子分别转置,并化简,有

$$\begin{cases} PV = A^{\mathrm{T}}K \\ B^{\mathrm{T}}K = 0 \end{cases} \tag{5-3}$$

可以发现,在最小二乘准则下导出上面两式后,由式(5-1)、式(5-3)构成的方程组中,方程的个数为 $c + n + u$,待求的未知数包括 n 个改正数、u 个参数和 c 个联系数,此时,方程的个数与未知数的个数相等,所以由它们可以求得满足最小二乘条件 $V^{\mathrm{T}}PV = \min$ 的唯一解。故称式(5-1)、式(5-3)为附有参数的条件平差的基础方程。

由式(5-3)有：

$$V = P^{-1}A^{\mathrm{T}}K = QA^{\mathrm{T}}K \tag{5-4}$$

上式称为改正数方程。于是基础方程可表达为

$$\begin{cases} AV + B\hat{x} + W = 0 \\ V = P^{-1}A^{\mathrm{T}}K = QA^{\mathrm{T}}K \\ B^{\mathrm{T}}K = 0 \end{cases} \tag{5-5}$$

解上述基础方程,先将改正数方程代入条件方程,有

$$\begin{cases} AQA^{\mathrm{T}}K + B\hat{x} + W = 0 \\ B^{\mathrm{T}}K = 0 \end{cases} \tag{5-6}$$

已令 $N_{aa} = AQA^{\mathrm{T}}$,故上式又可写成：

$$\begin{cases} N_{aa}K + B\hat{x} + W = 0 \\ B^{\mathrm{T}}K = 0 \end{cases} \tag{5-7a}$$

若将式(5-7a)用矩阵形式表达,则有

$$\begin{bmatrix} N_{aa} & B \\ B^{\mathrm{T}} & 0 \end{bmatrix}\begin{bmatrix} K \\ \hat{x} \end{bmatrix} + \begin{bmatrix} W \\ 0 \end{bmatrix} = \begin{bmatrix} 0 \\ 0 \end{bmatrix} \tag{5-7b}$$

式(5-7a)或式(5-7b)称为附有参数的条件平差的法方程。

因 $R(N_{aa}) = R(AQA^{\mathrm{T}}) = R(A) = c$,且 $N_{aa}^{\mathrm{T}} = (AQA^{\mathrm{T}})^{\mathrm{T}} = AQA^{\mathrm{T}} = N_{aa}$,故 N_{aa} 为 c 阶满秩对称方阵,是一个可逆矩阵,故由法方程第一式有

$$K = -N_{aa}^{-1}(B\hat{x} + W) \tag{5-8}$$

由法方程消去 K,即以 $B^{\mathrm{T}}N_{aa}^{-1}$ 左乘法方程第一式,然后减去第二式,即有

$$B^{\mathrm{T}}N_{aa}^{-1}B\hat{x} + B^{\mathrm{T}}N_{aa}^{-1}W = 0 \tag{5-9}$$

令

$$N_{bb} = B^{\mathrm{T}}N_{aa}^{-1}B \tag{5-10}$$

则有

$$N_{bb}\hat{x} + B^{\mathrm{T}}N_{aa}^{-1}W = 0 \tag{5-11}$$

因 $R(N_{bb}) = R(B^{\mathrm{T}}N_{aa}^{-1}B) = R(B) = u$,且 $N_{bb}^{\mathrm{T}} = N_{bb}$,故 N_{bb} 为 u 阶可逆对称矩阵,于是可求解未知参数 $\hat{x}$：

$$\hat{x} = -N_{bb}^{-1}B^{\mathrm{T}}N_{aa}^{-1}W \tag{5-12}$$

在实际计算时,由式(5-12)计算 $\hat{x}$,代入式(5-8)计算联系数 K,将 K 代入式(5-4)计算观测值改正数 V,最后可计算观测值及参数平差值：

$$\hat{L} = L + V \tag{5-13}$$

$$\hat{X} = X^0 + \hat{x} \tag{5-14}$$

由于求联系数 K 不是平差的目的,故 K 可以不必计算,这时,将式(5-8)直接代入式(5-4),可直接求得观测值改正数：

$$V = P^{-1}A^{\mathrm{T}}K = -QA^{\mathrm{T}}N_{aa}^{-1}(B\hat{x} + W) \tag{5-15}$$

即在算出参数改正数 $\hat{x}$ 后,可以直接算出观测值改正数 V。

第三节　精度评定

一、单位权方差

与条件平差法一样,单位权方差的估值的计算公式是:

$$\hat{\sigma}_0^2 = \frac{V^{\mathrm{T}}PV}{r} = \frac{V^{\mathrm{T}}PV}{c-u} \tag{5-16}$$

单位权方差的大小与平差方法的类别无关。

二、协因数阵的计算公式

在附有参数的条件平差中,基本向量为 L、W、$\hat{X}$、K、V 及 $\hat{L}$,它们都可以表达成观测值向量 L 的函数,运用协方差传播律,可以推导出基本向量的协因数阵及基本向量间的互协因数阵。

关于闭合差 W 的表达式,对于线性模型,由式(3-32)知:

$$W = AL + BX^0 + A_0 \tag{5-17}$$

如为非线性模型,则由式(3-63)知:

$$W = F(L, X^0) \tag{5-18}$$

将其线性化,由 $\mathrm{d}W = A\mathrm{d}L$ 可得与线性模型等效的协因数计算式,故下面是以线性模型的表达式推导相关的协因数表达式。

附有参数的条件平差中各基本向量用 L 表达的函数关系式为

$$\begin{aligned}
L &= L \\
W &= AL + W^0 \\
\hat{X} &= X^0 + \hat{x} = X^0 - N_{bb}^{-1}B^{\mathrm{T}}N_{aa}^{-1}W = -N_{bb}^{-1}B^{\mathrm{T}}N_{aa}^{-1}AL + \hat{X}^0 \\
K &= -N_{aa}^{-1}W - N_{aa}^{-1}B\hat{x} = (N_{aa}^{-1}BN_{bb}^{-1}B^{\mathrm{T}}N_{aa}^{-1}A - N_{aa}^{-1}A)L + K^0 \\
V &= QA^{\mathrm{T}}K = QA^{\mathrm{T}}(N_{aa}^{-1}BN_{bb}^{-1}B^{\mathrm{T}}N_{aa}^{-1}A - N_{aa}^{-1}A)L + V^0 \\
\hat{L} &= L + V = [E + QA^{\mathrm{T}}(N_{aa}^{-1}BN_{bb}^{-1}B^{\mathrm{T}}N_{aa}^{-1}A - N_{aa}^{-1}A)]L + \hat{L}^0
\end{aligned}$$

说明:由于运用协因数传播律计算协因数时与基本量表达式中的常数项无关,为方便起见,将各变量中与观测值无关的常数项以相应符号的简洁形式表达,如 W 中的常数项 $BX^0 + A_0$ 以 W^0 表示。

设 $Z^{\mathrm{T}} = [L^{\mathrm{T}} \quad W^{\mathrm{T}} \quad \hat{X}^{\mathrm{T}} \quad K^{\mathrm{T}} \quad V^{\mathrm{T}} \quad \hat{L}^{\mathrm{T}}]$,则 Z 的协因数阵为

$$Q_{ZZ} = \begin{bmatrix}
Q_{LL} & Q_{LW} & Q_{L\hat{X}} & Q_{LK} & Q_{LV} & Q_{L\hat{L}} \\
Q_{WL} & Q_{WW} & Q_{W\hat{X}} & Q_{WK} & Q_{WV} & Q_{W\hat{L}} \\
Q_{\hat{X}L} & Q_{\hat{X}W} & Q_{\hat{X}\hat{X}} & Q_{\hat{X}K} & Q_{\hat{X}V} & Q_{\hat{X}\hat{L}} \\
Q_{KL} & Q_{KW} & Q_{K\hat{X}} & Q_{KK} & Q_{KV} & Q_{K\hat{L}} \\
Q_{VL} & Q_{VW} & Q_{V\hat{X}} & Q_{VK} & Q_{VV} & Q_{V\hat{L}} \\
Q_{\hat{L}L} & Q_{\hat{L}W} & Q_{\hat{L}\hat{X}} & Q_{\hat{L}K} & Q_{\hat{L}V} & Q_{\hat{L}\hat{L}}
\end{bmatrix}$$

对角线上的子矩阵是各基本向量的自协因数阵,非对角线上的子矩阵是两向量间的互协因数阵。

由基本向量的表达式,按协因数传播律,可得

$$Q_{LL} = Q$$
$$Q_{WW} = N_{aa}$$
$$Q_{\hat{X}\hat{X}} = N_{bb}^{-1}$$
$$Q_{KK} = N_{aa}^{-1} - N_{aa}^{-1}BN_{bb}^{-1}B^{\mathrm{T}}N_{aa}^{-1}$$
$$Q_{VV} = QA^{\mathrm{T}}(N_{aa}^{-1} - N_{aa}^{-1}BN_{bb}^{-1}B^{\mathrm{T}}N_{aa}^{-1})AQ$$
$$Q_{\hat{L}\hat{L}} = Q - Q_{VV}$$
$$Q_{LW} = QA^{\mathrm{T}}$$
$$Q_{L\hat{X}} = -QA^{\mathrm{T}}N_{aa}^{-1}BQ_{\hat{X}\hat{X}}$$
$$Q_{LV} = -Q_{VV}$$
$$Q_{L\hat{L}} = Q - Q_{VV}$$
$$Q_{W\hat{X}} = -BQ_{\hat{X}\hat{X}}$$
$$Q_{WK} = -N_{aa}Q_{KK}$$
$$Q_{WV} = -N_{aa}Q_{KK}AQ$$
$$Q_{W\hat{L}} = BQ_{\hat{X}\hat{X}}B^{\mathrm{T}}N_{aa}^{-1}AQ$$
$$Q_{\hat{X}K} = 0$$
$$Q_{\hat{X}V} = 0$$
$$Q_{\hat{X}\hat{L}} = -N_{bb}^{-1}B^{\mathrm{T}}N_{aa}^{-1}AQ$$
$$Q_{KV} = Q_{KK}AQ$$
$$Q_{K\hat{L}} = 0$$
$$Q_{V\hat{L}} = 0$$

【例 5-3】 试由 $K = -N_{aa}^{-1}W - N_{aa}^{-1}B\hat{x} = (N_{aa}^{-1}BN_{bb}^{-1}B^{\mathrm{T}}N_{aa}^{-1}A - N_{aa}^{-1}A)L + K^0$ 推导 Q_{KK} 的表达形式。

解 根据联系数的表达式,按协方差传播律,有

$$\begin{aligned}Q_{KK} &= (N_{aa}^{-1}BN_{bb}^{-1}B^{\mathrm{T}}N_{aa}^{-1}A - N_{aa}^{-1}A)Q(N_{aa}^{-1}BN_{bb}^{-1}B^{\mathrm{T}}N_{aa}^{-1}A - N_{aa}^{-1}A)^{\mathrm{T}} \\ &= N_{aa}^{-1}BN_{bb}^{-1}B^{\mathrm{T}}N_{aa}^{-1}AQA^{\mathrm{T}}N_{aa}^{-1}BN_{bb}^{-1}B^{\mathrm{T}}N_{aa}^{-1} - N_{aa}^{-1}BN_{bb}^{-1}B^{\mathrm{T}}N_{aa}^{-1}AQA^{\mathrm{T}}N_{aa}^{-1} - \\ &\quad N_{aa}^{-1}AQA^{\mathrm{T}}N_{aa}^{-1}BN_{bb}^{-1}B^{\mathrm{T}}N_{aa}^{-1} + N_{aa}^{-1}AQA^{\mathrm{T}}N_{aa}^{-1} \\ &= N_{aa}^{-1} - N_{aa}^{-1}BN_{bb}^{-1}B^{\mathrm{T}}N_{aa}^{-1}\end{aligned}$$

三、观测值的平差值函数的精度

在附有参数的条件平差中,任何待求未知量的平差值都可以表达成观测量的平差值与参数平差值的函数。如条件平差中一样,设待定量的一般函数表达式:

$$\varphi = \Phi(\hat{L}, \hat{X}) \tag{5-19}$$

将其线性化，即两边取全微分，得权函数式：

$$d\varphi = \frac{\partial \Phi}{\partial \hat{L}} d\hat{L} + \frac{\partial \Phi}{\partial \hat{X}} d\hat{X} = F^{T} d\hat{L} + F_{x}^{T} d\hat{X} \tag{5-20}$$

式中

$$F^{T} = \left[\frac{\partial \Phi}{\partial \hat{L}_1} \quad \frac{\partial \Phi}{\partial \hat{L}_2} \quad \cdots \quad \frac{\partial \Phi}{\partial \hat{L}_n}\right]_{L,X^0}, F_{x}^{T} = \left[\frac{\partial \Phi}{\partial \hat{X}_1} \quad \frac{\partial \Phi}{\partial \hat{X}_2} \quad \cdots \quad \frac{\partial \Phi}{\partial \hat{X}_u}\right]_{L,X^0}$$

按协因数传播律，得 φ 的协因数 $Q_{\varphi\varphi}$：

$$Q_{\varphi\varphi} = F^{T} Q_{\hat{L}\hat{L}} F + F^{T} Q_{\hat{L}\hat{X}} F_{x} + F_{x}^{T} Q_{\hat{X}\hat{L}} F + F_{x}^{T} Q_{\hat{X}\hat{X}} F_{x} \tag{5-21}$$

其中，$Q_{\hat{L}\hat{L}}$、$Q_{\hat{L}\hat{X}}$、$Q_{\hat{X}\hat{L}} = Q_{\hat{L}\hat{X}}^{T}$、$Q_{\hat{X}\hat{X}}$ 可在前述推导——基本向量与基本向量间的协因数阵公式相应项中查找。

第四节　平差实例

一、解题步骤

附有参数的条件平差可按如下步骤进行：

(1)根据平差问题的具体情况，选定 $u(0<u<t)$ 个独立量为未知参数，列出附有参数的条件方程式。条件方程式的个数等于多余观测数与选定的未知参数个数之和，即 $c=r+u$。

(2)定权。根据观测条件，确定观测值的先验权阵 P 或协因数阵 $Q=P^{-1}$。

(3)如果条件方程是非线性形式，将非线性方程线性化，然后根据条件方程的系数阵 A、B，闭合差 W 以及观测值的协因数阵 Q，按式(5-7)组成法方程。

(4)解法方程。按式(5-12)计算参数改正数 $\hat{x}$，代入式(5-15)计算观测值改正数 V。

(5)根据式(5-13)、式(5-14)计算观测值及参数的平差值 $\hat{L}$ 和 $\hat{X}$。

(6)计算单位权方差的估值。

(7)按式(5-19)～式(5-21)评定观测值平差值函数的精度。

二、示例

【例5-4】　等精度观测图5-3中各角度，设角度观测值分为：$L_1=36°25'10''$，$L_2=48°16'32''$，$L_3=95°18'10''$，$L_4=264°41'38''$，现选择 $\angle BAC$ 的平差值为参数 $\hat{X}$，按附有参数的条件平差法，要求：

(1)列出其函数模型及法方程；

(2)求各观测值的平差值及其协因数阵。

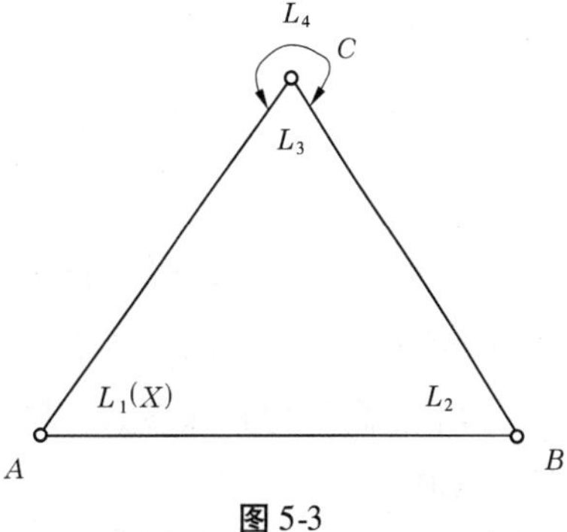

图5-3

解　本例中，确定三角形形状，$t=2$，已知 $n=4$，$u=1$，则条件方程数 $c=r+u=3$，取参数的近似值 $X^0=L_1=36°25'10''$。

(1)列平差值条件方程。具体形式如下

$$\begin{cases}\hat{L}_1+\hat{L}_2+\hat{L}_3-180^\circ=0\\ \hat{L}_3+\hat{L}_4-360^\circ=0\\ \hat{L}_1-\hat{X}=0\end{cases}$$

(2)求改正数方程。由 $\hat{L}_i=L_i+v_i$ 及 $\hat{X}=X^0+\hat{x}$,将各观测值及参数近似值代入平差值条件方程,有

$$\begin{cases}v_1+v_2+v_3-8=0\\ v_3+v_4-12=0\\ v_1-\hat{x}=0\end{cases}$$

得条件方程系数与常数项矩阵:

$$A=\begin{bmatrix}1&1&1&0\\0&0&1&1\\1&0&0&0\end{bmatrix},\quad B=\begin{bmatrix}0\\0\\-1\end{bmatrix},\quad W=\begin{bmatrix}-8\\-12\\0\end{bmatrix}$$

(3)由于各观测值精度相同,可设角度观测值的权阵为单位阵,即 $P=E$。

(4)按式(5-7b)组法方程矩阵:

$$\begin{bmatrix}3&1&1&0\\1&2&0&0\\1&0&1&-1\\0&0&-1&0\end{bmatrix}\begin{bmatrix}k_a\\k_b\\k_c\\\hat{x}\end{bmatrix}+\begin{bmatrix}-8\\-12\\0\\0\end{bmatrix}=\begin{bmatrix}0\\0\\0\\0\end{bmatrix}$$

(5)解法方程,得各联系数 k 及参数 $\hat{x}$:

$$k_a=0.8,\quad k_b=5.6,\quad k_c=-0.0,\quad \hat{x}=0.8''$$

(6)由式(5-15)可得各观测值改正数:

$$v_1=0.8'',\quad v_2=0.8'',\quad v_3=6.4'',\quad v_4=5.6''$$

(7)计算各观测值平差值。由 $\hat{L}_i=L_i+v_i$,代入相应改正数,有:

$$\hat{L}_1=36^\circ25'10.8'',L_2=48^\circ16'32.8'',L_3=95^\circ18'16.4'',L_4=264^\circ41'43.6''$$

(8)由 $Q_{\hat{L}\hat{L}}=Q-Q_{VV}$,代入相应的已知数据,有:

$$Q_{\hat{L}\hat{L}}=\begin{bmatrix}0.60&-0.40&-0.20&0.20\\-0.40&0.60&-0.20&0.20\\-0.20&-0.20&0.40&-0.40\\0.20&0.20&-0.40&0.40\end{bmatrix}$$

【例5-5】　如图5-4所示的水准网,已知 A 点高程 $H_A=5.000$ m,P_1、P_2 为待定点,观测高差及路线长度分别为 $h_1=1.365$ m,$S_1=1$ km,$h_2=2.017$ m,$S_2=2$ km,$h_3=3.377$ m,$S_3=2$ km。设 P_1 点高程为未知参数,试按附有参数的条件平差法求:P_1 点高程的平差值、各测段高差平差值。

解　本例中,观测值个数 $n=3$,易知必要观测数 $t=2$,因为选择了一个未知参数,$u=1$,

所以条件方程总数 $c=r+u=(3-2)+1=2$。设 P_1 点的高程为参数 $\hat{X}$，其近似值为 $X^0=H_A+h_1$，取 $\hat{h}_i(i=1,2,3)$ 的近似值为其观测值。

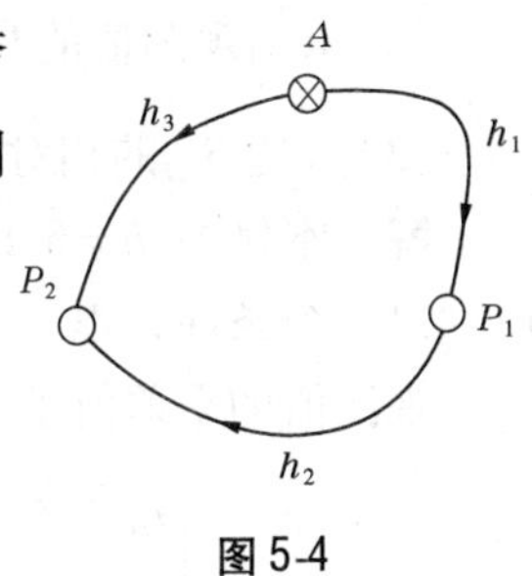

图 5-4

平差值条件方程：

$$\begin{cases}\hat{h}_1+\hat{h}_2-\hat{h}_3=0\\ H_A+\hat{h}_1-\hat{X}=0\end{cases}$$

将观测值代入平差值条件方程，得改正数条件方程：

$$\begin{cases}v_1+v_2-v_3+5=0\\ v_1-\hat{x}=0\end{cases}$$

用矩阵形式表示为

$$\begin{bmatrix}1 & 1 & -1\\ 1 & 0 & 0\end{bmatrix}\begin{bmatrix}v_1\\ v_2\\ v_3\end{bmatrix}+\begin{bmatrix}0\\ -1\end{bmatrix}\hat{x}+\begin{bmatrix}5\\ 0\end{bmatrix}=0$$

定权。设 $p_i=\dfrac{1}{S_i}$，即每千米观测高差为单位权观测值，由于各观测高差不相关，故观测值的权阵与协因数阵为

$$P=\begin{bmatrix}1 & 0 & 0\\ 0 & 0.5 & 0\\ 0 & 0 & 0.5\end{bmatrix},Q=\begin{bmatrix}1 & 0 & 0\\ 0 & 2 & 0\\ 0 & 0 & 2\end{bmatrix}$$

根据改正数方程的系数阵、常数阵，根据式(5-7b)组成法方程：

$$\begin{bmatrix}5 & 1 & 0\\ 1 & 1 & -1\\ 0 & -1 & 0\end{bmatrix}\begin{bmatrix}k_a\\ k_b\\ \hat{x}\end{bmatrix}+\begin{bmatrix}5\\ 0\\ 0\end{bmatrix}=\begin{bmatrix}0\\ 0\\ 0\end{bmatrix}$$

解法方程，得联系数及参数：

$$k_a=-1,k_b=0,\hat{x}=-1$$

由式(5-4)计算各测段高差改正数：

$$v_1=-1\ \text{mm},v_2=-2\ \text{mm},v_3=2\ \text{mm}$$

则 P_1 点高程的平差为

$$\hat{H}_{P_1}=X^0+\hat{x}=5.000+1.365-0.001=6.364(\text{m})$$

各测段高差平差值为

$$\hat{h}_1=1.364\ \text{m},\hat{h}_2=2.015\ \text{m},\hat{h}_3=3.379\ \text{m}$$

【例 5-6】 如图 5-5 所示的测角网中，A、B 为已知点，C、D 为待定点，选择 $\angle ADB=\hat{X}$ 为未知参数，等精度独立观测了 6 个角度，观测值分别为 $L_1=40°23'58''$、$L_2=37°11'36''$、$L_3=53°49'02''$、$L_4=57°00'05''$、$L_5=31°59'00''$、$L_6=36°25'56''$。

试：(1)列出全部的条件方程。

(2)求出观测值的改正数及平差值。

(3)求边 $\hat{S}_{AD}$ 的相对中误差。

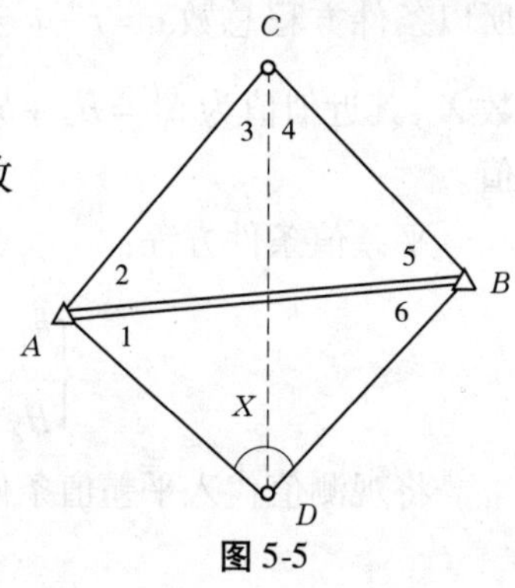

图 5-5

解　本例中，$n=6,t=4,r=6-4=2,u=1,c=r+u=3$，故应列出 3 个条件方程。

观测值的平差值条件方程（极条件是以 D 点为极点）：

$$\begin{cases}\hat{L}_1+\hat{L}_6+\hat{X}=0\\ \hat{L}_2+\hat{L}_3+\hat{L}_4+\hat{L}_5-180^\circ=0\\ \dfrac{\sin\hat{L}_3\sin\hat{L}_1\sin(\hat{L}_5+\hat{L}_6)}{\sin\hat{L}_4\sin\hat{L}_6\sin(\hat{L}_1+\hat{L}_2)}-1=0\end{cases}$$

将极条件方程线性化，有

$$\begin{aligned}&[\cot L_1-\cot(L_1+L_2)]v_1+\cot L_3v_3+[\cot(L_5+L_6)]v_5+\\&[\cot(L_5+L_6)-\cot L_6]v_6-\cot L_4v_4-[\cot(L_1+L_2)]v_2+\\&\rho''\left(1-\frac{\sin L_4\sin L_6\sin(L_1+L_2)}{\sin L_3\sin L_1\sin(L_5+L_6)}\right)=0\end{aligned}$$

设 $\hat{X}=X^0+\hat{x}=(180^\circ-L_1-L_6)+\hat{x}$，将各观测值代入上式，得改正数条件方程：

$$\begin{cases}v_1+v_6+\hat{x}=0\\ v_2+v_3+v_4+v_5-17=0\\ 0.955\,0v_1-0.220\,0v_2+0.731\,4v_3-0.649\,4v_4+0.395\,6v_5-0.959\,2v_6-1.989\,1=0\end{cases}$$

由于是等精度独立观测值，故可设观测值的权为单位对角阵，即

$$P=E=Q$$

由改正数条件方程系数、常数项矩阵，观测值协因数阵，组成法方程：

$$\begin{bmatrix}2.000&0.000&0.258&1.000\\0.000&4.000&-0.004&0.000\\0.258&-0.004&2.994&0.000\\1.000&0.000&0.000&0.000\end{bmatrix}\begin{bmatrix}k_a\\k_b\\k_c\\\hat{x}\end{bmatrix}+\begin{bmatrix}0\\-17\\-1.989\\0\end{bmatrix}=\begin{bmatrix}0\\0\\0\\0\end{bmatrix}$$

解法方程，得联系数及参数：

$$k_a=0,k_b=4.231,k_c=0.300,\hat{x}=0.001$$

计算各观测角改正数：

$$v_1=0.29'',v_2=4.16'',v_3=4.45'',v_4=4.04'',v_5=4.35'',v_6=-0.29''$$

则各观测角平差值为

$$\hat{L}_1=40^\circ23'58.3'',\hat{L}_2=37^\circ11'40.2'',\hat{L}_3=53^\circ49'06.5''$$

$$\hat{L}_4=57^\circ00'09.0'',\hat{L}_5=31^\circ59'04.4'',\hat{L}_6=36^\circ25'55.7''$$

单位权方差的估值：

$$\hat{\sigma}_0=\sqrt{\frac{V^{\mathrm{T}}PV}{r}}=\sqrt{\frac{72.518\,6}{2}}=6.02''$$

列边 $\hat{S}_{AD}$ 的函数表达式：

$$\varphi = \hat{S}_{AD} = S_{AB}\frac{\sin\hat{L}_6}{\sin\hat{X}}$$

求边 $\hat{S}_{AD}$ 的权函数式，即将上式线性化，有

$$\mathrm{d}\varphi = \mathrm{d}\hat{S}_{AD} = \hat{S}_{AD}\cot\hat{L}_6\frac{\mathrm{d}\hat{L}_6}{\rho} - \hat{S}_{AD}\cot\hat{X}\frac{\mathrm{d}\hat{X}}{\rho}$$

即

$$\frac{\mathrm{d}\hat{S}_{AD}}{\hat{S}_{AD}}\times\rho = \cot\hat{L}_6\mathrm{d}\hat{L}_6 - \cot\hat{X}\mathrm{d}\hat{X}$$

计算 $\hat{S}_{AD}$ 的近似值，并将角度平差结果代入上式，即可得

$$\frac{\mathrm{d}\hat{S}_{AD}}{\hat{S}_{AD}}\times\rho = 1.354\,8\mathrm{d}\hat{L}_6 + 0.234\,0\mathrm{d}\hat{X}$$

即

$$F^{\mathrm{T}} = [0 \quad 0 \quad 0 \quad 0 \quad 0 \quad 1.354\,8], F_x^{\mathrm{T}} = [0.234\,0]$$

为利用式(5-21)：

$$Q_{\varphi\varphi} = F^{\mathrm{T}}Q_{\hat{L}\hat{L}}F + F^{\mathrm{T}}Q_{\hat{L}\hat{X}}F_x + F_x^{\mathrm{T}}Q_{\hat{X}\hat{L}}F + F_x^{\mathrm{T}}Q_{\hat{X}\hat{X}}F_x$$

先分别计算：

$$Q_{\hat{L}\hat{L}} = \begin{bmatrix} 0.694 & 0.091 & -0.214 & 0.229 & -0.106 & 0.308 \\ 0.091 & 0.723 & -0.186 & -0.318 & -0.218 & 0.092 \\ -0.214 & -0.186 & 0.601 & -0.090 & -0.324 & 0.215 \\ 0.229 & -0.318 & -0.090 & 0.579 & -0.171 & -0.230 \\ -0.106 & -0.218 & -0.324 & -0.171 & 0.713 & 0.107 \\ 0.308 & -0.092 & 0.215 & -0.230 & 0.107 & 0.691 \end{bmatrix}$$

$$Q_{\hat{L}\hat{X}} = [-1.001 \quad 0.000 \quad -0.001 \quad 0.001 \quad -0.001 \quad -0.999]^{\mathrm{T}} = Q_{\hat{X}\hat{L}}^{\mathrm{T}}$$

$$Q_{\hat{X}\hat{X}} = [2.000]$$

代入 $Q_{\varphi\varphi}$，于是：

$$Q_{\varphi\varphi} = 0.744\,5$$

则边 $\hat{S}_{AD}$ 的相对中误差为

$$\frac{\sigma_{\hat{S}_{AD}}}{\hat{S}_{AD}} = \frac{\hat{\sigma}_0\sqrt{Q_{\varphi\varphi}}}{\rho} = \frac{6.02\times\sqrt{0.744\,5}}{206\,265} \approx \frac{1}{39\,710}$$

习　题

1. 已知附有参数的条件方程为

$$\hat{V}_1 - \hat{x} - 4 = 0$$
$$V_2 + V_4 + \hat{x} - 2 = 0$$
$$V_3 - V_4 - 5 = 0$$

试求等精度观测值 L_i 的改正数 $V_i(i = 1,2,3,4)$ 及参数 $\hat{x}$。

2. 有一个三角网如图5-6所示,A、B 为已知点,C、D 为待定点,观测了 $L_1 \sim L_6$ 共6个角度,试用附有参数的条件平差法求平差后 $\angle ADB$ 的权。

3. 在图5-7所示的测角网中,A、B 为已知点,C、D 为待定点,起算数据如表5-1所示,观测数据如表5-2所示。已算得 C 点近似坐标为:$X_C^0 = 6\ 211.50$ m,$Y_C^0 = 3\ 258.20$ m。设 C 点的坐标为未知参数,试按附有未知数的条件平差法求:

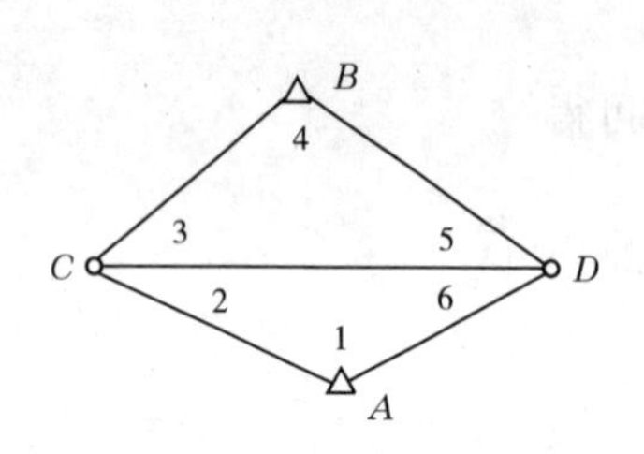

图5-6

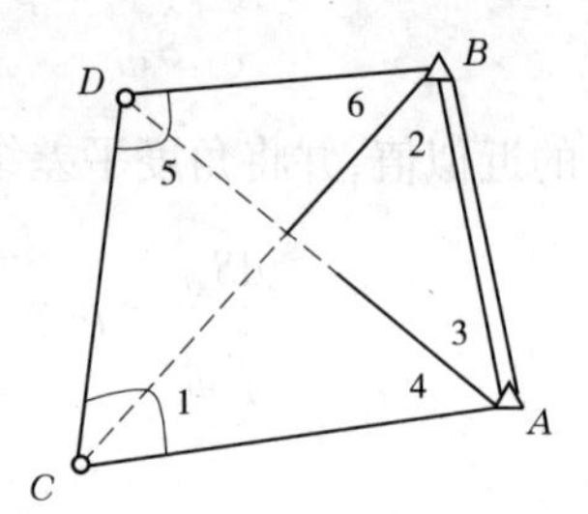

图5-7

表5-1

点号	坐标	
	X(m)	Y(m)
B	5 060.320	4 885.540
A	5 316.170	2 971.470

表5-2

角度编号	角度观测值 (° ′ ″)	角度编号	角度观测值 (° ′ ″)
1	100 38 08	4	50 29 29
2	27 39 50	5	105 11 22
3	29 21 34	6	46 39 31

(1)观测值的平差值。

(2)C 点的坐标平差值及点位精度。

4. 有水准网如图5-8所示,A、B、C 及 D 为已知水准点,P_1、P_2 为待定点,已知 $H_A = 5.000$ m,$H_B = 6.500$ m,$H_C = 8.000$ m,$H_D = 9.000$ m,高差观测值 $h_i(i = 1,2,\cdots,5)$ 为:$h = [1.250 \quad -0.245 \quad 0.750 \quad 1.006 \quad 2.003]^{\mathrm{T}}$(m),其权阵 P 为对角阵:

$$P = \begin{bmatrix} 0.5 & & & & \\ & 1 & & & \\ & & 1 & & \\ & & & 1 & \\ & & & & 0.5 \end{bmatrix}$$

若选 P_1 点高程平差值为未知参数 $\hat{X}$，其近似值为 $X^0 = H_A + h_1 = 6.250(\mathrm{m})$，试按附有参数的条件平差求：

(1)观测高差的平差值。

(2) P_1 点高程平差值及其中误差。

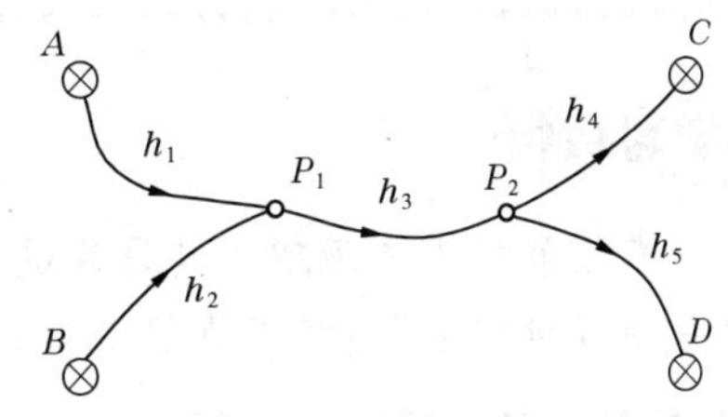

图 5-8

第六章　间接平差

学习目标

掌握间接平差原理及其计算过程；掌握水准网、三角网误差方程的列法；掌握间接平差精度评定方法；掌握直接平差原理；能用间接平差处理工程实例。

【学习导入】

间接平差是测绘数据处理中最常用的方法，易于编程。本章将通过水准网、三角网等典型实例，详细介绍不同控制网间接平差的详细处理过程。

间接平差函数模型中，选择 t 个独立的参数，将观测值表达为参数的函数，误差方程规律性较强，用间接平差处理测绘数据时，编制计算机程序简单，易于实现计算过程自动化。本章介绍了间接平差的原理及其精度评定方法；对水准网、平面网中不同类型观测值的误差方程的列法及其平差数据处理过程进行了详细说明。本章最后，对间接平差的特例——直接平差进行了系统论述。

第一节　间接平差原理

在第三章第二节中已经介绍，一个平差问题中，当所选的独立参数的个数等于必要观测数 t 时，可将每个观测值表达成所选 t 个参数的函数，组成观测方程，这种以观测方程为函数模型的平差方法，就是间接平差。

间接平差的观测方程：

$$\underset{n1}{\hat{L}} = \underset{nt}{B}\underset{t1}{\hat{X}} + \underset{n1}{d} \tag{6-1}$$

平差时，一般对参数 $\hat{X}$ 取近似值 X^0，令

$$\hat{X} = X^0 + \hat{x} \tag{6-2}$$

因为

$$\hat{L} = L + V \tag{6-3}$$

将式(6-2)、式(6-3)代入式(6-1)，并令

$$l = L - (BX^0 + d) = L - L^0 \tag{6-4}$$

则由式(6-1)观测方程可得到间接平差的误差方程：

$$V = B\hat{x} - l \tag{6-5}$$

式中，l 为误差方程常数项，由式(6-4)知，l 与 L 只相差一个常数项，故：

$$Q_{ll} = Q_{LL} = Q \tag{6-6}$$

间接平差的随机模型为

$$\underset{nn}{D} = \sigma_0^2 \underset{nn}{Q} = \sigma_0^2 \underset{nn}{P^{-1}}$$

平差最小二乘准则：

$$V^{\mathrm{T}}PV = \min$$

间接平差就是在最小二乘准则下，求出误差方程中的待定参数 $\hat{x}$。在数学中，即为求多元函数的极值问题。

一、基础方程及其解

设平差问题中，有 n 个观测值 L，观测值的协因数阵为 Q，必要观测数为 t，选定 t 个独立参数 $\hat{X}$，按具体平差问题，可列出 n 个观测值的平差值方程：

$$\begin{aligned}
L_1 + v_1 &= a_1\hat{X}_1 + b_1\hat{X}_2 + \cdots + t_1\hat{X}_t + d_1 \\
L_2 + v_2 &= a_2\hat{X}_1 + b_2\hat{X}_2 + \cdots + t_2\hat{X}_t + d_2 \\
&\vdots \\
L_n + v_n &= a_n\hat{X}_1 + b_n\hat{X}_2 + \cdots + t_n\hat{X}_t + d_n
\end{aligned}$$

令

$$\hat{X}_i = X_i^0 + \hat{x}_i \quad (i = 1,2,\cdots,t)$$

$$l_j = L_j - (a_jX_1^0 + b_jX_2^0 + \cdots + t_jX_t^0 + d_j) \quad (j = 1,2,\cdots,n)$$

则得误差方程：

$$v_i = a_i\hat{x}_1 + b_i\hat{x}_2 + \cdots + t_i\hat{x}_t - l_i \quad (i = 1,2,\cdots,n)$$

令

$$\underset{nt}{B} = \begin{bmatrix} a_1 & b_1 & \cdots & t_1 \\ a_2 & b_2 & \cdots & t_2 \\ \vdots & \vdots & & \vdots \\ a_n & b_n & \cdots & t_n \end{bmatrix}$$

$$\underset{n1}{V} = [v_1 \quad v_2 \quad \cdots \quad v_n]^{\mathrm{T}}$$

$$\underset{t1}{\hat{x}} = [\hat{x}_1 \quad \hat{x}_2 \quad \cdots \quad \hat{x}_t]^{\mathrm{T}}$$

$$\underset{n1}{l} = [l_1 \quad l_2 \quad \cdots \quad l_n]^{\mathrm{T}}$$

$$\underset{n1}{L} = [L_1 \quad L_2 \quad \cdots \quad L_n]^{\mathrm{T}}$$

$$\underset{n1}{d} = [d_1 \quad d_2 \quad \cdots \quad d_n]^{\mathrm{T}}$$

$$\underset{n1}{L^0} = [L_1^0 \quad L_2^0 \quad \cdots \quad L_n^0]^{\mathrm{T}}$$

得误差方程的矩阵形式：

$$V = B\hat{x} - l$$

式中，$l = L - (BX^0 + d) = L - L^0$。

从误差方程可以看出，方程的个数为 n，全部待定量包括 n 个观测值的平差值（或观测

值的改正数)和 t 个选定的独立参数,故方程的个数 n 小于待定量的个数$(n+t)$,上式是一组具有无穷多组解的相容方程,按最小二乘准则,应在无穷多组解中,求出能使 $V^{T}PV=\min$ 的一组解。因为 t 个参数 $\hat{x}$ 为独立量,V 是 $\hat{x}$ 的函数,故可以按数学上求函数自由极值的方法(见附录二),结合矩阵微分性质(见附录一),即

$$\frac{\partial V^{T}PV}{\partial \hat{x}}=\frac{\partial V^{T}PV}{\partial V}\frac{\partial V}{\partial \hat{x}}=2V^{T}P\frac{\partial V}{\partial \hat{x}}=V^{T}PB=0$$

转置后,得

$$B^{T}PV=0 \tag{6-7}$$

由式(6-5)、式(6-7)构成的方程组中,方程的个数与待求量的个数均是 $n+t$,可以得到唯一解,故称这两式为间接平差的基础方程。

解基础方程。将式(6-5)代入式(6-7)中,可以消去 V,即

$$B^{T}PB\hat{x}-B^{T}Pl=0 \tag{6-8}$$

令

$$N_{BB}=B^{T}PB,W=B^{T}Pl$$

式(6-8)可简写为

$$N_{BB}\hat{x}-W=0 \tag{6-9}$$

可以证明,上式中 N_{BB} 为满秩的对称矩阵,即 $R(N_{BB})=t$,$\hat{x}$ 有唯一解。

称式(6-9)为间接平差的法方程。由法方程可求解出参数的改正数 $\hat{x}$:

$$\hat{x}=N_{BB}^{-1}W=(B^{T}PB)^{-1}B^{T}Pl \tag{6-10}$$

将求出的 $\hat{x}$ 代入误差方程式(6-5),即可求出观测值改正数 V,从而平差结果为

$$\hat{L}=L+V,\hat{X}=X^{0}+\hat{x} \tag{6-11}$$

当 P 为对角阵,即观测值间相互独立时,法方程式(6-9)的纯量形式为

$$\begin{cases}[paa]\hat{x}_1+[pab]\hat{x}_2+\cdots+[pat]\hat{x}_t=[pal]\\ [pba]\hat{x}_1+[pbb]\hat{x}_2+\cdots+[pbt]\hat{x}_t=[pbl]\\ \qquad\vdots\\ [pta]\hat{x}_1+[ptb]\hat{x}_2+\cdots+[ptt]\hat{x}_t=[ptl]\end{cases} \tag{6-12}$$

二、按间接平差法求平差值的步骤

根据间接平差原理,按间接平差法求平差值步骤归纳如下:

(1)根据平差问题的性质,选择 t 个独立量作为参数 $\underset{t1}{\hat{X}}$。

(2)将每一个观测量的平差值 $\hat{L}_i$ 分别表达成所选参数 $\underset{t1}{\hat{X}}$ 的函数。若函数是非线性形式,将其线性化。

(3)由于直接将观测值代入观测方程,误差方程的常数项一般会很大,不利于后续计算,故选取合理的参数近似值 X^0 代入观测方程,列出误差方程。

(4)定权。根据观测条件确定观测值的权阵 P。

(5)由误差方程系数矩阵 B、常数项矩阵 l 及观测值的权阵 P 组法方程,法方程的个数

等于参数的个数。

(6)解算法方程,求参数的改正数 $\hat{x}$ 及参数的平差值 $\hat{X} = X^0 + \hat{x}$。

(7)将 $\hat{x}$ 代入误差方程,计算观测值改正数 V,进而求出观测量的平差值 $\hat{L} = L + V$。

三、间接平差示例

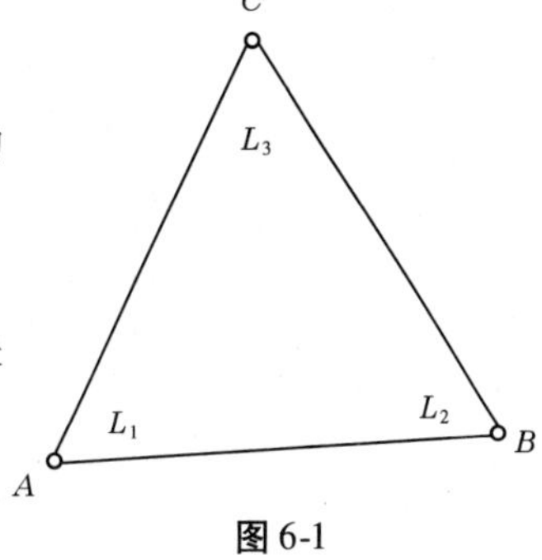

图 6-1

【例 6-1】 如图 6-1 所示,设等精度观测了平面△ABC 的 3 个内角,观测值分别为 $L_1 = 37°11'36''$, $L_2 = 110°49'07''$, $L_3 = 31°59'02''$,试按间接平差法求各观测角的平差值。

解 本例中,必要观测数 $t = 2$,故需要选择两个独立的未知参数,并将各角度观测值的平差值用选定的参数表示。

(1)若选定 $\hat{X}_1 = \hat{L}_1, \hat{X}_2 = \hat{L}_2$,则可以列出观测方程:

$$\begin{cases} \hat{L}_1 = L_1 + v_1 = \hat{X}_1 \\ \hat{L}_2 = L_2 + v_2 = \hat{X}_2 \\ \hat{L}_3 = L_3 + v_3 = -\hat{X}_1 - \hat{X}_2 + 180° \end{cases}$$

(2)令 $\hat{X}_1 = X_1^0 + \hat{x}_1, \hat{X}_2 = X_2^0 + \hat{x}_2$,其中 $X_1^0 = L_1, X_2^0 = L_2$,代入观测方程,得到误差方程:

$$\begin{cases} v_1 = \hat{x}_1 \\ v_2 = \hat{x}_2 \\ v_3 = -\hat{x}_1 - \hat{x}_2 + 15 \end{cases}$$

则得误差方程的系数阵和常数项矩阵:

$$B = \begin{bmatrix} 1 & 0 \\ 0 & 1 \\ -1 & -1 \end{bmatrix}, l = \begin{bmatrix} 0 \\ 0 \\ -15 \end{bmatrix}$$

(3)定权。由于角度观测值为等精度独立观测值,故可假定观测值权阵为单位阵,即 $P = E$。

(4)根据 B、l 及 P 组法方程:

$$\begin{bmatrix} 2 & 1 \\ 1 & 2 \end{bmatrix}\begin{bmatrix} \hat{x}_1 \\ \hat{x}_2 \end{bmatrix} = \begin{bmatrix} 15 \\ 15 \end{bmatrix}$$

(5)解法方程,即可求出参数的改正数 $\hat{x}$,进而求出参数 $\hat{X}$:

$$\begin{bmatrix} \hat{x}_1 \\ \hat{x}_2 \end{bmatrix} = \begin{bmatrix} 5 \\ 5 \end{bmatrix} \quad ('')$$

$$\begin{bmatrix} \hat{X}_1 \\ \hat{X}_2 \end{bmatrix} = \begin{bmatrix} X_1^0 + \hat{x}_1 \\ X_2^0 + \hat{x}_2 \end{bmatrix} = \begin{bmatrix} 37°11'41'' \\ 110°49'12'' \end{bmatrix}$$

(6)求观测值平差值:

$\hat{L}_1 = \hat{X}_1 = 37°11'41''$, $\hat{L}_2 = \hat{X}_2 = 110°49'12''$, $\hat{L}_3 = -\hat{X}_1 - \hat{X}_2 + 180° = 31°59'07''$

【例6-2】 在图6-2所示的闭合水准网中,A 点为已知点,$H_A = 10.000$ m,C、D 为待定高程点,测得高差及水准路线长度分别为 $h_1 = 1.352$ m,$S_1 = 2$ km,$h_2 = -0.531$ m,$S_2 = 2$ km,$h_3 = -0.826$ m,$S_3 = 1$ km。试用间接平差法求各观测高差的平差值。

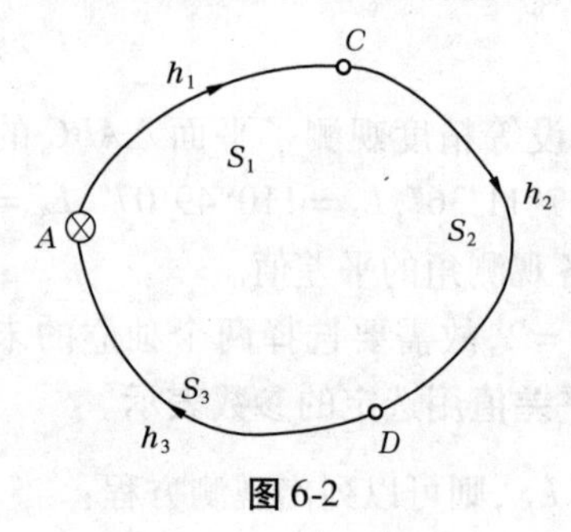

图6-2

解 本例中,必要观测数 $t=2$,选取 C、D 点的高程平差值 $\hat{X}_1$、$\hat{X}_2$ 为参数。

(1)列观测方程:

$$\begin{cases} h_1 + v_1 = \hat{X}_1 - H_A \\ h_2 + v_2 = -\hat{X}_1 + \hat{X}_2 \\ h_3 + v_3 = -\hat{X}_2 + H_A \end{cases}$$

取参数的近似值,令

$$\begin{cases} X_1^0 = H_A + h_1 = 11.352(\text{m}) \\ X_2^0 = H_A - h_3 = 10.826(\text{m}) \end{cases}$$

代入观测方程,即得到误差方程:

$$\begin{cases} v_1 = \hat{x}_1 \\ v_2 = -\hat{x}_1 + \hat{x}_2 + 5 \\ v_3 = -\hat{x}_2 \end{cases}$$

写成矩阵形式,即

$$\begin{bmatrix} v_1 \\ v_2 \\ v_3 \end{bmatrix} = \begin{bmatrix} 1 & 0 \\ -1 & 1 \\ 0 & -1 \end{bmatrix} \begin{bmatrix} \hat{x}_1 \\ \hat{x}_2 \end{bmatrix} - \begin{bmatrix} 0 \\ -5 \\ 0 \end{bmatrix}$$

(2)根据观测路线的长度确定观测值的权。取2 km的观测高差为单位权观测值,即按

$$p_i = \frac{C}{S_i} = \frac{2}{S_i}$$

定权,从而得观测值的权阵:

$$P = \begin{bmatrix} 1 & 0 & 0 \\ 0 & 1 & 0 \\ 0 & 0 & 2 \end{bmatrix}$$

(3)组法方程。由误差方程及观测值权阵得法方程:

$$\begin{bmatrix} 2 & -1 \\ -1 & 3 \end{bmatrix}\begin{bmatrix} \hat{x}_1 \\ \hat{x}_2 \end{bmatrix}=\begin{bmatrix} 5 \\ -5 \end{bmatrix}$$

(4)解法方程,即可求出参数的改正数 $\hat{x}$,进而求参数 $\hat{X}$:

$$\begin{bmatrix} \hat{x}_1 \\ \hat{x}_2 \end{bmatrix}=\begin{bmatrix} 2 \\ -1 \end{bmatrix} \quad (单位:mm)$$

$$\begin{bmatrix} \hat{X}_1 \\ \hat{X}_2 \end{bmatrix}=\begin{bmatrix} X_1^0+\hat{x}_1 \\ X_2^0+\hat{x}_2 \end{bmatrix}=\begin{bmatrix} 11.354 \\ 10.825 \end{bmatrix} \quad (单位:m)$$

(5)将 $\hat{x}$ 代入误差方程,得各观测高差的改正数 v_i :

$$v_1=2\text{ mm}, v_2=2\text{ mm}, v_3=1\text{ mm}$$

(6)由 $\hat{h}_i=h_i+v_i$ 得各观测值平差值:

$$\hat{h}_1=1.354\text{ m}, \hat{h}_2=-0.529\text{ m}, \hat{h}_3=-0.825\text{ m}$$

第二节　误差方程

按间接平差法进行平差计算,关键在于列误差方程。在间接平差中,误差方程的个数等于观测值的个数 n,所选参数的个数等于必要观测数 t,要求参数间是函数独立的,即所选的参数之间不存在函数关系。

间接平差时,一般水准网选择待定点的高程平差值为未知参数,平面网(测角网、测边网及边角网)选择待定点的坐标平差值为未知参数,这种以待定点坐标为未知参数的间接平差又被称为坐标平差。

一、水准网误差方程式

水准网平差的目的主要是确定网中待定点的高程平差值。在前面的章节中,介绍了水准网中必要观测数的计算,当水准网中有已知高程点时,必要观测数就等于网中待定点个数。如果水准网中没有已知点,必要观测数就等于全部水准点个数减去 1。

水准网按间接平差法,选择待定点的高程平差值作为参数,它们之间总是函数独立的。列误差方程的基本步骤一般包括:

(1)根据平差问题的性质,确定必要观测数。

(2)选取 t 个待定点的高程平差值作为未知参数。为了计算方便,确定参数合理的近似值。

(3)列观测值方程,进一步得到用改正数表示的误差方程。

(4)在此基础上,组法方程,求解未知参数、观测值平差值。

详细过程可参阅例 6-2。

二、平面三角网误差方程式

(一)方向观测值的误差方程

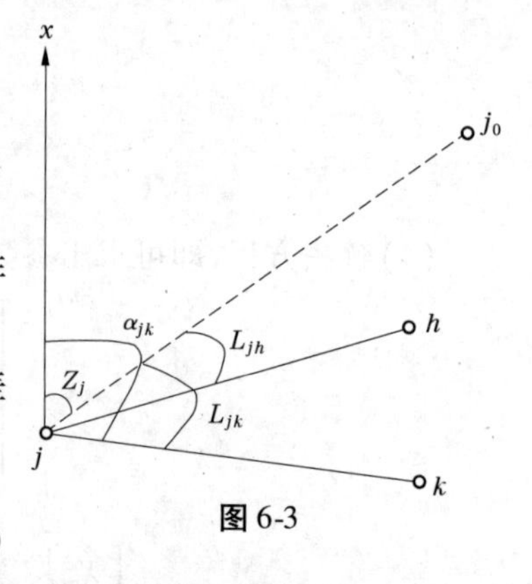

图 6-3

如图 6-3 所示,其中 j 为测站点,k、h 为照准点,L_{jh}、L_{jk} 为方向观测值,j_0 方向是测站 j 在观测时的度盘置零方向(非观测值),Z_j 为测站 j 的定向角,即零方向的方位角。

每一个测站都有一个定向角,它们是测方向网间接平差中的未知参数。设测站 j 定向角平差值为 $\hat{Z}_j$。由图 6-3 有

$$L_{jk}+v_{jk}=\hat{\alpha}_{jk}-\hat{Z}_j \tag{6-13}$$

则 jk 方向的误差方程为

$$v_{jk}=-\hat{Z}_j+\hat{\alpha}_{jk}-L_{jk} \tag{6-14}$$

式中 $\hat{\alpha}_{jk}$——jk 方向的方位角的平差值。

设 j、k 两点均为待定点,它们的近似坐标为(X_j^0,Y_j^0)和(X_k^0,Y_k^0)。根据这些近似坐标可以计算 j、k 两点间的近似坐标方位角 α_{jk}^0、近似边长 S_{jk}^0 和定向角的近似值 Z_j^0。图 6-3 中 Z_j^0 的计算表达式为

$$Z_j^0=\frac{(\alpha_{jh}^0-L_{jh})+(\alpha_{jk}^0-L_{jk})}{2} \tag{6-15}$$

设 j、k 两点的近似坐标的改正数为 $\hat{x}_j,\hat{y}_j$ 和 $\hat{x}_k,\hat{y}_k$,即

$$\begin{cases}\hat{X}_j=X_j^0+\hat{x}_j\\ \hat{Y}_j=Y_j^0+\hat{y}_j\end{cases},\begin{cases}\hat{X}_k=X_k^0+\hat{x}_k\\ \hat{Y}_k=Y_k^0+\hat{y}_k\end{cases} \tag{6-16}$$

现求坐标改正数 $\hat{x}_j,\hat{y}_j$ 和 $\hat{x}_k,\hat{y}_k$ 与坐标方位角改正数 $\delta\alpha_{jk}$ 之间的线性函数表达式。

根据坐标与方位角的关系,可得

$$\hat{\alpha}_{jk}=\arctan\frac{(Y_k^0+\hat{y}_k)-(Y_j^0+\hat{y}_j)}{(X_k^0+\hat{x}_k)-(X_j^0+\hat{x}_j)} \tag{6-17}$$

过程同本书【例 3-4】,将式(6-17)全微分,则方位角的改正数关系式为

$$\delta\alpha_{jk}=\left(\frac{\partial\hat{\alpha}_{jk}}{\partial\hat{X}_j}\right)_0\hat{x}_j+\left(\frac{\partial\hat{\alpha}_{jk}}{\partial\hat{Y}_j}\right)_0\hat{y}_j+\left(\frac{\partial\hat{\alpha}_{jk}}{\partial\hat{X}_k}\right)_0\hat{x}_k+\left(\frac{\partial\hat{\alpha}_{jk}}{\partial\hat{Y}_k}\right)_0\hat{y}_k \tag{6-18}$$

其中

$$\left(\frac{\partial\hat{\alpha}_{jk}}{\partial\hat{X}_j}\right)_0=\frac{\dfrac{Y_k^0-Y_j^0}{(X_k^0-X_j^0)^2}}{1+\left(\dfrac{Y_k^0-Y_j^0}{X_k^0-X_j^0}\right)^2}=\frac{Y_k^0-Y_j^0}{(Y_k^0-Y_j^0)^2+(X_k^0-X_j^0)^2}=\frac{\Delta Y_{jk}^0}{(S_{jk}^0)^2} \tag{6-19}$$

同理得

$$\left(\frac{\partial\hat{\alpha}_{jk}}{\partial\hat{Y}_j}\right)_0=-\frac{\Delta X_{jk}^0}{(S_{jk}^0)^2},\left(\frac{\partial\hat{\alpha}_{jk}}{\partial\hat{X}_k}\right)_0=-\frac{\Delta Y_{jk}^0}{(S_{jk}^0)^2},\left(\frac{\partial\hat{\alpha}_{jk}}{\partial\hat{Y}_k}\right)_0=\frac{\Delta X_{jk}^0}{(S_{jk}^0)^2} \tag{6-20}$$

将式(6-19)及式(6-20)代入式(6-18),并统一等式两边的单位,有

$$\delta\alpha''_{jk} = \frac{\rho''}{(S^0_{jk})^2}(\Delta Y^0_{jk}\hat{x}_j - \Delta X^0_{jk}\hat{y}_j - \Delta Y^0_{jk}\hat{x}_k + \Delta X^0_{jk}\hat{y}_k) \tag{6-21}$$

因为 $\Delta X^0_{jk} = S^0_{jk}\cos\alpha^0_{jk}, \Delta Y^0_{jk} = S^0_{jk}\sin\alpha^0_{jk}$，式(6-21)可表达成：

$$\delta\alpha''_{jk} = \frac{\rho''}{S^0_{jk}}(\sin\alpha^0_{jk}\hat{x}_j - \cos\alpha^0_{jk}\hat{y}_j - \sin\alpha^0_{jk}\hat{x}_k + \cos\alpha^0_{jk}\hat{y}_k) \tag{6-22}$$

令

$$a_{jk} = \frac{\rho''\Delta Y^0_{jk}}{(S^0_{jk})^2} = \frac{\rho''\sin\alpha^0_{jk}}{S^0_{jk}} \tag{6-23}$$

$$b_{jk} = \frac{\rho''\Delta X^0_{jk}}{(S^0_{jk})^2} = \frac{\rho''\cos\alpha^0_{jk}}{S^0_{jk}} \tag{6-24}$$

则有

$$\delta\alpha''_{jk} = a_{jk}\hat{x}_j - b_{jk}\hat{y}_j - a_{jk}\hat{x}_k + b_{jk}\hat{y}_k \tag{6-25}$$

上式即为坐标改正数与坐标方位角改正数间的一般关系式，称为坐标方位角改正数方程。其中，$\delta\alpha_{jk}$ 以(″)为单位。

设

$$\hat{Z}_j = Z^0_j + \hat{z}_j \tag{6-26}$$

将式(6-25)、式(6-26)代入式(6-14)，即有

$$v_{jk} = -\hat{z}_j + a_{jk}\hat{x}_j - b_{jk}\hat{y}_j - a_{jk}\hat{x}_k + b_{jk}\hat{y}_k - l_{jk} \tag{6-27}$$

其中

$$l_{jk} = L_{jk} - (\alpha^0_{jk} - Z^0_j) = L_{jk} - L^0_{jk} \tag{6-28}$$

网中各测站上的每一个方向观测值都可建立如式(6-27)所示的误差方程。

平面网方向观测值的误差方程具有如下特点：

(1)误差方程中的参数除待定点坐标平差值外，还有定向角平差值，而且在每个测站的误差方程中，仅出现本测站的定向角平差值，网中所有测站均存在一个不同的定向角平差参数，其系数均为 -1。

(2)当测站 j 和照准点 k 两点均为待定点时，它们的坐标未知数系数的数值相等，符号相反。其他坐标未知数的系数均为零。

(3)若测站点 j 为已知点，则

$$\hat{x}_j = \hat{y}_j = 0 \tag{6-29}$$

jk 方向的误差方程变为

$$v_{jk} = -\hat{z}_j - a_{jk}\hat{x}_k + b_{jk}\hat{y}_k - l_{jk} \tag{6-30}$$

(4)若照准点 k 为已知点，则

$$\hat{x}_k = \hat{y}_k = 0 \tag{6-31}$$

jk 方向的误差方程变为

$$v_{jk} = -\hat{z}_j + a_{jk}\hat{x}_j - b_{jk}\hat{y}_j - l_{jk} \tag{6-32}$$

(5)若方向观测时的测站点和照准点均为已知点，则有

$$\hat{x}_j = \hat{y}_j = 0, \hat{x}_k = \hat{y}_k = 0 \tag{6-33}$$

于是

$$\delta\alpha''_{jk} = 0 \tag{6-34}$$

故

$$v_{jk} = -\hat{z}_j - l_{jk} \tag{6-35}$$

（6）同一条边的正反坐标方位角的改正数相等，它们与坐标改正数的关系式也一样。这是因为

$$\delta\alpha''_{kj} = \frac{\rho''}{(S_{jk}^0)^2}(\Delta Y_{kj}^0\hat{x}_k - \Delta X_{kj}^0\hat{y}_k - \Delta Y_{kj}^0\hat{x}_j + \Delta X_{kj}^0\hat{y}_j) \tag{6-36}$$

$$\Delta Y_{jk}^0 = -\Delta Y_{kj}^0, \Delta X_{kj}^0 = -\Delta X_{jk}^0 \tag{6-37}$$

即有

$$\delta\alpha''_{kj} = \delta\alpha''_{jk} \tag{6-38}$$

值得注意的是，与测角网不同的是，测方向三角网间接平差时，由于新增了测站定向角未知参数，必要观测数在测角网的基础上，需增加方向观测时的测站数。

【例6-3】　三角网如图6-4所示，A、B、C为已知点，P_1、P_2为待定点。各点上均进行了等权方向观测，起算数据及观测方向值分别列在表6-1及表6-2中。P_1点和P_2点坐标为平差参数，列出其误差方程。

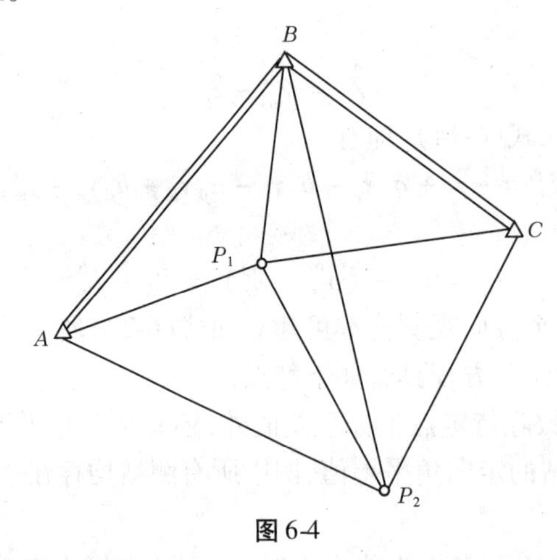

图6-4

解　（1）计算待定点的近似坐标。

本例中，P_1和P_2点的近似坐标计算采用如下方法：首先根据方向观测值计算$\triangle ABP_1$、$\triangle AP_1P_2$中的相关内角，然后按照角度前方交会，分别计算待定点的坐标，坐标计算至mm，计算结果如下（单位：m）：

P_1(6 182 820.532,43 528.608)，P_2(6 180 997.459,44 661.067)

（2）由已知点坐标和待定点近似坐标计算待定边的近似方位角α_{jk}^0和近似边长S_{jk}^0，列于表6-2中。

（3）计算坐标方位角改正数方程的系数，计算时S^0、ΔX^0、ΔY^0均以m为单位，而待定点坐标近似值的改正数$\hat{x}$、$\hat{y}$较小，以dm为单位。对于已知边，因$\delta\alpha=0$，不必计算，其他边的坐标方位角的系数a、b的计算结果如表6-2所示。

（4）计算各测站定向角近似值Z^0，其计算公式为

$$Z_j^0 = \frac{\sum_{k=1}^{n_j}(\alpha_{jk}^0 - L_{jk})}{n_j}$$

式中　n_j——测站 j 上的观测方向数。

各测站定向角近似值计算结果列于表 6-2 中。

表 6-1

点名	x(m)	y(m)	S(m)	α(° ′ ″)
A	6 182 699.830	40 904.620		
			5 437.397	60 03 16.02
B	6 185 414.052	45 616.125		
			2 795.244	171 49 32.42
C	6 182 647.208	46 013.568		

表 6-2

测站	照准点	方向观测值 (° ′ ″)	近似方位角 (° ′ ″)	α^0-L (° ′ ″)	$-l=\alpha^0-L-Z_j^0$(″)	近似边长 (km)	a	b
A	P_2	0 00 00.00	114 22 45.81	114 22 45.81	−0.16	4.124	+4.56	−2.06
	B	305 40 30.09	60 03 16.02	114 22 45.93	−0.04	5.437		
	P_1	332 59 12.45	87 21 58.62	114 22 46.17	0.20	2.627	7.84	+0.36
			$Z_A^0=$	114 22 45.97				
B	C	0 00 00.00	171 49 32.42	171 49 32.42	0.64	2.795		
	P_2	20 20 33.32	192 12 07.00	171 49 33.68	1.90	4.519	−0.96	−4.46
	P_1	47 00 19.39	218 49 49.77	171 49 30.38	−1.40	3.329	−3.88	−4.83
	A	68 13 45.38	240 03 16.02	171 49 30.64	−1.14	5.437		
			$Z_B^0=$	171 49 31.78				
C	P_2	0 00 00.00	219 20 44.39	219 20 44.39	0.09	2.133	−6.13	−7.48
	P_1	54 38 39.99	273 59 23.55	219 20 43.56	−0.74	2.491	−8.26	+0.58
	B	132 28 47.47	351 49 32.42	219 20 44.95	0.65	2.795		
			$Z_C^0=$	219 20 44.30				
P_1	A	0 00 00.00	267 21 58.62	267 21 58.61	−0.02	2.627	−7.84	−0.36
	B	131 27 50.84	38 49 49.77	267 21 58.93	0.29	3.329	3.88	+4.83
	C	186 37 24.61	93 59 23.55	267 21 58.94	0.30	2.491	8.26	−0.58
	P_2	240 47 09.91	148 09 07.99	267 21 58.08	−0.56	2.146	5.07	−8.16
			$Z_{P_1}^0=$	267 21 58.64				
P_2	P_1	0 00 00.00	328 09 07.99	328 09 07.99	−0.55	2.146	−5.07	+8.16
	B	44 02 56.59	12 12 07.00	328 09 10.41	1.87	4.519	0.96	+4.46
	C	71 11 37.17	39 20 44.39	328 09 07.22	−1.32	2.133	6.13	+7.48
			$Z_{P_2}^0=$	328 09 08.54				

(5)按式(6-28)计算误差方程的常数项 $-l$,列于表6-2中。

(6)由表6-2中的系数 a、b 及常数项 $-l$,即可按式(6-27)组成各方向的误差方程。以 P_1 测站各方向为例,其误差方程为

$$v_{P_1A} = -\hat{z}_{P_1} - 7.84\hat{x}_{P_1} + 0.36\hat{y}_{P_1} - 0.02$$

$$v_{P_1B} = -\hat{z}_{P_1} + 3.88\hat{x}_{P_1} - 4.83\hat{y}_{P_1} + 0.29$$

$$v_{P_1C} = -\hat{z}_{P_1} + 8.26\hat{x}_{P_1} + 0.58\hat{y}_{P_1} + 0.30$$

$$v_{P_1P_2} = -\hat{z}_{P_1} + 5.07\hat{x}_{P_1} + 8.16\hat{y}_{P_1} - 5.07\hat{x}_{P_1} - 8.16\hat{y}_{P_1} - 0.56$$

(二)角度观测值的误差方程

观测值为角度,参数为待定点坐标的平差问题,称为测角网坐标平差。

在图6-5中,观测角度 L_i,不失一般性,设 j、k、h 均为待定点,参数为 $(\hat{X}_j,\hat{Y}_j)$,$(\hat{X}_k,\hat{Y}_k)$,$(\hat{X}_h,\hat{Y}_h)$,令 $\hat{X} = X^0 + \hat{x}$,$\hat{Y} = Y^0 + \hat{y}$。对于角度 L_i,其观测方程为

$$L_i + v_i = \hat{\alpha}_{jk} - \hat{\alpha}_{jh} \tag{6-39}$$

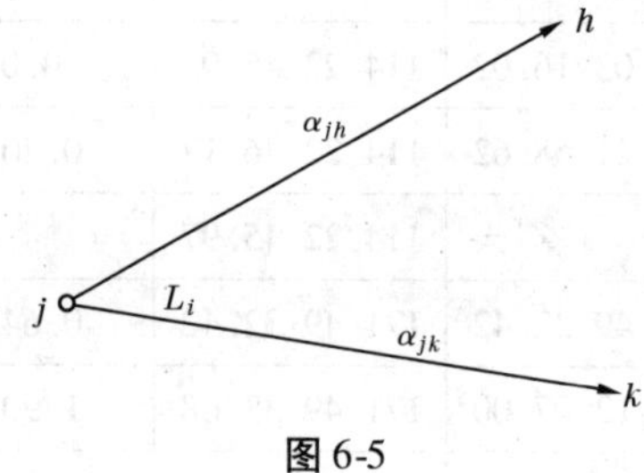

图6-5

将 $\hat{\alpha} = \alpha^0 + \delta\alpha$ 代入式(6-39),并令

$$l_i = L_i - (\alpha_{jk}^0 - \alpha_{jh}^0) = L_i - L_i^0 \tag{6-40}$$

即有

$$v_i = \delta\alpha_{jk} - \delta\alpha_{jh} - l_i \tag{6-41}$$

这就是由方位角改正数表示的误差方程。

将方位角改正数表达为坐标改正数,可以利用前面导出的式(6-27),得出测角网坐标平差的误差方程:

$$v_i = (a_{jk} - a_{jh})\hat{x}_j - (b_{jk} - b_{jh})\hat{y}_j - a_{jk}\hat{x}_k + b_{jk}\hat{y}_k + a_{jh}\hat{x}_h - b_{jh}\hat{y}_h - l_i \tag{6-42}$$

角度观测值的误差方程具有如下特点:

(1)当 j、k 或 h 中某点为已知点时,则该点的 $\hat{x} = \hat{y} = 0$。

(2)当 j、k 和 h 均为已知点时,则

$$\hat{x}_j = \hat{y}_j = 0\ ,\ \hat{x}_k = \hat{y}_k = 0\ ,\ \hat{x}_h = \hat{y}_h = 0$$

于是

$$v_i = -l_i$$

与测方向的三角网误差方程比较,测角网的误差方程中不存在定向角参数。这是因为角度是两个方向值之间的夹角,与起始方向值的大小无关;而观测方向时,各观测方向值的大小与起始方向值(相当于度盘的零位置)相关。

如果三角网是按方向观测的,由例2-9知,方向观测值一般是不相关的,测方向三角网

按方向坐标平差时,观测值的权阵为对角阵;但同一测站的角度之间是相关的(见例 6-4),按角度坐标平差时,从严格意义上说,要顾及观测值之间的相关性,角度观测值的权阵不再是对角阵。

【例 6-4】 如图 6-6(a)所示,在测站 C 上等精度观测了三个方向,求角度 L_1 和 L_2 的协因数和互协因数。

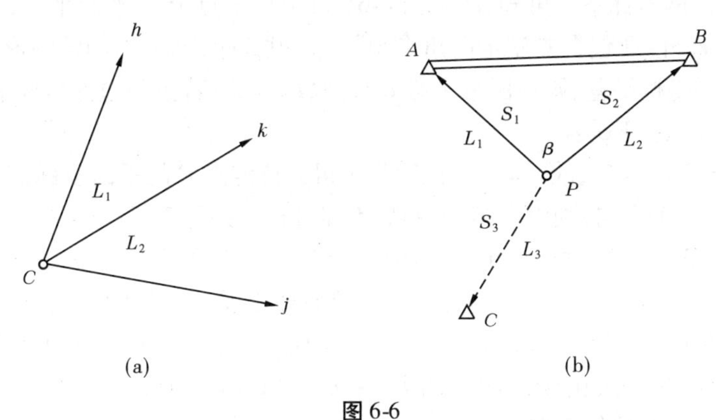

图 6-6

解　由第二章例 2-9 所知,测站上各方向观测值可视为独立观测值,不妨设各观测方向的权阵为单位阵 E,由于:

$$L_1 = L_k - L_h, L_2 = L_j - L_k$$

即

$$\beta = \begin{bmatrix} L_1 \\ L_2 \end{bmatrix} = \begin{bmatrix} -1 & 1 & 0 \\ 0 & -1 & 1 \end{bmatrix} \begin{bmatrix} L_h \\ L_k \\ L_j \end{bmatrix}$$

假设 $P_{LL} = E$,则 $Q_{LL} = E$,于是

$$Q_{\beta\beta} = \begin{bmatrix} -1 & 1 & 0 \\ 0 & -1 & 1 \end{bmatrix} E \begin{bmatrix} -1 & 0 \\ 1 & -1 \\ 0 & 1 \end{bmatrix}$$

化简得

$$Q_{\beta\beta} = \begin{bmatrix} 2 & -1 \\ -1 & 2 \end{bmatrix}$$

由于 $Q_{L_1L_2} \neq 0$,角度 L_1 和 L_2 是相关观测值,如按角度平差,不能将角度观测值的权阵定义为对角阵。

【思考题】 如图 6-6(b)所示,A、B、C 是已知点,P 是待定点,L_i 表示方向观测值,S_i 表示边长观测值。为了测定 P 点平面坐标,试确定下列情形下几何模型中的必要观测数 t 和多余观测数 r。

(1)观测值为 L_1、L_2 和 L_3。

(2)观测值为 S_1、S_2 和 S_3。

(3)观测值为 L_1、L_2 及 S_1。

(4)观测值为 L_1、L_2 及 S_1、S_2。

说明与提示:

随着全站仪的普及,后方交会在地形测量、工程测量及控制测量中有着广泛的应用,这里结合测量平差原理,对后方交会的相关情形进行讨论,以便在工程应用中更好地加深理解。

由测方向平面网坐标平差可知,测定图6-6(b)中待定点 P 的平面坐标,未知数除包含待定点坐标 x_P、y_P 外,还包含测站定向角未知数 z_P,共3个未知数,即该图形中必要观测数 $t = 3$;若按测角网坐标平差,则该图形中必要观测数 $t = 2$;若按测边网坐标平差,则该图形中必要观测数 $t = 2$。于是:

(1)由于 $n = 3$、$t = 3$,故 $r = 0$。说明为了得到待定点 P 的平面坐标,至少需要观测3个方向,若只观测3个方向,则没有多余观测,不能进行平差计算。

(2)由于 $n = 3$、$t = 2$,故 $r = 1$。由图6-6(b)可知,观测任意两条边长,即可得到 P 点的坐标,由于存在多余观测,P 点的坐标可按平差原理处理,提高成果的精度。

(3)若按测方向网处理,由于 $n=3$、$t=3$,故 $r=0$。即可以确定 P 点的坐标,但不存在多余观测。若按测角网平差,由于观测方向 L_1 和 L_2,只是相当于观测了角度 β,此时 $n=2$、$t=2$,多余观测数 $r=0$,即仍不存在多余观测。

(4)同(3)中的分析,不论是按测方向网、测角网还是边角网,多余观测数都相等,即 $r=1$。只要存在多余观测,P 点的坐标就可以按平差原理处理,提高成果的精度。

在此基础上,读者还可以思考更多的情形,结合测量平差原理,对后方交会有更深的体会和认识。

(三)边长观测值的误差方程

在图6-7中,测得待定点间的边长 L_i,设待定点的坐标平差值参数为($\hat{X}_j,\hat{Y}_j$),($\hat{X}_k,\hat{Y}_k$),并令 $\hat{X} = X^0 + \hat{x}$,$\hat{Y} = Y^0 + \hat{y}$,则 L_i 的观测值方程为

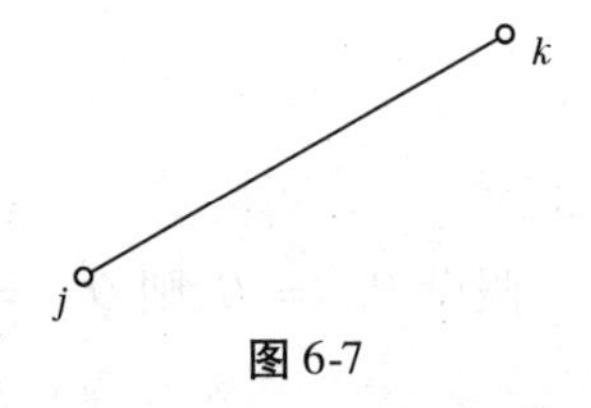

图6-7

$$\hat{L}_i = L_i + v_i = \sqrt{(\hat{X}_k - \hat{X}_j)^2 + (\hat{Y}_k - \hat{Y}_j)^2} \quad (6\text{-}43)$$

同例3-3,将式(6-43)线性化,即有

$$v_i = -\frac{\Delta X_{jk}^0}{S_{jk}^0}\hat{x}_j - \frac{\Delta Y_{jk}^0}{S_{jk}^0}\hat{y}_j + \frac{\Delta X_{jk}^0}{S_{jk}^0}\hat{x}_k + \frac{\Delta Y_{jk}^0}{S_{jk}^0}\hat{y}_k - l_i \quad (6\text{-}44a)$$

其中

$$\Delta X_{jk}^0 = X_k^0 - X_j^0, \Delta Y_{jk}^0 = Y_k^0 - Y_j^0$$

$$S_{jk}^0 = \sqrt{(X_k^0 - X_j^0)^2 + (Y_k^0 - Y_j^0)^2}, l_i = L_i - S_{jk}^0$$

因为 $\Delta X_{jk}^0 = S_{jk}^0\cos\alpha_{jk}^0$,$\Delta Y_{jk}^0 = S_{jk}^0\sin\alpha_{jk}^0$,则式(6-44a)可表达成:

$$v_i = -\cos\alpha_{jk}^0\hat{x}_j - \sin\alpha_{jk}^0\hat{y}_j + \cos\alpha_{jk}^0\hat{x}_k + \sin\alpha_{jk}^0\hat{y}_k - l_i \quad (6\text{-}44b)$$

式(6-44a)与式(6-44b)就是测边时按坐标平差方程的一般形式,它是假设两端都是待定点的情况下导出的。具体计算时,可根据不同的情况灵活运用。

(1)若观测边的 j 点为已知点,则 $\hat{x}_j = \hat{y}_j = 0$,$jk$ 边的误差方程变为

$$v_i = \frac{\Delta X_{jk}^0}{S_{jk}^0}\hat{x}_k + \frac{\Delta Y_{jk}^0}{S_{jk}^0}\hat{y}_k - l_i \quad (6\text{-}45)$$

(2)若观测边的 k 为已知点,则 $\hat{x}_k=\hat{y}_k=0$, jk 边的误差方程变为

$$v_i=-\frac{\Delta X_{jk}^0}{S_{jk}^0}\hat{x}_j-\frac{\Delta Y_{jk}^0}{S_{jk}^0}\hat{y}_j-l_i \tag{6-46}$$

(3) jk 边按 jk 方向和 kj 方向列的误差方程结果相同,且 j 点和 k 点坐标前的系数绝对值相等,符号相反。

【例 6-5】 同精度测得如图 6-8 中的三个边长,其结果为 $L_1=387.363$ m、$L_2=306.065$ m、$L_3=354.862$ m。已知点 A、B、C 的起算数据列于表 6-3。试列出误差方程并求平差值。

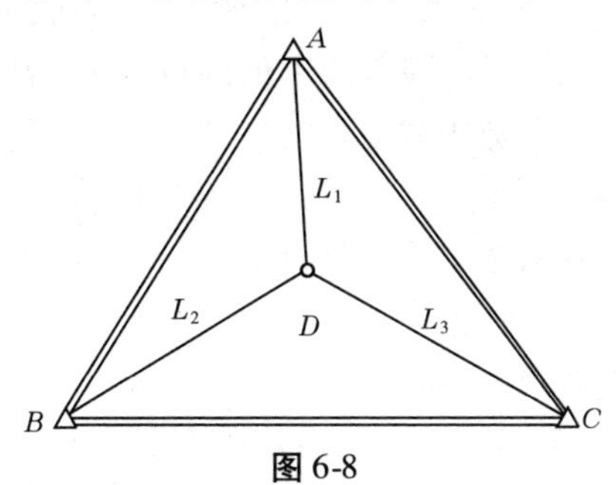

图 6-8

表 6-3

点名	坐标(m)		边长(m)	方位角 α
	X	Y	S	(° ′ ″)
A	2 692.201	5 203.153		
			603.608	186 44 26.4
B	2 092.765	5 132.304		
			545.984	77 32 13.3
C	2 210.593	5 665.422		
			667.562	316 10 25.5
A				

解 本题中 $t=2$,选择待定点 D 的坐标 $\hat{X}_D$ 和 $\hat{Y}_D$ 为参数,其近似值由已知点 A、B 和观测边 L_1、L_2 按前方交会计算。具体计算过程如下:

$$\cos\angle ABD=\frac{S_{AB}^2+L_2^2-L_1^2}{2S_{AB}L_2}$$

代入各观测值,即有

$$\angle ABD=\arccos\left(\frac{S_{AB}^2+L_2^2-L_1^2}{2S_{AB}L_2}\right)=33°32'22.8''$$

顾及:

$$\alpha_{BD}^0=\alpha_{BA}+\angle ABD$$

将相关计算结果代入上式,有

$$\alpha_{BD}^0=\alpha_{BA}+\angle ABD=40°16'49.2''$$

于是可计算出:

$$X_D^0 = X_B + L_2\cos\alpha_{BD}^0 = 2\ 326.259(\text{m})$$
$$Y_D^0 = Y_B + L_2\sin\alpha_{AD}^0 = 5\ 330.184(\text{m})$$

根据待定点 D 的近似坐标和已知点坐标，按式(6-44a)计算误差方程系数项和常数项，得误差方程：

$$\begin{cases} v_{AD} = -0.944\ 7\hat{x}_D + 0.327\ 8\hat{y}_D - 0 \\ v_{BD} = 0.762\ 9\hat{x}_D + 0.646\ 5\hat{y}_D - 0 \\ v_{CD} = 0.326\ 2\hat{x}_D - 0.945\ 3\hat{y}_D - 0.231 \end{cases}$$

由于各观测值为等精度独立观测，则可假定观测值的权阵 $P=E$。

由误差方程，得系数阵 B 及常数矩阵 l 分别为

$$B = \begin{bmatrix} -0.944\ 7 & 0.327\ 8 \\ 0.762\ 9 & 0.646\ 5 \\ 0.326\ 2 & -0.945\ 3 \end{bmatrix}, l = \begin{bmatrix} 0 \\ 0 \\ 0.231 \end{bmatrix}$$

于是法方程系数阵 N_{BB} 及常数阵 W 分别为

$$N_{BB} = B^{\mathrm{T}}PB = \begin{bmatrix} 1.580\ 9 & -0.124\ 9 \\ -0.124\ 9 & 1.419\ 1 \end{bmatrix}, W = B^{\mathrm{T}}Pl = \begin{bmatrix} 0.075\ 4 \\ -0.218\ 4 \end{bmatrix}$$

解法方程，求待定点近似坐标的改正数：

$$\begin{bmatrix} \hat{x}_D \\ \hat{y}_D \end{bmatrix} = \begin{bmatrix} 0.035\ 8 \\ -0.150\ 7 \end{bmatrix} \quad (单位:\text{m})$$

于是待定点 D 的坐标平差值 $\hat{X}_D$ 和 $\hat{Y}_D$ 分别为

$$\begin{bmatrix} \hat{X}_D \\ \hat{Y}_D \end{bmatrix} = \begin{bmatrix} 2\ 326.294\ 8 \\ 5\ 330.033\ 3 \end{bmatrix} \quad (单位:\text{m})$$

（四）边角网的误差方程

边角网中，有两类观测值，即边长观测值和方向（角度）观测值。所以，在边角网中，方向（角度）观测值误差方程的列法与测方向（角度）的平面网平差中的误差方程相同，边长观测的误差方程与测边网坐标平差中的误差方程相同。

在边角网中，由于有方向、角度两类观测值，确定两类观测值的权的比例关系在测量平差中非常重要。

设先验的单位权方差为 σ_0^2，方向（角度）中误差为 σ_{β_i}，边长观测中误差为 σ_{S_i}，则各类观测值的权分别为

$$p_{\beta_i} = \frac{\sigma_0^2}{\sigma_{\beta_i}^2}, p_{S_i} = \frac{\sigma_0^2}{\sigma_{S_i}^2} \tag{6-47}$$

为了确定边、方向（角度）观测的权比，必须已知 σ_{β_i}、σ_{S_i}，它们在平差前一般是不知道的。所以平差前，一般采用经验定权的方法，如采用仪器的标称精度，结合测量实际（如观测条件和所采用的测回数）确定观测数据的验前精度。

注意：在边角网中，权是有单位的。设方向（角度）的单位为秒（″），边长的单位是厘米

(cm),若式(6-47)中p_{β_i}无单位,表示单位权方差与角度的单位一致,p_{S_i}的单位为$\frac{('')^2}{\text{cm}^2}$。在这种情况下,角度的改正数以秒(″)为单位,边长的改正数以厘米(cm)为单位,按角度计算的$[p_\beta v_\beta^2]$与按边长计算的$[p_S v_S^2]$的单位才能一致,计算单位权方差的估值公式$\hat{\sigma}_0^2=\frac{[pv^2]}{r}=\frac{[p_\beta v_\beta^2]+[p_S v_S^2]}{r}$才能正常使用。

边角网间接平差示例参见本章第三节例6-9。

第三节　间接平差精度评定及示例

一、单位权方差的估值公式

单位权方差的计算公式与平差所采用的函数模型无关,即单位权方差的计算公式仍然是:

$$\hat{\sigma}_0^2=\frac{V^{\mathrm{T}}PV}{r}=\frac{V^{\mathrm{T}}PV}{n-t} \tag{6-48}$$

中误差的估值公式为

$$\hat{\sigma}_0=\sqrt{\hat{\sigma}_0^2}=\sqrt{\frac{V^{\mathrm{T}}PV}{r}}=\sqrt{\frac{V^{\mathrm{T}}PV}{n-t}} \tag{6-49}$$

计算$V^{\mathrm{T}}PV$,既可以在求出V之后直接计算,也可以按下面的公式计算。

由于:

$$V^{\mathrm{T}}PV=(B\hat{x}-l)^{\mathrm{T}}PV=\hat{x}^{\mathrm{T}}B^{\mathrm{T}}PV-l^{\mathrm{T}}PV$$

顾及$B^{\mathrm{T}}PV=0$,$l^{\mathrm{T}}PB=(B^{\mathrm{T}}Pl)^{\mathrm{T}}$,则:

$$V^{\mathrm{T}}PV=l^{\mathrm{T}}Pl-(B^{\mathrm{T}}Pl)^{\mathrm{T}}\hat{x} \tag{6-50}$$

二、协因数阵

在间接平差中,基本向量为$L(l)$、$\hat{X}(\hat{x})$、V和$\hat{L}$,已知$Q_{LL}=Q$。因为$\hat{X}=X^0+\hat{x}$,$l=L-L^0$,故$Q_{\hat{X}\hat{X}}=Q_{\hat{x}\hat{x}}$,$Q_{ll}=Q$。

设$Z^{\mathrm{T}}=[L^{\mathrm{T}}\quad \hat{X}^{\mathrm{T}}\quad V^{\mathrm{T}}\quad \hat{L}^{\mathrm{T}}]$,则$Z$的协因数阵为

$$Q_{ZZ}=\begin{bmatrix} Q_{LL} & Q_{L\hat{X}} & Q_{LV} & Q_{L\hat{L}} \\ Q_{\hat{X}L} & Q_{\hat{X}\hat{X}} & Q_{\hat{X}V} & Q_{\hat{X}\hat{L}} \\ Q_{VL} & Q_{V\hat{X}} & Q_{VV} & Q_{V\hat{L}} \\ Q_{\hat{L}L} & Q_{\hat{L}\hat{X}} & Q_{\hat{L}V} & Q_{\hat{L}\hat{L}} \end{bmatrix}$$

上式中对角线上的子矩阵就是各基本向量的自协因数阵,非对角线上子矩阵是两向量间的互协因数阵。

推导协因数阵时,可将基本向量均表达为观测向量L的函数,或利用已经求得的变量间的协因数,运用协因数传播律,推导相应变量间的协因数的表达式。

基本向量用 L 表达的关系式是：

$$\begin{cases} L = L \\ \hat{x} = (B^{\mathrm{T}}PB)^{-1}B^{\mathrm{T}}Pl \\ V = B\hat{x} - l = [B(B^{\mathrm{T}}PB)^{-1}B^{\mathrm{T}}P - E]l \\ \hat{L} = L + V \end{cases}$$

运用协因数传播律，可得到下列公式：

$$Q_{LL} = Q$$

$$Q_{\hat{X}\hat{X}} = N_{BB}^{-1}$$

$$Q_{\hat{X}L} = N_{BB}^{-1}B^{\mathrm{T}} = Q_{L\hat{X}}^{\mathrm{T}}$$

$$Q_{VL} = BN_{BB}^{-1}B^{\mathrm{T}} - Q = Q_{LV}^{\mathrm{T}}$$

$$Q_{V\hat{X}} = 0 = Q_{\hat{X}V}^{\mathrm{T}}$$

$$Q_{VV} = Q - BN_{BB}^{-1}B^{\mathrm{T}}$$

$$Q_{\hat{L}L} = BN_{BB}^{-1}B^{\mathrm{T}} = Q_{L\hat{L}}$$

$$Q_{\hat{L}\hat{X}} = BN_{BB}^{-1} = Q_{\hat{X}\hat{L}}^{\mathrm{T}}$$

$$Q_{\hat{L}V} = 0 = Q_{V\hat{L}}^{\mathrm{T}}$$

$$Q_{\hat{L}\hat{L}} = BN_{BB}^{-1}B^{\mathrm{T}}$$

【例 6-6】 试推导 Q_{VV} 的表达形式。

解 由于 $V = B\hat{x} - l = [B(B^{\mathrm{T}}PB)^{-1}B^{\mathrm{T}}P - E]l$

按协因数传播律有

$$\begin{aligned} Q_{VV} &= [B(B^{\mathrm{T}}PB)^{-1}B^{\mathrm{T}}P - E]Q[B(B^{\mathrm{T}}PB)^{-1}B^{\mathrm{T}}P - E]^{\mathrm{T}} \\ &= [B(B^{\mathrm{T}}PB)^{-1}B^{\mathrm{T}}PQ - Q][B(B^{\mathrm{T}}PB)^{-1}B^{\mathrm{T}}P - E]^{\mathrm{T}} \\ &= B(B^{\mathrm{T}}PB)^{-1}B^{\mathrm{T}}PB(B^{\mathrm{T}}PB)^{-1}B^{\mathrm{T}} - B(B^{\mathrm{T}}PB)^{-1}B^{\mathrm{T}} - QPB(B^{\mathrm{T}}PB)^{-1}B^{\mathrm{T}} + Q \\ &= B(B^{\mathrm{T}}PB)^{-1}B^{\mathrm{T}} - B(B^{\mathrm{T}}PB)^{-1}B^{\mathrm{T}} - B(B^{\mathrm{T}}PB)^{-1}B^{\mathrm{T}} + Q \\ &= Q - BN_{BB}^{-1}B^{\mathrm{T}} \end{aligned}$$

【例 6-7】 试根据 Q_{LV}、Q_{VV} 的表达式推导 $Q_{\hat{L}\hat{L}}$ 的表达形式。

解 由已经推导出的协因数阵公式：$Q_{LV} = BN_{BB}^{-1}B^{\mathrm{T}} - Q = Q_{VL}^{\mathrm{T}}$，$Q_{VV} = Q - BN_{BB}^{-1}B^{\mathrm{T}}$，又因为 $\hat{L} = L + V = [E \quad E]\begin{bmatrix} L \\ V \end{bmatrix}$，按协因数传播律，有：

$$\begin{aligned} Q_{\hat{L}\hat{L}} &= [E \quad E] \times \begin{bmatrix} Q_{LL} & Q_{LV} \\ Q_{VL} & Q_{VV} \end{bmatrix} \times \begin{bmatrix} E \\ E \end{bmatrix} \\ &= Q_{LL} + Q_{LV} + Q_{VL} + Q_{VV} \end{aligned}$$

将 Q_{LV}、Q_{VV} 及 Q_{VL} 代入上式，即可得

$$Q_{\hat{L}\hat{L}} = BN_{BB}^{-1}B^{\mathrm{T}}$$

三、参数函数的中误差

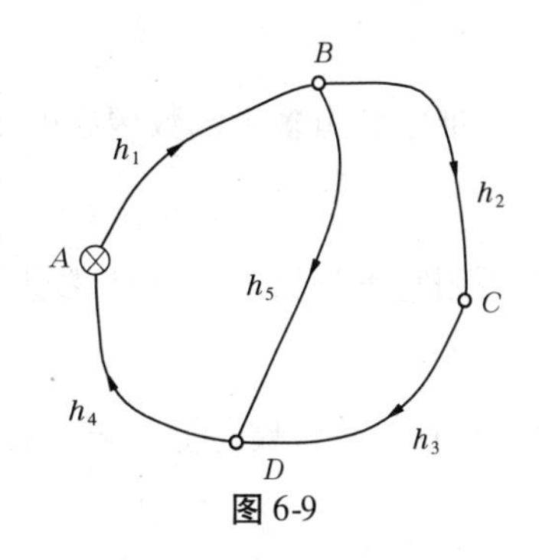

图 6-9

在间接平差中，解算法方程后首先求得的是平差模型的 t 个参数。有了这些参数，就可以根据它们来表达或计算该平差问题中的任何一个量的平差值。

例如：在图 6-9 的水准网中，已知 A 的高程为 H_A，若平差时选定 B、C、D 点的高程平差值 $\hat{X}_1$、$\hat{X}_2$、$\hat{X}_3$ 作为参数，则平差后不但能求参数的平差值，还可以根据它们求出网中各观测高差的平差值 $\hat{L}_i$。如 BC 路线高差的平差值为

$$\hat{L}_2 = -\hat{X}_1 + \hat{X}_2$$

又如，在图 6-8 所示的测角网中，求得 D 点的坐标平差值 $\hat{X}_D$ 和 $\hat{Y}_D$ 后，即可计算任何一条边的边长或方位角的平差值。以 BD 边为例，BD 边的边长平差值为

$$\hat{S}_{BD} = \sqrt{(\hat{X}_D - X_B)^2 + (\hat{Y}_D - Y_B)^2}$$

BD 边的坐标方位角的平差值为

$$\hat{\alpha}_{BD} = \arctan \frac{\hat{Y}_D - Y_B}{\hat{X}_D - X_B}$$

在间接平差中，任何一个量的平差值都可以由平差时所选的 t 个独立参数求得，或者说都可以表达为所选参数的函数。下面从一般情况来讨论如何求参数函数的中误差的问题。

假定间接平差问题中有 t 个参数 $\hat{X}_{t1}$，设参数的函数表达式为

$$\varphi = \Phi(\hat{X}_1, \hat{X}_2, \cdots, \hat{X}_t) \tag{6-51}$$

将上式按 Taylor 级数展开，并取至一次项，考虑 $\hat{X}_i = X_i^0 + \hat{x}_i (i = 1,2,\cdots,t)$，得

$$\begin{aligned}\varphi &= \Phi(\hat{X}_1, \hat{X}_2, \cdots, \hat{X}_t) \\ &= \Phi(X_1^0, X_2^0, \cdots, X_t^0) + \left(\frac{\partial \Phi}{\partial \hat{X}_1}\right)_0 \hat{x}_1 + \left(\frac{\partial \Phi}{\partial \hat{X}_2}\right)_0 \hat{x}_2 + \cdots + \left(\frac{\partial \Phi}{\partial \hat{X}_t}\right)_0 \hat{x}_t\end{aligned} \tag{6-52}$$

令

$$f_i = \left(\frac{\partial \Phi}{\partial \hat{X}_i}\right)_0 \quad (i = 1,2,\cdots,t)$$

即可得到式(6-51)的权函数表达式：

$$\mathrm{d}\varphi = f_1 \hat{x}_1 + f_2 \hat{x}_2 + \cdots + f_t \hat{x}_t \tag{6-53}$$

令

$$F^{\mathrm{T}} = [f_1, f_2, \cdots, f_t]$$

式(6-53)可以写成：

$$\mathrm{d}\varphi = F^{\mathrm{T}} \hat{x} \tag{6-54}$$

故函数 φ 的协因数 $Q_{\varphi\varphi}$ 为

$$Q_{\varphi\varphi} = F^{\mathrm{T}} Q_{\hat{X}\hat{X}} F = F^{\mathrm{T}} N_{BB}^{-1} F \tag{6-55}$$

推广到由多个函数构成的函数向量 $\underset{m1}{\varphi}$,设它的权函数矩阵表达式为

$$\mathrm{d}\varphi = F^{\mathrm{T}} \mathrm{d}\hat{X} \tag{6-56}$$

即可用它来计算 m 个关于参数函数的平差值的精度。按协因数阵传播律,其协因数阵为

$$Q_{\varphi\varphi} = F^{\mathrm{T}} Q_{\hat{X}\hat{X}} F = F^{\mathrm{T}} N_{BB}^{-1} F \tag{6-57}$$

其中, $Q_{\hat{X}\hat{X}}$ 是参数向量 $\hat{X} = [\hat{X}_1, \hat{X}_2, \cdots, \hat{X}_t]^{\mathrm{T}}$ 的协因数阵,即

$$Q_{\hat{X}\hat{X}} = \begin{bmatrix} Q_{\hat{X}_1\hat{X}_1} & Q_{\hat{X}_1\hat{X}_2} & \cdots & Q_{\hat{X}_1\hat{X}_t} \\ Q_{\hat{X}_2\hat{X}_1} & Q_{\hat{X}_2\hat{X}_2} & \cdots & Q_{\hat{X}_2\hat{X}_t} \\ \vdots & \vdots & & \vdots \\ Q_{\hat{X}_t\hat{X}_1} & Q_{\hat{X}_t\hat{X}_2} & \cdots & Q_{\hat{X}_t\hat{X}_t} \end{bmatrix} \tag{6-58}$$

其中,对角线元素 $Q_{\hat{X}_i\hat{X}_i}$ 是参数 $\hat{X}_i$ 的自协因数,故 $\hat{X}_i$ 的中误差为

$$\hat{\sigma}_{\hat{X}_i} = \hat{\sigma}_0 \sqrt{Q_{\hat{X}_i\hat{X}_i}} \tag{6-59}$$

$\hat{X}$ 的方差阵为

$$D_{\hat{X}\hat{X}} = \hat{\sigma}_0^2 Q_{\hat{X}\hat{X}} \tag{6-60}$$

式(6-56)中 $\underset{m1}{\varphi}$ 的方差阵为 $D_{\varphi\varphi}$

$$D_{\varphi\varphi} = \hat{\sigma}_0^2 Q_{\varphi\varphi} \tag{6-61}$$

四、间接平差综合示例

由于测角网的间接平差已在例6-3中做了详细介绍,下面再分别以水准网、测边网及边角网的代表形式之一导线网为例,详细说明间接平差法的具体运用。

【例6-8】 如图6-10所示的水准网中,A、B、C 为已知点,$H_A = 12.000$ m,$H_B = 12.500$ m,$H_C = 14.000$ m;高差观测值 $h_1 = 2.500$ m,$h_2 = 2.000$ m,$h_3 = 1.352$ m,$h_4 = 1.851$ m;各观测路线长 $S_1 = 1$ km、$S_2 = 1$ km、$S_3 = 2$ km、$S_4 = 1$ km。试按间接平差法求:

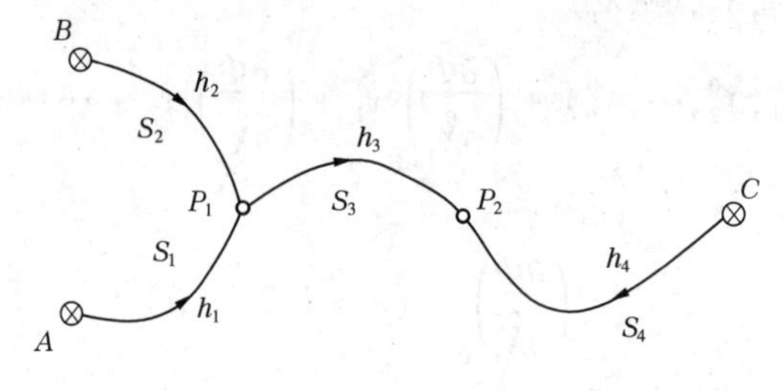

图6-10

(1)各观测高差的平差值 $\hat{L}$。

(2)P_2 点高程平差值的精度 $\hat{\sigma}_{\hat{H}_{P_2}}$。

(3)P_1 至 P_2 点观测高差平差值的精度 $\hat{\sigma}_{\hat{h}_{P_1P_2}}$。

解 本例中 $t=2$,设 P_1 和 P_2 点的高程平差值分别为 $\hat{X}_1$ 和 $\hat{X}_2$,相应的近似值取

$X_1^0 = H_A + h_1 = 14.500$ m, $X_2^0 = H_C + h_4 = 15.851$ m。

(1)列观测方程：

$$\begin{cases} L_1 + v_1 = \hat{X}_1 - H_A \\ L_2 + v_2 = \hat{X}_1 - H_B \\ L_3 + v_3 = -\hat{X}_1 + \hat{X}_2 \\ L_4 + v_4 = \hat{X}_2 - H_C \end{cases}$$

(2)将观测值及待定点近似高程代入观测值方程，列出误差方程：

$$\begin{cases} v_1 = \hat{x}_1 \\ v_2 = \hat{x}_1 \\ v_3 = -\hat{x}_1 + \hat{x}_2 - 1 \\ v_4 = x_2 \end{cases}$$

(3)确定观测值的权阵。以 2 km 水准测量的观测高差为单位权观测值，各观测值相互独立，定权公式为 $P_i = \frac{C}{S_i} = \frac{2}{S_i}$，则权阵为

$$P = \begin{bmatrix} 2 & 0 & 0 & 0 \\ 0 & 2 & 0 & 0 \\ 0 & 0 & 1 & 0 \\ 0 & 0 & 0 & 2 \end{bmatrix}$$

(4)组法方程。根据误差方程系数阵、常数项及观测值权阵组成法方程：

$$\begin{bmatrix} 5 & -1 \\ -1 & 3 \end{bmatrix} \begin{bmatrix} \hat{x}_1 \\ \hat{x}_2 \end{bmatrix} = \begin{bmatrix} -1 \\ 1 \end{bmatrix}$$

(5)解法方程，求参数改正数 $\hat{x}$ 及参数的协因数阵 $Q_{\hat{X}\hat{X}}$：

$$\begin{bmatrix} \hat{x}_1 \\ \hat{x}_2 \end{bmatrix} = \begin{bmatrix} -0.14 \\ 0.29 \end{bmatrix} \quad (\text{单位:mm})$$

$$Q_{\hat{X}\hat{X}} = N_{BB}^{-1} = \begin{bmatrix} 0.21 & 0.07 \\ 0.07 & 0.36 \end{bmatrix}$$

(6)计算各观测高差的平差值 $\hat{L}$。由 $\hat{X}_i = X_i^0 + \hat{x}_i$，计算参数平差值：$\hat{X}_1 = X_1^0 + \hat{x}_1 = 14.4999$ m，$\hat{X}_2 = X_2^0 + \hat{x}_2 = 15.8513$ m，将求得的参数平差值代入观测值方程，可求得各观测高差平差值：

$$\hat{L}_1 = 2.4999 \text{ m}, \hat{L}_2 = 1.9999 \text{ m}, \hat{L}_3 = 1.3514 \text{ m}, \hat{L}_4 = 1.8513 \text{ m}$$

(7)计算各观测值改正数。

将求得的参数改正数 $\hat{x}$ 代入误差方程，得各观测高差改正数：

$$v_1 = -0.14 \text{ mm}, v_2 = -0.14 \text{ mm}, v_3 = -0.57 \text{ mm}, v_4 = 0.29 \text{ mm}$$

(8)由观测值改正数及权计算单位权中误差：

$$\hat{\sigma}_0=\sqrt{\frac{[pv^2]}{n-t}}=\sqrt{\frac{0.57}{2}}=0.53(\mathrm{mm})$$

(9)根据协因数和单位权中误差计算 P_2 点高程平差值的精度 $\hat{\sigma}_{\hat{H}_{P_2}}$：

$$\hat{\sigma}_{\hat{H}_{P_2}}=\hat{\sigma}_0\sqrt{Q_{\hat{x}_2\hat{x}_2}}=0.53\times\sqrt{0.36}=0.32(\mathrm{mm})$$

(10)列 P_1 至 P_2 点观测高差平差值权函数式并求其协因数：

$$\varphi=\hat{L}_3=-\hat{X}_1+\hat{X}_2=\begin{bmatrix}-1 & 1\end{bmatrix}\begin{bmatrix}\hat{X}_1\\ \hat{X}_2\end{bmatrix}$$

即 $F^{\mathrm{T}}=\begin{bmatrix}-1 & 1\end{bmatrix}$，运用协因数传播律，其协因数为

$$Q_{\varphi\varphi}=\begin{bmatrix}-1 & 1\end{bmatrix}\begin{bmatrix}0.21 & 0.07\\ 0.07 & 0.36\end{bmatrix}\begin{bmatrix}-1\\ 1\end{bmatrix}=0.43$$

(11)计算 P_1 至 P_2 点观测高差平差值的精度 $\hat{\sigma}_{\hat{h}_{P_1P_2}}$：

$$\hat{\sigma}_{\hat{h}_{P_1P_2}}=\hat{\sigma}_0\sqrt{Q_{\varphi\varphi}}=0.53\times\sqrt{0.43}=0.35(\mathrm{mm})$$

与例4-11比较，在原例中，当常数取 $C=1$ 时，即以1 km水准测量观测高差为单位权观测值，得到单位权方差 $\hat{\sigma}_0^2=0.145$；在本例中，当常数取 $C=2$ 时，则是以2 km观测高差为单位权观测值，单位权方差计算结果 $\hat{\sigma}_0^2=0.29$。这是因为，根据协方差传播律，2 km观测高差的方差 $\sigma_{2\,\mathrm{km}}^2$ 与1 km观测高差的方差 $\sigma_{1\,\mathrm{km}}^2$ 满足等式 $\sigma_{2\,\mathrm{km}}^2=2\sigma_{1\,\mathrm{km}}^2$，计算结果也说明了这一点。此外，本算例进一步表明，同一问题，采用条件平差与间接平差方法的计算结果一致，评定待定点高程平差值及其函数精度时亦不受定权公式中常数取值的影响。

【例6-9】 有测边网如图6-11所示，测距精度为5 mm+2×10^{-6}，已知数据见表6-4，观测边长见表6-5。试计算：

(1)待定点坐标平差值及点位中误差。

(2)EF 边的边长平差值的中误差及相对中误差。

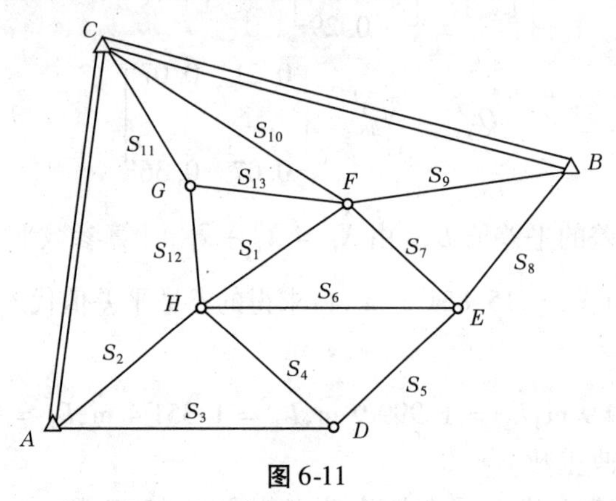

图6-11

解 本题中共有5个待定点，故必要观测数 $t=2\times5=10$，选择待定点坐标平差值为未

知参数，即 $\hat{X} = [\hat{X}_D \quad \hat{Y}_D \quad \hat{X}_E \quad \hat{Y}_E \quad \hat{X}_F \quad \hat{Y}_F \quad \hat{X}_G \quad \hat{Y}_G \quad \hat{X}_H \quad \hat{Y}_H]^T$

(1)计算待定点近似坐标：利用边长可以计算各相应三角形内角，然后运用角度前方交会公式，即可计算各待定点近似坐标，列于表 6-4 中。

表 6-4

点名	坐标(m)		说明	点名	坐标(m)		说明
	X	Y			X	Y	
A	210.000	320.000	已知点	E	449.519	1 190.778	待定点
B	837.770	1 418.311	已知点	F	793.401	870.100	待定点
C	1 238.820	226.677	已知点	G	879.417	497.499	待定点
D	209.993	924.740	待定点	H	570.340	622.374	待定点

(2)根据边长观测值可计算相应观测边的方差：$\hat{\sigma}_{S_i}^2 = (5 + 2 \times S_i/1\ 000)^2$（单位：$mm^2$），列于表 6-5 方差列中，取单位权方差 $\sigma_0^2 = 1\ mm^2$，各观测值的权按定权公式 $P_i = \frac{1}{\hat{\sigma}_{S_i}^2}$ 确定，列于表 6-5 中权列。

表 6-5

编号	边长 观测值(m)	方差 (mm^2)	权	改正数 (mm)	边长 平差值(m)
1	333.353	32.1	0.03	-2.0	333.351 0
2	470.411	35.3	0.03	-0.4	470.410 6
3	604.740	38.6	0.03	-3.5	604.736 5
4	470.399	35.3	0.03	2.1	470.401 1
5	357.974	32.7	0.03	-2.2	357.971 8
6	581.103	38.0	0.03	1.3	581.104 3
7	470.201	35.3	0.03	-0.4	470.200 6
8	450.011	34.8	0.03	-1.8	450.009 2
9	550.004	37.2	0.03	-2.8	550.001 2
10	782.554	43.1	0.02	-3.9	782.550 1
11	449.996	34.8	0.03	4.0	450.000 0
12	333.350	32.1	0.03	2.9	333.352 9
13	382.400	33.2	0.03	1.2	382.401 2

(3)计算边长改正数方程的系数，见表 6-6。

表 6-6

边名	近似方位角 (° ′ ″)	近似边长 (m)	$\sin\alpha_{jk}^{0}$	$\cos\alpha_{jk}^{0}$
HF	47 59 57	333.353	0.743 1	0.669 1
AH	40 00 04	470.399	0.642 8	0.766 0
AD	90 00 02	604.740	1.000 0	0.000 0
DH	320 00 00	470.399	−0.642 8	0.766 0
DE	48 00 07	357.979	0.743 2	0.669 1
EH	282 00 01	581.103	−0.978 1	0.207 9
EF	316 59 59	470.201	−0.682 0	0.731 4
EB	30 22 20	450.011	0.505 6	0.862 8
FB	85 22 22	550.004	0.996 7	0.080 7
FC	304 41 37	782.554	−0.822 2	0.569 2
GC	323 00 03	450.017	−0.601 8	0.798 6
GH	158 00 00	333.350	0.374 6	−0.927 2
GF	102 59 57	382.401	0.974 4	−0.224 9

(4)列观测值误差方程。按式(6-44b)列边长误差方程,各误差方程的系数及常数项 l 列于表 6-7 中。

表 6-7

边名	$\mathrm{d}\hat{x}_D$	$\mathrm{d}\hat{y}_D$	$\mathrm{d}\hat{x}_E$	$\mathrm{d}\hat{y}_E$	$\mathrm{d}\hat{x}_F$	$\mathrm{d}\hat{y}_F$	$\mathrm{d}\hat{x}_G$	$\mathrm{d}\hat{y}_G$	$\mathrm{d}\hat{x}_H$	$\mathrm{d}\hat{y}_H$	l
HF					0.669	0.743			−0.669	−0.743	−0.2
AH									0.766 0	0.642 8	12.3
AD	0.000	1.000									0.0
DH	−0.766	0.643							0.766	−0.643	0.1
DE	−0.669	−0.743	0.669	0.743							−4.9
EH			−0.208	0.978					0.208	−0.978	−0.1
EF			−0.731	0.682	0.731	−0.682					−0.2
EB			−0.863	−0.506							−0.2
FB					−0.081	−0.997					0.5
FC					−0.569	0.822					−0.3
GC							−0.799	0.602			−20.8
GH							0.927	−0.375	−0.927	0.375	0.2
GF					−0.225	0.974	0.225	−0.974			−0.7
$\hat{x}_i$	14.6	−3.4	4.9	−4.4	9.7	1.6	24.2	4.4	17.9	−2.9	

(5)根据误差方程系数项与常数项得法方程系数项与常数项:

$$N_{BB}=\begin{bmatrix} 0.03 & 0.00 & -0.01 & -0.02 & 0 & 0 & 0 & 0 & -0.02 & 0.01 \\ 0.00 & 0.05 & -0.02 & -0.02 & 0 & 0 & 0 & 0 & 0.01 & -0.01 \\ -0.01 & -0.02 & 0.05 & 0.01 & -0.01 & 0.01 & 0 & 0 & -0.00 & 0.01 \\ -0.02 & -0.02 & 0.01 & 0.06 & 0.01 & -0.01 & 0 & 0 & 0.01 & -0.03 \\ 0 & 0 & -0.01 & 0.01 & 0.04 & -0.01 & -0.00 & 0.07 & -0.01 & -0.02 \\ 0 & 0 & 0.01 & -0.01 & -0.01 & 0.10 & 0.07 & -0.03 & -0.02 & -0.01 \\ 0 & 0 & 0 & 0 & -0.00 & 0.07 & 0.05 & -0.03 & -0.03 & 0.01 \\ 0 & 0 & 0 & 0 & 0.07 & -0.03 & -0.03 & 0.04 & 0.01 & -0.00 \\ -0.02 & 0.01 & -0.00 & 0.01 & -0.01 & -0.02 & -0.03 & 0.01 & 0.08 & -0.00 \\ 0.01 & -0.01 & 0.01 & -0.03 & -0.02 & -0.01 & 0.01 & -0.00 & -0.00 & 0.07 \end{bmatrix}$$

$$W=[\ 0.10\quad 0.11\quad -0.09\quad -0.12\quad -0.00\quad -0.04\quad 0.48\quad -0.34\quad 0.27\quad 0.23]^{\mathrm{T}}$$

(6)解法方程,求待定点近似坐标改正数,列于表6-7最后一行(单位:mm)。

(7)由 $\hat{X}_i=X_i^0+\hat{x}_i$ 得各待定点坐标平差值(单位:m):

$$\hat{X}_D=210.008,\hat{Y}_D=924.737$$

$$\hat{X}_E=449.524,\hat{Y}_E=1\ 190.774$$

$$\hat{X}_F=793.411,\hat{Y}_F=870.102$$

$$\hat{X}_G=879.441,\hat{Y}_G=497.503$$

$$\hat{X}_H=570.358,\hat{Y}_H=622.371$$

(8)为求单位权估值,先求各观测边改正数,根据求解的未知数,代入误差方程,可计算各观测边改正数见表6-5。

(9)计算单位权方差的估值。由 $\hat{\sigma}_0^2=\dfrac{V^{\mathrm{T}}PV}{n-t}=\dfrac{V^{\mathrm{T}}PV}{13-10}=\dfrac{V^{\mathrm{T}}PV}{3}$,代入改正数向量,得 $\hat{\sigma}_0^2=0.73\ \mathrm{mm}^2$ 。

(10)计算各待定点坐标的中误差。由于 $Q_{\hat{X}\hat{X}}=N_{BB}^{-1}$,将法方程系数阵求逆,其对角线的元素即为对应坐标值的协因数。根据 $\hat{\sigma}_x=\hat{\sigma}_0\sqrt{Q_x}$,代入相应值,即有

$$\hat{\sigma}_{\hat{x}_D}=6.8\ \mathrm{mm},\hat{\sigma}_{\hat{y}_D}=4.5\ \mathrm{mm}$$

$$\hat{\sigma}_{\hat{x}_E}=5.0\ \mathrm{mm},\hat{\sigma}_{\hat{y}_E}=4.7\ \mathrm{mm}$$

$$\hat{\sigma}_{\hat{x}_F}=5.8\ \mathrm{mm},\hat{\sigma}_{\hat{y}_F}=3.8\ \mathrm{mm}$$

$$\hat{\sigma}_{\hat{x}_G}=7.4\ \mathrm{mm},\hat{\sigma}_{\hat{y}_G}=7.2\ \mathrm{mm}$$

$$\hat{\sigma}_{\hat{x}_H}=5.0\ \mathrm{mm},\hat{\sigma}_{\hat{y}_H}=4.6\ \mathrm{mm}$$

(11)由 EF 边的误差方程式,得权函数式的系数 f^{T}:

$$f^{\mathrm{T}}=[0\quad 0\quad -0.731\quad 0.682\quad 0.731\quad -0.682\quad 0\quad 0\quad 0\quad 0]$$

则根据 $\hat{\sigma}_{\hat{S}_{EF}}=\hat{\sigma}_0\sqrt{f^{\mathrm{T}}N_{BB}^{-1}f}$,代入相应的计算值,$EF$ 的边长中误差:

$$\hat{\sigma}_{\hat{S}_{EF}}=4.67\ \mathrm{mm}$$

EF 边的相对中误差:

$$\frac{\hat{\sigma}_{\hat{S}_{EF}}}{\hat{S}_{EF}} = \frac{4.67}{470\ 200} \approx \frac{1}{100\ 700}$$

【例6-10】 单一附合导线如图6-12所示,观测了4个角度和3条边长。已知数据列于表6-8,观测数据见表6-9,已知先验的测角中误差 $\sigma_\beta = 5''$,测边中误差 $\sigma_{S_i} = 0.5\sqrt{S_i}$ mm,试按间接平差求:

(1)各导线点的坐标平差值及点位精度。

(2)各观测值的平差值。

(3)EF 边的方位角及边长中误差与边长相对中误差。

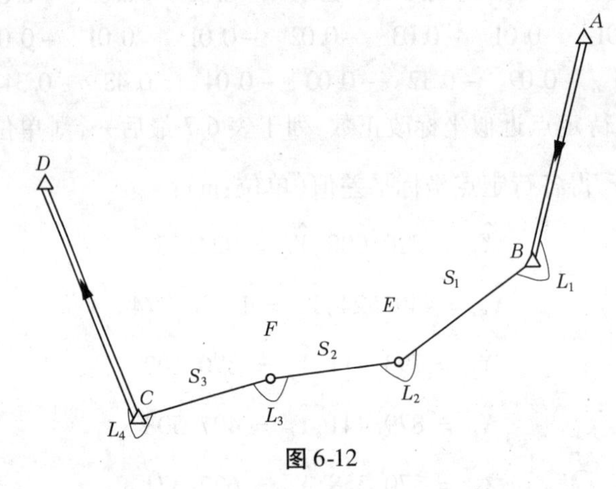

图6-12

表6-8

点名	坐标(m)		方位角
	X	Y	
B	203 020.348	−59 049.801	$\alpha_{AB} = 226°44'59''$
C	203 059.503	−59 796.549	$\alpha_{CD} = 324°46'03''$

表6-9

角名	角度观测值 (° ′ ″)	边名	边长观测值(m)
L_1	230 32 37	S_1	204.952
L_2	180 00 42	S_2	200.130
L_3	170 39 22	S_3	345.153
L_4	236 48 37		

解　本题必要观测数 $t=4$,选择待定点坐标平差值为未知参数,即

$$\hat{X} = \begin{pmatrix} \hat{X}_E & \hat{Y}_E & \hat{X}_F & \hat{Y}_F \end{pmatrix}^{\mathrm{T}}$$

(1)计算待定点近似坐标,见表6-10。

表 6-10

点名	观测角值 (°　′　″)	坐标方位角 (°　′　″)	观测边长 S(m)	近似坐标值	
				X^0(m)	Y^0(m)
A					
		226 44 59	204.952		
B	230 32 37			203 020.348	-59 049.801
		277 17 36	204.952		
E	180 00 42			203 046.366	-59 253.095
		277 18 18	200.130		
F	170 39 22			203 071.813	-59 451.601
C	236 48 37				
D					

(2)计算坐标方位角改正数方程的系数及边长改正数方程的系数,见表 6-11 中的对应行。

表 6-11

方向	方位角 (°　′　″)	近似边长 (m)	$\sin\alpha_{jk}^0$	$\cos\alpha_{jk}^0$	a_{jk}	b_{jk}
BE	277 17 36	204.952	-0.992	0.127	-0.998	0.128
EF	277 18 18	200.130	-0.992	0.127	-1.022	+0.131
FC	267 57 22	345.153	-0.999	-0.036	-0.597	-0.021

(3)确定角度和边长观测值的权。令角度观测值的权为单位权,即设单位权中误差 $\sigma_0=5''$,各导线边的权 $p_{S_i}=\dfrac{\sigma_0^2}{\sigma_{S_i}^2}=\dfrac{25}{0.25S_i}$(单位:$s^2/mm^2$)。各观测边值的权列于表 6-12 中的"$p$"列。

(4)列观测值误差方程。按式(6-41)列角度误差方程,按式(6-44b)列边长误差方程,各误差方程的系数项及常数项列于表 6-12 中对应行。

表 6-12

项目		$d\hat{x}_E$	$d\hat{y}_E$	$d\hat{x}_F$	$d\hat{y}_F$	l	p	v	$\hat{L}$ (°　′　″)
角	L_1	0.998	0.128			0″	1	-4.4″	230 32 33
	L_2	-2.020	-1.619	1.022	0.131	0″	1	-3.8″	180 00 38
	L_3	1.022	0.131	-1.619	-0.110	18″	1	-3.2″	170 39 19
	L_4			0.597	-0.021	-4″	1	-2.6″	236 48 34

续表 6-12

项目		$d\hat{x}_E$	$d\hat{y}_E$	$d\hat{x}_F$	$d\hat{y}_F$	l	p	v	$\hat{L}$ (° ′ ″)
边	S_1	0.127	−0.992			0 mm	0.49	3.5 mm	204.956
	S_2	−0.127	0.992	0.127	−0.992	0 mm	0.50	3.4 mm	200.133
	S_3			0.036	0.999	0 mm	0.29	6.2 mm	345.159
改正数		−3.9 mm	−4.0 mm	−11.4 mm	−8.4 mm				

(5)组成法方程。根据表6-12中误差方程的系数项、常数项及各观测值的权构成的对角权阵,组成法方程如下:

$$\begin{bmatrix} 6.137 & 0.660 & -3.727 & -0.314 \\ 0.660 & 1.075 & -0.414 & -0.540 \\ -3.727 & -0.414 & 4.030 & 0.247 \\ -0.314 & -0.540 & 0.247 & 0.811 \end{bmatrix} \begin{bmatrix} d\hat{x}_E \\ d\hat{y}_E \\ d\hat{x}_F \\ d\hat{y}_F \end{bmatrix} = \begin{bmatrix} 18.397 \\ 2.358 \\ -31.687 \\ -6.242 \end{bmatrix}$$

(6)解法方程,各待定点坐标近似值的改正数列于表6-12中最后下面一行。则各待定点坐标平差值分别为:

$$\begin{cases} \hat{X}_E = 203\,046.362 \\ \hat{Y}_E = -59\,253.099 \end{cases}, \begin{cases} \hat{X}_F = 203\,071.802 \\ \hat{Y}_F = -59\,451.609 \end{cases} \quad (单位:m)$$

(7)计算待定点坐标平差值的协因数:

$$Q_{\hat{X}\hat{X}} = N_{BB}^{-1} = \begin{bmatrix} 0.383 & -0.122 & 0.344 & -0.037 \\ -0.122 & 1.469 & -0.019 & 0.937 \\ 0.344 & -0.019 & 0.567 & -0.052 \\ -0.037 & 0.937 & -0.052 & 1.859 \end{bmatrix}$$

(8)求观测值改正数。将求出的参数代入改正数方程,可计算各观测值改正数,列于表6-12中“v”列。

(9)计算单位权方差。由公式 $\hat{\sigma}_0 = \sqrt{\dfrac{V^{\mathrm{T}}PV}{r}} = \sqrt{\dfrac{V^{\mathrm{T}}PV}{7-4}}$,将观测值改正数代入,即有

$$\hat{\sigma}_0 = \sqrt{\frac{V^{\mathrm{T}}PV}{7-4}} = \sqrt{\frac{73.69}{3}} = 5.0''$$

(10)评定待定点坐标平差值精度。

点位中误差的公式为

$$\hat{\sigma}_P = \hat{\sigma}_0\sqrt{Q_{\hat{X}\hat{X}} + Q_{\hat{Y}\hat{Y}}}$$

将 E、F 点坐标对应的协因数、单位权中误差代入点位中误差公式，即有

$$\hat{\sigma}_E = 5.0 \times \sqrt{0.383 + 1.469} = 6.8(\text{mm}), \hat{\sigma}_F = 5.0 \times \sqrt{0.567 + 1.859} = 7.8(\text{mm})$$

(11)列 EF 边方位角与边长的权函数式。由表6-11，EF 边方位角与边长平差值的权函数式的系数分别为

方位角：

$$F_1^{\mathrm{T}} = [-1.022 \quad -0.131 \quad 1.022 \quad +0.131]$$

边长：

$$F_2^{\mathrm{T}} = [-0.127 \quad 0.992 \quad 0.127 \quad -0.992]$$

(12)求 EF 边方位角与边长的平差值的协因数。

根据协因数的计算公式 $Q_{\varphi\varphi} = F^{\mathrm{T}} Q_{\hat{X}\hat{X}} F$，方位角平差值的协因数：

$$Q_{\varphi_1\varphi_1} = F_1^{\mathrm{T}} Q_{\hat{X}\hat{X}} F_1 = 0.2677$$

边长平差值的协因数：

$$Q_{\varphi_2\varphi_2} = F_2^{\mathrm{T}} Q_{\hat{X}\hat{X}} F_2 = 1.4641$$

(13)求 EF 边方位角与边长的平差值的中误差。

根据单位权中误差及相应的协因数，EF 边方位角平差值的中误差 $\hat{\sigma}_{\hat{\alpha}_{EF}}$：

$$\hat{\sigma}_{\hat{\alpha}_{EF}} = \hat{\sigma}_0 \sqrt{Q_{\varphi_1\varphi_1}} = 5.0 \times \sqrt{0.2677} = 2.6''$$

EF 边长平差值的中误差 $\hat{\sigma}_{S_{EF}}$：

$$\hat{\sigma}_{S_{EF}} = \hat{\sigma}_0 \sqrt{Q_{\varphi_2\varphi_2}} = 5.0 \times \sqrt{1.4641} = 6.1(\text{mm})$$

EF 边长平差值的相对中误差 $\dfrac{\hat{\sigma}_{S_{EF}}}{S_{EF}}$：

$$\frac{\hat{\sigma}_{S_{EF}}}{S_{EF}} = \frac{6.1}{200\,133} \approx \frac{1}{33\,000}$$

在学习平差课程之前，我们已经学习了导线的近似平差计算。以附合导线为例，在导线近似平差过程中，主要是按如下步骤进行的：

(1)进行方位角闭合差的计算与误差分配。

(2)进行坐标增量闭合差的计算与分配。从上述计算过程中可以发现，方位角闭合差分配后已经消除了方位角不符合值，坐标增量闭合差分配后，原观测边的坐标方位角也会发生变化，将产生新的方位角不符值，这是近似平差方法不足的地方。导线观测成果，按测量平差原理进行处理，克服了近似平差计算中的不足，平差成果消除了几何模型中的不符合值。

第四节　间接平差特例——直接平差

一、直接平差原理

对同一未知量进行多次独立观测，求该量的平差值并评定精度，称为直接平差。显然，这是间接平差中只具有一个参数时的特殊情况。

设对未知量 $\hat{X}$ 进行了 n 次不同精度的观测,观测值为 $\underset{n1}{L}$,对角权阵为 $\underset{nn}{P}$,其对角元素为 $p_1, p_2, \cdots, p_n$,p_i 为 L_i 的权。

按间接平差,其误差方程为

$$v_i = \hat{X} - L_i \tag{6-62}$$

组成法方程:

$$\sum_{i=1}^{n} p_i \hat{X} = \sum_{i=1}^{n} p_i L_i \tag{6-63}$$

为了表达方便,下面将连加符“ $\sum_{i=1}^{n}$ ”用“[ ]”代替。

解法方程,则参数的平差值为

$$\hat{X} = \frac{[pL]}{[p]} \tag{6-64}$$

此式即为带权平均值。在直接平差中平差值就是带权平差值。

为计算方便,不妨设:

$$\hat{X} = X^0 + \hat{x} \tag{6-65}$$

则误差方程为

$$v_i = \hat{x}_i - (L_i - X^0) = \hat{x}_i - l_i \tag{6-66}$$

此时法方程为

$$[p]\hat{x} = [pl] \tag{6-67}$$

法方程的解为

$$\hat{x} = \frac{[pl]}{[p]} \tag{6-68}$$

于是,待定量的平差值为

$$\hat{X} = X^0 + \hat{x} = X^0 + \frac{[pl]}{[p]} \tag{6-69}$$

特别地,当 $p_1 = p_2 = \cdots = p_n = 1$ 时,式(6-64)变为

$$\hat{X} = \frac{[pL]}{[p]} = \frac{[L]}{n} \tag{6-70}$$

式(6-69)变为

$$\hat{X} = X^0 + \hat{x} = X^0 + \frac{[pl]}{[p]} = X^0 + \frac{[l]}{[n]} \tag{6-71}$$

直接平差问题中只有一个参数,即 $t = 1$,故单位权中误差的计算公式为

$$\hat{\sigma}_0 = \sqrt{\frac{V^{\mathrm{T}}PV}{n-1}} \tag{6-72}$$

由式(6-63)或式(6-67)知,法方程系数阵 $N_{BB} = [p]$,协因数 $Q_{\hat{X}\hat{X}}$ 为

$$Q_{\hat{X}\hat{X}} = N_{BB}^{-1} = \frac{1}{[p]} \tag{6-73}$$

所以 $\hat{X}$ 的中误差为

$$\hat{\sigma}_{\hat{X}} = \hat{\sigma}_0 \sqrt{Q_{\hat{X}\hat{X}}} = \frac{\hat{\sigma}_0}{\sqrt{[p]}} \tag{6-74}$$

观测值 L_i 的中误差为

$$\hat{\sigma}_{L_i} = \hat{\sigma}_0 \sqrt{\frac{1}{p_i}} \tag{6-75}$$

特别地，当 $p_1 = p_2 = \cdots = p_n = 1$ 时，单位权中误差及参数的中误差公式变为

$$\hat{\sigma}_0 = \sqrt{\frac{V^{\mathrm{T}}V}{n-1}} \tag{6-76}$$

$$\hat{\sigma}_{\hat{X}} = \hat{\sigma}_0 \sqrt{Q_{\hat{X}\hat{X}}} = \frac{\hat{\sigma}_0}{\sqrt{n}} \tag{6-77}$$

即对某个量所作的 n 次同精度观测值的算术平均值就是该量的平差值，此平差值的权为单个观测值权的 n 倍。

二、实例介绍

【例 6-11】　在如图 6-13 所示的水准网中，A、B、C 为已知点，P 为待定点，已知 $H_A = 1.910$ m、$H_B = 2.870$ m、$H_C = 6.890$ m，观测高差及相应的路线长度为：

$h_1 = 3.552$ m、$h_2 = 2.605$ m、$h_3 = 1.425$ m、$S_1 = 2$ km、$S_2 = 6$ km、$S_3 = 3$ km。

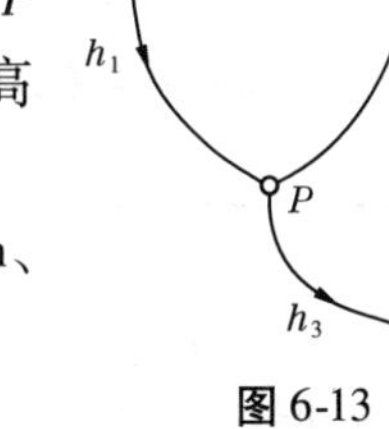

图 6-13

试求：(1) P 点的高程平差值。

(2) P 点平差后高程的中误差。

解　为计算方便，设 6 km 观测高差为单位权观测值，即定权公式按 $p_i = \frac{6}{S_i}$ 进行，则各观测高差的权 $p_1 = 3$、$p_2 = 1$、$p_3 = 2$。

(1) 按不同水准路线得到 P 点的高程值分别是：

$$H_1 = H_A + h_1 = 5.462\ \text{m}, H_2 = H_B + h_2 = 5.475\ \text{m}, H_3 = H_C - h_3 = 5.465\ \text{m}$$

(2) 计算 P 点的高程平差值。按式(6-64)有

$$\hat{H}_P = \frac{3 \times 5.462 + 1 \times 5.475 + 2 \times 5.465}{3 + 1 + 2} = 5.465\ 2(\text{m})$$

(3) 根据 P 点的高程平差值，计算各观测高差的改正数：

$$v_1 = \hat{h}_1 - h_1 = 3.2\ \text{mm}, v_2 = \hat{h}_2 - h_2 = -9.8\ \text{mm}, v_3 = \hat{h}_3 - h_3 = -0.2\ \text{mm}$$

(4) 计算单位权中误差。按式(6-72)，则

$$\hat{\sigma}_0 = \sqrt{\frac{[pvv]}{3-1}} = \sqrt{\frac{126.84}{2}} = 8.0(\text{mm})$$

(5) 计算 P 点高程平差值的中误差。按式(6-74)，则

$$\hat{\sigma}_{\hat{H}_P} = \frac{\hat{\sigma}_0}{\sqrt{[p]}} = \frac{8.0}{\sqrt{6}} = 3.3(\text{mm})$$

【例 6-12】　按不同的测回数观测某一角度，其结果如表 6-13 所示。设以 5 测回为单位权观测。

试求:(1)该角的平差值及其中误差。

(2)一测回角度观测值的中误差。

表 6-13

观测值 (° ′ ″)			测回数 N_i	权 $p_i=\frac{N_i}{5}$	$v_i=\hat{\beta}-\beta$
78	18	05	5	1.0	5.4
78	18	09	5	1.0	1.4
78	18	08	8	1.6	2.4
78	18	14	7	1.4	-3.6
78	18	15	6	1.2	-4.6
78	18	10	3	0.6	0.4

加权平均值 $\bar{\beta}=\frac{[p\beta]}{[p]}=10.4''$,单位权中误差 $\hat{\sigma}_0=\sqrt{\frac{[pvv]}{5}}=\sqrt{\frac{83.968}{5}}=4.1''$

解　(1)根据测回数确定各观测值下对应的权,见表6-13。

(2)根据权与对应的观测值计算角度的平差值,进一步求各观测值的改正数,并求单位权中误差,见表6-13中最下面的一行。

(3)计算角度平差值的权:

$$p_{\hat{\beta}}=[p]=6.8$$

(4)根据权的定义式,即可计算角度平差值的中误差:

$$\hat{\sigma}_{\hat{\beta}}=\frac{\hat{\sigma}_0}{\sqrt{p_{\hat{\beta}}}}=\frac{4.1}{\sqrt{6.8}}=1.6''$$

(5)一测回角度观测值的权:

$$p=\frac{1}{5}=0.2$$

(6)计算一测回角度观测值的中误差:

$$\hat{\sigma}=\frac{\hat{\sigma}_0}{\sqrt{p}}=4.1\times\sqrt{5}=9.2''$$

【例6-13】　参考文献[17]"高程控制测量"一节中有计算水准点高程的算例(见原文献第207页),要求计算单一附合水准路线上2个待定点高程平差值。在原文献中,水准点高程平差值是将高差闭合差按测段长度分配的方式得到的,具体见表6-14,表中 A、B 是已知高程点,1和2是待定水准点。试按直接平差原理计算待定点高程平差值,并总结两种不同算法的特点。

表 6-14

点名	观测高差 h(m)	距离 L (km)	权 $P=\frac{1}{L}$	高差改正数 v (mm)	高程平差值 $\hat{H}$(m)	Pvv
(1)	(2)	(3)	(4)	(5)	(6)	(7)
A					47.231	
	+7.231	4.5	0.22	+8		14.08
1					54.470	
	−4.326	7.2	0.14	+13		23.66
2					50.157	
	−8.251	7.0	0.14	+12		20.16
B					41.918	
Σ	−5.346	18.7		+33		57.90

$$f_h=\sum h+(H_A-H_B)=-5.346+(47.231-41.918)=-33(\text{mm})$$

单位权中误差为：$\hat{\sigma}_0=\sqrt{\dfrac{Pvv}{N-t}}=\sqrt{\dfrac{57.90}{3-2}}=7.6(\text{mm})$

1 点高程中误差为：$\hat{\sigma}_1=\dfrac{\hat{\sigma}_0}{\sqrt{P_1}}=\dfrac{7.6}{\sqrt{0.29}}=14.1(\text{mm})$

2 点高程中误差为：$\hat{\sigma}_2=\dfrac{\hat{\sigma}_0}{\sqrt{P_2}}=\dfrac{7.6}{\sqrt{0.23}}=15.8(\text{mm})$

如果采用直接平差计算，计算过程如下：

(1)相当于对 1、2 两点高程分别做了两次不等精度观测，观测值及其权分别为：

1 点：$H_{11}=H_A+7.231=54.462(\text{m}),P_{11}=\dfrac{1}{4.5}=0.22$

$$H_{12}=H_B+8.251+4.326=54.495(\text{m}),P_{12}=\frac{1}{7.0+7.2}=0.07$$

2 点：$H_{21}=H_A+7.231-4.326=50.136(\text{m}),P_{21}=\dfrac{1}{4.5+7.2}=0.085$

$$H_{22}=H_B+8.251=50.169(\text{m}),P_{22}=\frac{1}{7.0}=0.143$$

(2)分别求 1、2 点的高程平差值：

$$\hat{H}_1=\frac{H_{11}P_{11}+H_{12}P_{12}}{P_{11}+P_{12}}=\frac{54.462\times0.22+54.495\times0.07}{0.22+0.07}=54.470(\text{m})$$

$$\hat{H}_2=\frac{H_{21}P_{21}+H_{22}P_{22}}{P_{21}+P_{22}}=\frac{50.136\times0.085+50.169\times0.143}{0.085+0.143}=50.157(\text{m})$$

在此基础上，可以计算各段高差改正数，评定观测成果精度，计算方法及过程同表 6-14，从略。

可以看出，两种方法计算结果相同。对单一水准路线，将闭合差按测段长度或测站数改正，计算过程更简单；但对如例 6-11 情形，直接平差方法更适用。

习　题

1. 水准网如图6-14所示,A、B为已知点,P_1、P_2、P_3为待定点,现观测高差$h_1 \sim h_8$,相应的路线长度为:$S_1=S_2=S_3=S_4=S_5=S_6=2$ km,$S_7=S_8=1$ km,若设2 km观测高差为单位权观测值,经过平差计算后得$[pvv]=78.62$ mm^2,试计算网中3个待定点平差后高程的中误差。

2. 大地四边形如图6-15所示,A、B为已知点,P_1、P_2为待定点,观测了8个内角$L_1 \sim L_8$,观测精度为$\sigma_\beta=10''$;观测了2条边S_1、S_2,观测精度为$\sigma_{S_i}=\sqrt{S_i}$(cm),S_i以m为单位。已知点坐标分别是:$X_A=662.467$ m,$Y_A=198.639$ m,$X_B=626.167$ m,$Y_B=416.436$ m;待定点近似坐标为:$X_{P_1}^0=870.181$ m,$Y_{P_1}^0=278.296$ m,$X_{P_2}^0=831.865$ m,$Y_{P_2}^0=436.603$ m;角度和边长的观测值如表6-15所示。

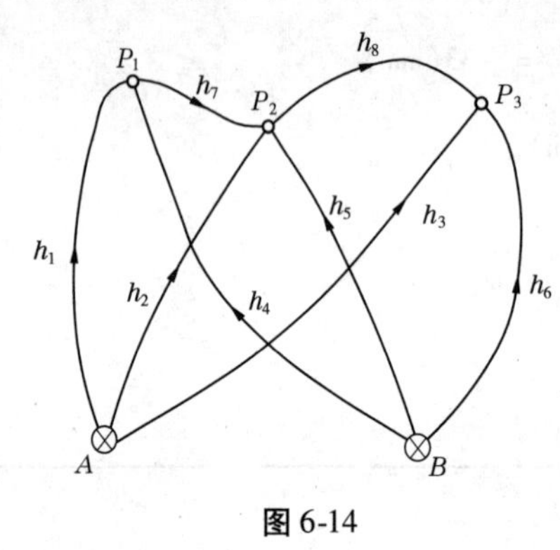

图6-14

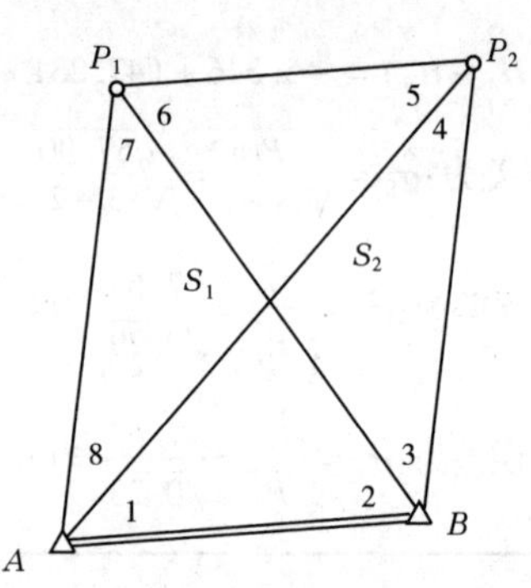

图6-15

表6-15

编号	角度观测值 (° ′ ″)	编号	角度观测值 (° ′ ″)	编号	边长观测值 (m)
1	44 54 27.1	5	49 03 07.5	S_1	280.406
2	51 01 21.6	6	46 52 45.0	S_2	292.100
3	35 06 51.2	7	50 29 48.1		
4	48 57 17.0	8	33 34 22.8		

设以待定点坐标平差值为参数$\hat{X}$,按间接平差法求:

(1)误差方程及法方程。

(2)待定点坐标平差值、协因数阵及点位中误差。

(3)观测值改正数及平差值。

3. 为确定某一直线方程$y=ax+b$,观测了6组数据(见表6-16),设X_i无误差,Y_i为相互独立的等精度观测值,试按间接平差法求:

(1)该直线方程。

(2)直线方程参数$\hat{a}$、$\hat{b}$的中误差。

表 6-16

序号	X_i(cm)	Y_i(cm)	序号	X_i(cm)	Y_i(cm)
1	1	3.30	4	4	7.10
2	2	4.56	5	5	8.40
3	3	5.90	6	6	9.60

4. 某一平差问题列有以下条件方程，试将其改为误差方程。

$$v_1 - v_2 + v_3 + 5 = 0$$
$$v_3 - v_4 - v_5 - 2 = 0$$
$$v_5 - v_6 - v_7 + 3 = 0$$
$$v_1 + v_4 + v_7 + 4 = 0$$

5. 某一间接平差问题，列有如下方程：

$$V_1 = -X_1 + 3$$
$$V_2 = -X_2 - 1$$
$$V_3 = -X_1 + 2$$
$$V_4 = -X_2 + 1$$
$$V_5 = -X_1 + X_2 - 5$$

试将其改为条件方程。

第七章　附有限制条件的间接平差

学习目标

掌握附有限制条件的间接平差原理及精度评定方法;能用附有限制条件的间接平差解决工程问题。

【学习导入】

间接平差模型中,要求选择 t 个独立的参数。但当在平差模型中选择了包含 t 个独立的参数在内的 $u(u>t)$ 个参数时,则应该使用附有限制条件的间接平差模型。本章结合实例,对该模型平差方法进行详细介绍。

附有限制条件的间接平差法在测绘数据处理中应用广泛。本章简要介绍了附有限制条件的间接平差原理、精度评定;结合具体算例对该方法的运用进行了详细说明。本章最后,对四种经典平差模型的特点和适用范围进行了总结和说明。

第一节　附有限制条件的间接平差原理

在一个平差问题中,如果观测值的总数是 n,必要观测数是 t,则多余观测数 $r=n-t$。间接平差时,如果选择了 u 个参数$(u>t)$,其中包含了 t 个独立参数,由于 t 个独立的参数决定了一个几何模型,故所选参数中,必然存在 $s=u-t$ 个参数是非函数独立的,即所选的 u 个参数中,必然存在 s 个参数间的约束条件。平差时列出 n 个观测方程和 s 个限制条件方程,以此为函数模型进行平差的方法就是附有限制条件的间接平差法。

【例 7-1】　如图 7-1 所示的水准网,A、B 为已知点,P_1、P_2 为待定点,观测了 4 个高差值分别为 h_1、h_2、h_3、h_4,若选 P_1、P_2 点高程平差值及 h_1 的平差值为未知参数,列出观测方程和限制条件方程。

解　本例中,必要观测数 $t=2$,间接平差时,如果选择两个待定点 P_1、P_2 的高程平差值为参数 $\hat{X}_1$、$\hat{X}_2$,它们是独立的参数,彼此之间不存在函数关系。但在本例中,除选择 P_1、P_2 的高程平差值作参数外,还选了 h_1 的平差值为未知参数 $\hat{X}_3$,由于决定该模型的独立未知参数只有 2 个,新增加一个未知参数,则参数间必然产生一个限制条件方程,即 3 个未知数之间必然增加一个限制条件。相应的误差方程如下:

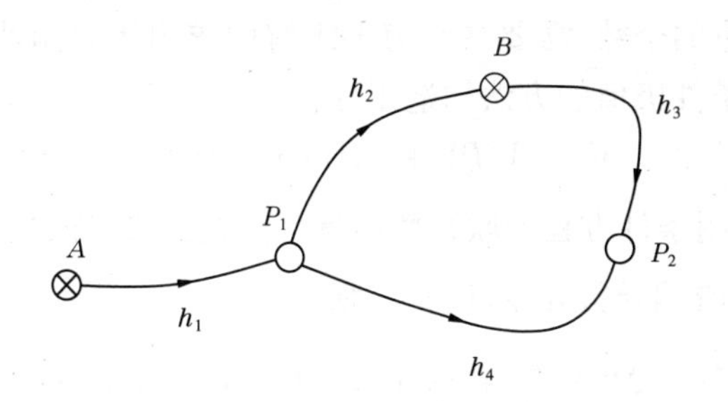

图 7-1

$$
\begin{cases}
h_1 + v_1 = \hat{X}_3 \\
h_2 + v_2 = -\hat{X}_1 + H_B \\
h_3 + v_3 = \hat{X}_2 - H_B \\
h_4 + v_4 = -\hat{X}_1 + \hat{X}_2 \\
-\hat{X}_1 + \hat{X}_3 + H_A = 0
\end{cases}
$$

其中,前四式为观测方程,最后一式为限制条件方程。

【例 7-2】　观测了图 7-2 中的 4 个角值 $L_1 \sim L_4$,设参数 $\hat{X} = \begin{bmatrix} \hat{X}_1 & \hat{X}_2 & \hat{X}_3 \end{bmatrix}^{\mathrm{T}} = \begin{bmatrix} \hat{L}_1 & \hat{L}_2 & \hat{L}_3 \end{bmatrix}^{\mathrm{T}}$。试列出限制条件方程。

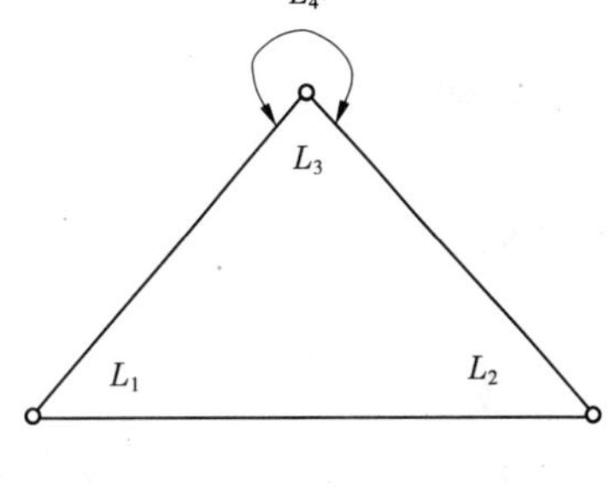

图 7-2

解　本例中确定三角形形状的必要观测数 $t = 2$,选择的参数个数为 $u = 3$,故参数之间必然存在一个限制条件,限制条件方程形式:

$$
\hat{X}_1 + \hat{X}_2 + \hat{X}_3 - 180° = 0
$$

在附有限制条件的间接平差函数模型中,误差方程有线性的,也有非线性的。当有非线性误差方程时,必须运用 Taylor 级数逼近理论将其展开为线性形式。在第三章中,已经给出了附有限制条件的间接平差的线性形式的函数模型:

$$
\begin{cases}
\underset{n1}{\Delta} = \underset{nu}{B}\,\underset{u1}{\tilde{x}} - \underset{n1}{l} \\
\underset{su}{C}\,\underset{u1}{\tilde{x}} + \underset{s1}{W_x} = 0
\end{cases}
\tag{7-1}
$$

用平差值代替上式中的真值,即有:

$$
\begin{cases}
\underset{n1}{V} = \underset{nu}{B}\,\underset{u1}{\hat{x}} - \underset{n1}{l} \\
\underset{su\,u1}{C\hat{x}} + \underset{s1}{W_x} = 0
\end{cases}
\tag{7-2}
$$

其中,$R(B) = u, R(C) = s, u < n, s < u$。

随机模型是:

$$
\underset{nn}{D} = \sigma_0^2 \underset{nn}{Q} = \sigma_0^2 \underset{nn}{P^{-1}}
\tag{7-3}
$$

在函数模型中,待求量包括 n 个改正数和 u 个参数,而方程的个数是 $n + s$,因为 $s < u$,

故方程的个数小于待求量的个数,需要在无穷多组解中求出满足最小二乘准则 $V^{T}PV=\min$ 的唯一解。按数学中求条件极值的方法构造函数:

$$\Phi = V^{T}PV + 2K_S^{T}(C\hat{x} + W_x) \tag{7-4}$$

式中,K_S是对应于 s 个限制条件方程的联系数向量。由式(7-2)知,V 是 $\hat{x}$ 的显函数,为求 Φ 的极小值,将其对 $\hat{x}$ 求一阶偏导数并令其为零,则

$$\frac{\partial \Phi}{\partial \hat{x}} = 2V^{T}P\frac{\partial V}{\partial \hat{x}} + 2K_S^{T}C = 2V^{T}PB + 2K_S^{T}C = 0 \tag{7-5}$$

转置后得

$$B^{T}PV + C^{T}K_S = 0 \tag{7-6}$$

在式(7-2)、式(7-6)构成的方程组中,方程的个数是 $n+s+u$,待求未知量包括 n 个改正数,s 个联系数和 u 个参数,方程的个数等于未知数的个数,故有唯一解,则称由它们构成的方程为附有限制条件的间接平差的基础方程。

将改正数方程:

$$V = B\hat{x} - l \tag{7-7}$$

代入式(7-6),可得

$$B^{T}PB\hat{x} + C^{T}K_S - B^{T}Pl = 0 \tag{7-8}$$

此外,

$$C\hat{x} + W_x = 0 \tag{7-9}$$

在间接平差中,已令

$$N_{BB} = B^{T}PB, W = B^{T}Pl$$

故式(7-8)、式(7-9)可写成:

$$N_{BB}\hat{x} + C^{T}K_S - W = 0 \tag{7-10}$$

$$C\hat{x} + W_x = 0 \tag{7-11}$$

式(7-10)、式(7-11)称为附有限制条件的间接平差的法方程。

用 CN_{BB}^{-1}左乘式(7-10)减去式(7-11),消去 $\hat{x}$,即

$$CN_{BB}^{-1}C^{T}K_S - (CN_{BB}^{-1}W + W_x) = 0 \tag{7-12}$$

令

$$N_{CC} = CN_{BB}^{-1}C^{T} \tag{7-13}$$

则式(7-12)可以写为

$$N_{CC}K_S - (CN_{BB}^{-1}W + W_x) = 0 \tag{7-14}$$

可以证明,N_{CC}是满秩对称可逆矩阵。于是:

$$K_S = N_{CC}^{-1}(CN_{BB}^{-1}W + W_x) \tag{7-15}$$

将上式代入式(7-10),有

$$\hat{x} = (N_{BB}^{-1} - N_{BB}^{-1}C^{T}N_{CC}^{-1}CN_{BB}^{-1})W - N_{BB}^{-1}C^{T}N_{CC}^{-1}W_x \tag{7-16}$$

由上式解得 $\hat{x}$ 之后,即可代入式(7-7),求得 V,于是可以求出:

$$\hat{L} = L + V \tag{7-17}$$

$$\hat{X} = X^{0} + \hat{x} \tag{7-18}$$

第二节　精度评定

与前面章节的内容一样，精度评定包括计算单位权方差的估值、推导基本向量的自协因数阵、向量间的互协因数阵以及求参数的平差值的函数的精度。

一、单位权方差估值

单位权方差的估值的大小与平差方法无关，其计算公式是：

$$\hat{\sigma}_0^2 = \frac{V^{\mathrm{T}}PV}{r} = \frac{V^{\mathrm{T}}PV}{n-t} = \frac{V^{\mathrm{T}}PV}{n-(u-s)} \tag{7-19}$$

其中，r 是多余观测数，$u-s=t$ 是必要的独立参数的个数。

二、协因数阵

在附有限制条件的间接平差法中，基本向量为 $L,W,\hat{X},K_S,V$ 和 $\hat{L}$。已知 $Q_{LL}=Q$，因为 $\hat{X}=X^0+\hat{x}$，$l=L-L^0$，常量对精度计算没有影响，故 $Q_{\hat{X}\hat{X}}=Q_{\hat{x}\hat{x}}$，$Q_{ll}=Q$。

基本向量的表达式为

$$\begin{aligned}
L &= L \\
W &= B^{\mathrm{T}}PL + W^0 \\
\hat{X} &= X^0 + \hat{x} = X^0 + (N_{BB}^{-1} - N_{BB}^{-1}C^{\mathrm{T}}N_{CC}^{-1}CN_{BB}^{-1})W + N_{BB}^{-1}C^{\mathrm{T}}N_{CC}^{-1}W_x \\
K_S &= N_{CC}^{-1}CN_{BB}^{-1}W - N_{CC}^{-1}W_x \\
V &= B\hat{x} - l \\
\hat{L} &= L + V
\end{aligned}$$

设 $Z^{\mathrm{T}}=[L^{\mathrm{T}} \quad W^{\mathrm{T}} \quad X^{\mathrm{T}} \quad K_S^{\mathrm{T}} \quad V^{\mathrm{T}} \quad \hat{L}^{\mathrm{T}}]$，则 Z 的协因数阵为

$$Q_{ZZ} = \begin{bmatrix}
Q_{LL} & Q_{LW} & Q_{L\hat{X}} & Q_{LK_S} & Q_{LV} & Q_{L\hat{L}} \\
Q_{WL} & Q_{WW} & Q_{W\hat{X}} & Q_{WK_S} & Q_{WV} & Q_{W\hat{L}} \\
Q_{\hat{X}L} & Q_{\hat{X}W} & Q_{\hat{X}\hat{X}} & Q_{\hat{X}K_S} & Q_{\hat{X}V} & Q_{\hat{X}\hat{L}} \\
Q_{K_SL} & Q_{K_SW} & Q_{K_S\hat{X}} & Q_{K_SK_S} & Q_{K_SV} & Q_{K_S\hat{L}} \\
Q_{VL} & Q_{VW} & Q_{V\hat{X}} & Q_{VK_S} & Q_{VV} & Q_{V\hat{L}} \\
Q_{\hat{L}L} & Q_{\hat{L}W} & Q_{\hat{L}\hat{X}} & Q_{\hat{L}K_S} & Q_{\hat{L}V} & Q_{\hat{L}\hat{L}}
\end{bmatrix}$$

对角线上的子矩阵就是各基本向量的自协因数阵，非对角线上子矩阵是两向量间的互协因数阵。

由基本向量的表达式，按协因数传播律，可得

$$\begin{aligned}
Q_{LL} &= Q \\
Q_{WW} &= B^{\mathrm{T}}PQPB = B^{\mathrm{T}}PB = N_{BB} \\
Q_{K_SK_S} &= N_{CC}^{-1}CN_{BB}^{-1}Q_{WW}N_{BB}^{-1}C^{\mathrm{T}}N_{CC}^{-1} = N_{CC}^{-1}
\end{aligned}$$

$$Q_{K_SL} = N_{CC}^{-1}CN_{BB}^{-1}Q_{WL} = N_{CC}^{-1}CN_{BB}^{-1}B^{\mathrm{T}}$$
$$Q_{K_SW} = N_{CC}^{-1}CN_{BB}^{-1}Q_{WW} = N_{CC}^{-1}CN_{BB}^{-1}N_{BB} = N_{CC}^{-1}C$$
$$Q_{\hat{X}\hat{X}} = (N_{BB}^{-1} - N_{BB}^{-1}C^{\mathrm{T}}N_{CC}^{-1}CN_{BB}^{-1})Q_{WW}(N_{BB}^{-1} - N_{BB}^{-1}C^{\mathrm{T}}N_{CC}^{-1}CN_{BB}^{-1})^{\mathrm{T}}$$
$$= N_{BB}^{-1} - N_{BB}^{-1}C^{\mathrm{T}}N_{CC}^{-1}CN_{BB}^{-1}$$
$$Q_{\hat{X}L} = (N_{BB}^{-1} - N_{BB}^{-1}C^{\mathrm{T}}N_{CC}^{-1}CN_{BB}^{-1})Q_{WL} = Q_{\hat{X}\hat{X}}B^{\mathrm{T}}$$
$$Q_{\hat{X}W} = (N_{BB}^{-1} - N_{BB}^{-1}C^{\mathrm{T}}N_{CC}^{-1}CN_{BB}^{-1})Q_{WW} = Q_{\hat{X}\hat{X}}N_{BB}$$
$$Q_{\hat{X}K_S} = (N_{BB}^{-1} - N_{BB}^{-1}C^{\mathrm{T}}N_{CC}^{-1}CN_{BB}^{-1})Q_{WW}(N_{CC}^{-1}CN_{BB}^{-1})^{\mathrm{T}} = 0$$
$$Q_{VV} = BQ_{\hat{X}\hat{X}}B^{\mathrm{T}} - BQ_{\hat{X}L} - Q_{L\hat{X}}B^{\mathrm{T}} + Q = Q - BQ_{\hat{X}\hat{X}}B^{\mathrm{T}}$$
$$Q_{VL} = BQ_{\hat{X}L} - Q_{LL} = BQ_{\hat{X}\hat{X}}B^{\mathrm{T}} - Q = -Q_{VV}$$
$$Q_{VW} = BQ_{\hat{X}W} - Q_{LW} = B(Q_{\hat{X}\hat{X}}N_{BB} - E)$$
$$Q_{V\hat{X}} = BQ_{\hat{X}\hat{X}} - Q_{L\hat{X}} = 0$$
$$Q_{VK_S} = BQ_{\hat{X}K_S} - Q_{LK_S} = -BN_{BB}^{-1}C^{\mathrm{T}}N_{CC}^{-1}$$
$$Q_{\hat{L}\hat{L}} = Q - Q_{VV}$$
$$Q_{\hat{L}L} = Q_{LL} + Q_{VL} = Q - Q_{VV}$$
$$Q_{\hat{L}W} = Q_{LW} + Q_{VW} = BQ_{\hat{X}\hat{X}}N_{BB}$$
$$Q_{\hat{L}\hat{X}} = Q_{L\hat{X}} + Q_{V\hat{X}} = BQ_{\hat{X}\hat{X}}$$
$$Q_{\hat{L}K_S} = Q_{LK_S} + Q_{VK_S} = 0$$
$$Q_{\hat{L}V} = Q_{LV} + Q_{VV} = 0$$

三、参数平差值函数的协因数

在附有限制条件的间接平差中,因 u 个参数中包含了 t 个独立参数,故平差中所求的任何一个量都能表达成 u 个参数的函数。设某个量的平差值 φ 为

$$\varphi = \Phi(\hat{X}) \tag{7-20}$$

对其进行全微分,得权函数式:

$$\mathrm{d}\varphi = \left(\frac{\partial\Phi}{\partial\hat{X}}\right)_0 \mathrm{d}\hat{X} = F^{\mathrm{T}}\mathrm{d}\hat{X} \tag{7-21}$$

$$F^{\mathrm{T}} = \begin{bmatrix} \dfrac{\partial\Phi}{\partial\hat{X}_1} & \dfrac{\partial\Phi}{\partial\hat{X}_2} & \cdots & \dfrac{\partial\Phi}{\partial\hat{X}_u} \end{bmatrix}_0$$

用近似值 X^0 代入各偏导数中,即得各偏导数值,则可按协因数传播律计算其协因数:

$$Q_{\varphi\varphi} = F^{\mathrm{T}}Q_{\hat{X}\hat{X}}F \tag{7-22}$$

平差值函数的中误差为

$$\hat{\sigma}_{\varphi} = \hat{\sigma}_0\sqrt{Q_{\varphi\varphi}} \tag{7-23}$$

第三节　平差实例

【续例 7-1】 如图 7-1 所示,各观测值及起算数据见表 7-1,求

1)参数的平差值及权倒数;

2）各观测高差的平差值；

3）$\hat{h}_1$ 的中误差。

表 7-1

编号	高差(m)	路线长(km)	已知高程(m)
1	2.513	2	$H_A = 10.210$
2	0.425	2	$H_B = 13.140$
3	2.271	2	
4	2.690	2	

解　(1)例 7-1 中已设参数 $\hat{X} = \begin{bmatrix} \hat{X}_1 & \hat{X}_2 & \hat{X}_3 \end{bmatrix}^{\mathrm{T}} = \begin{bmatrix} \hat{H}_{P_1} & \hat{H}_{P_2} & \hat{h}_1 \end{bmatrix}^{\mathrm{T}}$，令 $X^0 = [X_1^0 \quad X_2^0 \quad X_3^0]^{\mathrm{T}} = [12.723 \quad 15.413 \quad 2.513]^{\mathrm{T}}$，将观测值及起算数据代入原观测值误差方程，有

$$\begin{cases} v_1 = \hat{x}_3 \\ v_2 = -\hat{x}_1 - 8 \\ v_3 = \hat{x}_2 + 2 \\ v_4 = -\hat{x}_1 + \hat{x}_2 \\ -\hat{x}_1 + \hat{x}_3 = 0 \end{cases}$$

于是

$$B = \begin{bmatrix} 0 & 0 & 1 \\ -1 & 0 & 0 \\ 0 & 1 & 0 \\ -1 & 1 & 0 \end{bmatrix}, \quad l = \begin{bmatrix} 0 \\ 8 \\ -2 \\ 0 \end{bmatrix}, \quad C = [-1 \quad 0 \quad 1], W_x = 0$$

(2)由于各观测高差精度相同，可设观测值的权阵为单位阵，即 $P = E$。

(3)按式(7-10)、式(7-11)得法方程

$$\begin{bmatrix} 2 & -1 & 0 & -1 \\ -1 & 2 & 0 & 0 \\ 0 & 0 & 1 & 1 \\ -1 & 0 & 1 & 0 \end{bmatrix} \begin{bmatrix} \hat{x}_1 \\ \hat{x}_2 \\ \hat{x}_3 \\ k \end{bmatrix} - \begin{bmatrix} -8 \\ -2 \\ 0 \\ 0 \end{bmatrix} = 0$$

(4)解法方程，可求得参数 $\hat{x}$ 及联系数 k

$$\hat{x}_1 = -3.6 \text{ mm}, \quad \hat{x}_2 = -2.8 \text{ mm}, \quad \hat{x}_3 = -3.6 \text{ mm}, \quad k = 3.6$$

(5)代入参数近似值，得各参数平差值：

$$\hat{X}_1 = 12.7194 \text{ m}, \hat{X}_2 = 15.4102 \text{ m}, \hat{X}_3 = 2.5094 \text{ m}$$

(6)由 $Q_{\hat{X}\hat{X}} = N_{BB}^{-1} - N_{BB}^{-1} C^{\mathrm{T}} N_{CC}^{-1} C N_{BB}^{-1}$，代入相应的已知数据，则有

$$Q_{\hat{X}\hat{X}} = \begin{bmatrix} 0.40 & 0.20 & 0.40 \\ 0.20 & 0.60 & 0.20 \\ 0.40 & 0.20 & 0.40 \end{bmatrix}$$

即有

$$Q_{\hat{X}_1\hat{X}_1} = 0.40,\quad Q_{\hat{X}_2\hat{X}_2} = 0.60,\quad Q_{\hat{X}_3\hat{X}_3} = 0.40$$

(7)将参数代入改正数方程,可求各观测值改正数

$$v_1 = -3.6\ \text{mm},\quad v_2 = -4.4\ \text{mm},\quad v_3 = -0.8\ \text{mm},\quad v_4 = 0.8\ \text{mm}$$

(8)代入各观测值,可求各观测高差平差值

$$\hat{H}_1 = 2.509\,4\ \text{m},\quad \hat{H}_2 = 0.420\,6\ \text{m},\quad \hat{H}_3 = 2.270\,2\ \text{m},\quad \hat{H}_4 = 2.690\,8\ \text{m}$$

(9)计算单位权方差。由 $\hat{\sigma}_0^2 = \dfrac{V^{\mathrm{T}}PV}{n-t}$,式中 $n=4, t=2$,代入各观测值改正数,则

$$\hat{\sigma}_0 = 4.1\ \text{mm}$$

(10)计算 $\hat{h}_1$ 的中误差。由 $\hat{\sigma}_{\hat{h}_1} = \hat{\sigma}_0\sqrt{Q_{\hat{X}_3\hat{X}_3}}$,代入相关数据,则有

$$\hat{\sigma}_{\hat{h}_1} = 2.6\ \text{mm}$$

【续例 7-2】 如图 7-2 所示,设等精度观测各角度值为:$L_1 = 36°25'10''$,$L_2 = 48°16'32''$,$L_3 = 95°18'10''$,$L_4 = 264°41'38''$,试按附有限制条件的间接平差法:

1)列出误差方程和限制条件方程;

2)列出法方程,并计算各参数平差值及其协因数阵;

3)计算 $\hat{L}_4$ 及其权倒数。

解 (1)例 7-2 已设 $\hat{X} = [\hat{X}_1 \quad \hat{X}_2 \quad \hat{X}_3]^{\mathrm{T}} = [\hat{L}_1 \quad \hat{L}_2 \quad \hat{L}_3]^{\mathrm{T}}$,列观测方程及限制条件方程如下:

$$\begin{cases} L_1 + v_1 = \hat{X}_1 \\ L_2 + v_2 = \hat{X}_2 \\ L_3 + v_3 = \hat{X}_3 \\ L_4 + v_4 = -\hat{X}_3 + 360° \\ \hat{X}_1 + \hat{X}_2 + \hat{X}_3 - 180° = 0 \end{cases}$$

其中前 4 个方程为观测方程,最后 1 个方程为限制条件方程。

设 $X^0 = [X_1^0 \quad X_2^0 \quad X_3^0]^{\mathrm{T}} = [36°25'10'' \quad 48°16'32'' \quad 95°18'10'']^{\mathrm{T}}$,则有

$$\begin{cases} v_1 = \hat{x}_1 \\ v_2 = \hat{x}_2 \\ v_3 = \hat{x}_3 \\ v_4 = -\hat{x}_3 + 12 \\ \hat{x}_1 + \hat{x}_2 + \hat{x}_3 - 8 = 0 \end{cases}$$

于是

$$B=\begin{bmatrix}1&0&0\\0&1&0\\0&0&1\\0&0&-1\end{bmatrix},\quad l=\begin{bmatrix}0\\0\\0\\-12\end{bmatrix},\quad C=[1\quad 1\quad 1],\quad W_x=-8$$

(2)由于各观测值精度相同,可设角度观测值的权阵为单位阵,即 $P=E$。

(3)按式(7-10)、式(7-11)得法方程

$$\begin{bmatrix}1&0&0&1\\0&1&0&1\\0&0&2&1\\1&1&1&0\end{bmatrix}\begin{bmatrix}\hat{x}_1\\\hat{x}_2\\\hat{x}_3\\k\end{bmatrix}-\begin{bmatrix}0\\0\\12\\8\end{bmatrix}=0$$

(4)解法方程,可求得参数 $\hat{x}$ 及联系数 k

$$\hat{x}_1=0.8'',\quad \hat{x}_2=0.8'',\quad \hat{x}_3=6.4'',\quad k=-0.8$$

(5)代入参数近似值,得各参数平差值有

$$\hat{X}_1=36°25'10.8'',\quad \hat{X}_2=48°16'32.8'',\quad \hat{X}_3=95°18'16.4''$$

(6)由 $Q_{\hat{X}\hat{X}}=N_{BB}^{-1}-N_{BB}^{-1}C^{\mathrm{T}}N_{CC}^{-1}CN_{BB}^{-1}$,代入相应的已知数据,则有

$$Q_{\hat{X}\hat{X}}=\begin{bmatrix}0.60&-0.40&-0.20\\-0.40&0.60&-0.20\\-0.20&-0.20&0.40\end{bmatrix}$$

即有

$$Q_{\hat{X}_1\hat{X}_1}=0.60,\quad Q_{\hat{X}_2\hat{X}_2}=0.60,\quad Q_{\hat{X}_3\hat{X}_3}=0.40$$

(7)由 $\hat{L}_4=-\hat{X}_3+360°$,按协因数传播律,有

$$\hat{L}_4=264°41'43.6'',\quad \frac{1}{P_{\hat{L}_4}}=Q_{\hat{L}_4\hat{L}_4}=Q_{\hat{X}_3\hat{X}_3}=0.40$$

与例 5-4 相对照,两种平差方法计算结果一致。

【例 7-3】 有水准网如图 7-3 所示,已知 A、B 两点的高程 $H_A=1.00$ m、$H_B=10.00$ m,P_1、P_2 为待定点,同精度独立观测了 5 条路线的高差:$h_1=3.58$ m、$h_2=5.40$ m、$h_3=4.11$ m、$h_4=4.85$ m、$h_5=0.50$ m,设参数 $\hat{X}=\left[\hat{X}_1\quad\hat{X}_2\quad\hat{X}_3\right]^{\mathrm{T}}=\left[\hat{h}_1\quad\hat{h}_5\quad\hat{h}_4\right]^{\mathrm{T}}$。

试按附有限制条件的间接平差求:

(1)待定点高程的平差值。

(2)改正数 V 及观测高差的平差值。

解　本例中,必要观测数 $t=2$,选取了 $u=3$ 个未知参数,限制条件方程数 $s=1$,总共应列出$n+s=5+1=6$个方程。由于是等精度独立观测,可设观测值的权阵为单位阵,故在矩阵乘法中可不考虑它的存在。

观测方程是:

$$\hat{L}_1 = \hat{X}_1$$
$$\hat{L}_2 = -\hat{X}_1 - H_A + H_B$$
$$\hat{L}_3 = \hat{X}_1 + \hat{X}_2$$
$$\hat{L}_4 = \hat{X}_3$$
$$\hat{L}_5 = \hat{X}_2$$

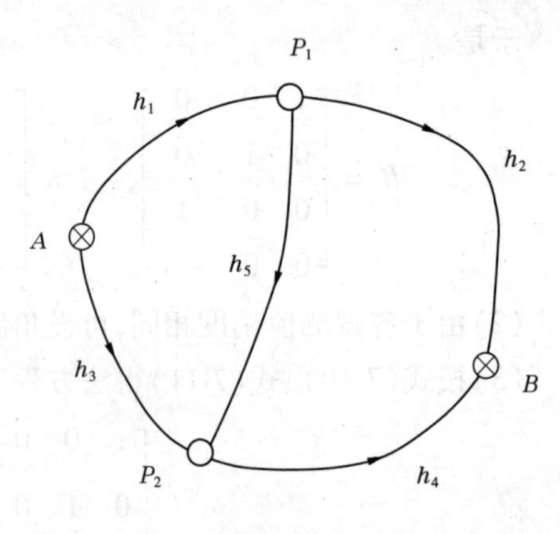

图 7-3

限制条件方程为

$$\hat{X}_1 + \hat{X}_2 + \hat{X}_3 + (H_A - H_B) = 0$$

取参数的近似值 $X^0 = [X_1^0 \quad X_2^0 \quad X_3^0]^{\mathrm{T}} = [h_1 \quad h_5 \quad h_4]^{\mathrm{T}} = [3.58 \quad 0.50 \quad 4.85]^{\mathrm{T}}$(单位:m),将观测值代入上面各方程式,得到误差方程和限制条件方程:

$$v_1 = \hat{x}_1$$
$$v_2 = -\hat{x}_1 + 2$$
$$v_3 = \hat{x}_1 + \hat{x}_2 - 3$$
$$v_4 = \hat{x}_3$$
$$v_5 = \hat{x}_2$$
$$\hat{x}_1 + \hat{x}_2 + \hat{x}_3 - 7 = 0$$

根据上述方程,可得到相应的系数矩阵和常数项矩阵:

$$B = \begin{bmatrix} 1 & 0 & 0 \\ -1 & 0 & 0 \\ 1 & 1 & 0 \\ 0 & 0 & 1 \\ 0 & 1 & 0 \end{bmatrix}, l = \begin{bmatrix} 0 \\ -2 \\ 3 \\ 0 \\ 0 \end{bmatrix}, C = [1 \quad 1 \quad 1], W_x = -7$$

根据式(7-10)、式(7-11)可得到法方程:

$$\begin{bmatrix} 3 & 1 & 0 & 1 \\ 1 & 2 & 0 & 1 \\ 0 & 0 & 1 & 1 \\ 1 & 1 & 1 & 0 \end{bmatrix} \begin{bmatrix} \hat{x}_1 \\ \hat{x}_2 \\ \hat{x}_3 \\ k \end{bmatrix} = \begin{bmatrix} 5 \\ 3 \\ 0 \\ 7 \end{bmatrix}$$

解法方程,即可求得参数改正数 $\hat{x}$ 及联系数 k:

$$\hat{x}_1 = 2 \text{ cm}, \hat{x}_2 = 2 \text{ cm}, \hat{x}_3 = 3 \text{ cm}, k = -3$$

代入误差方程,得观测值改正数:

$$v_1 = 2 \text{ cm}, v_2 = 0 \text{ cm}, v_3 = 1 \text{ cm}, v_4 = 3 \text{ cm}, v_5 = 2 \text{ cm}$$

代入观测值的平差值表达式 $\hat{L}_i = L_i + v_i$,即可得各观测高差平差值:

$$\hat{h}_1 = 3.60 \text{ m}, \hat{h}_2 = 5.40 \text{ m}, \hat{h}_3 = 4.12 \text{ m}, \hat{h}_4 = 4.88 \text{ m}, \hat{h}_5 = 0.52 \text{ m}$$

【例 7-4】 有一矩形如图 7-4 所示,已知一对角线长 $L_0 = 59.00$ cm(无误差),同精度观

测了矩形的边长，其中 $L_1=50.83\ \text{cm}, L_2=30.24\ \text{cm}$，设参数 $\hat{X}=\begin{bmatrix}\hat{X}_1 & \hat{X}_2\end{bmatrix}^{\mathrm{T}}$ 对应观测值的平差值 $\begin{bmatrix}\hat{L}_1 & \hat{L}_2\end{bmatrix}^{\mathrm{T}}$。

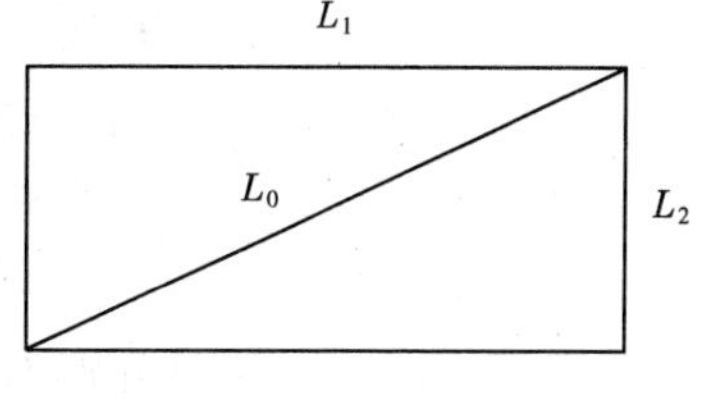

图 7-4

试按附有限制条件的间接平差法求：

(1)误差方程及限制条件。

(2)L_1、L_2 的平差值及中误差。

(3)矩形面积平差值 $\hat{S}$ 及其中误差 $\hat{\sigma}_{\hat{S}}$。

解　确定一个矩形的面积，由于已知一条对角线长是无误差的，故只需要知道观测矩形的长和宽之一就可以了，因此必要观测数 $t=1$，这里选择了两个未知数，即 $u=2$，分别对应矩形的长与宽观测值的平差值，故存在 $s=u-t=2-1=1$ 一个限制条件。由于是等精度独立观测，可设观测值的权阵为单位阵，故矩阵乘法中可不考虑它的存在。依题意列观测方程：

$$\hat{L}_1=\hat{X}_1$$

$$\hat{L}_2=\hat{X}_2$$

限制条件方程：

$$\hat{X}_1^2+\hat{X}_2^2-L_0^2=0$$

将限制条件方程线性化，并取参数的近似值为对应的观测值，将已知数据分别代入上面各式，得到改正数方程和限制条件方程：

$$v_1=\hat{x}_1$$

$$v_2=\hat{x}_2$$

$$\hat{x}_1+0.5949\hat{x}_2+0.1687=0$$

相应的系数矩阵和常数项矩阵：

$$B=\begin{bmatrix}1 & 0\\0 & 1\end{bmatrix}, l=\begin{bmatrix}0\\0\end{bmatrix}, C=\begin{bmatrix}1 & 0.5949\end{bmatrix}, W_x=0.1687$$

根据式(7-10)、式(7-11)得法方程：

$$\begin{bmatrix}1 & 0 & 1\\0 & 1 & 0.5949\\1 & 0.5949 & 0\end{bmatrix}\begin{bmatrix}\hat{x}_1\\\hat{x}_2\\k\end{bmatrix}=\begin{bmatrix}0\\0\\-0.1687\end{bmatrix}$$

解法方程，即可求得参数 $\hat{x}$ 及联系数 k：

$$\hat{x}_1=-0.1246\ \text{cm}, \hat{x}_2=-0.0741\ \text{cm},\ k=0.1246$$

代入误差方程，即可得观测值改正数 v：

$$v_1=-0.1246\ \text{cm}, v_2=-0.0741\ \text{cm}$$

由观测值改正数即可计算单位权中误差：

$$\hat{\sigma}_0=\sqrt{\frac{[pvv]}{r}}=\sqrt{\frac{0.021}{2-1}}=0.145(\text{cm})$$

代入观测值平差值表达式 $\hat{L}_i=L_i+v_i$，即可得各观测边长平差值：

$$\hat{L}_1 = 50.705\,4\text{ cm}, \hat{L}_2 = 30.165\,9\text{ cm}$$

由 $Q_{\hat{X}\hat{X}} = N_{BB}^{-1} - N_{BB}^{-1}C^{\mathrm{T}}N_{CC}^{-1}CN_{BB}^{-1}, N_{BB} = B^{\mathrm{T}}PB$ 得

$$Q_{\hat{X}\hat{X}} = \begin{bmatrix} 0.261\,4 & -0.439\,4 \\ -0.439\,4 & 0.738\,6 \end{bmatrix}$$

所以 L_1、L_2 的平差值的中误差分别为

$$\hat{\sigma}_{\hat{L}_1} = \hat{\sigma}_0\sqrt{Q_{\hat{X}_1\hat{X}_1}} = 0.145 \times \sqrt{0.261\,4} = 0.074\,1(\text{cm})$$

$$\hat{\sigma}_{\hat{L}_2} = \hat{\sigma}_0\sqrt{Q_{\hat{X}_2\hat{X}_2}} = 0.145 \times \sqrt{0.738\,6} = 0.124\,6(\text{cm})$$

因为矩形面积的计算公式为

$$S = \hat{L}_1 \times \hat{L}_2$$

其线性化后的权函数式是:

$$\mathrm{d}S = \hat{L}_2\mathrm{d}\hat{L}_1 + \hat{L}_1\mathrm{d}\hat{L}_2$$

将观测值的平差值代入,即有

$$\mathrm{d}S = 30.165\,9\mathrm{d}\hat{L}_1 + 50.705\,4\mathrm{d}\hat{L}_2$$

按协因数传播律,有

$$Q_{SS} = [30.165\,9 \quad 50.705\,4]Q_{\hat{X}\hat{X}}[30.165\,9 \quad 50.705\,4]^{\mathrm{T}} = 792.668\,3$$

于是,面积的中误差为

$$\hat{\sigma}_S = \hat{\sigma}_0\sqrt{Q_{SS}} = 0.145 \times \sqrt{792.668\,3} = 4.08(\text{cm}^2)$$

代入相关数据,矩形面积及其中误差可表达为

$$1\,529.57 \pm 4.08(\text{cm}^2)$$

第四节　几种基本平差方法的特点

前面分别介绍了4种基本的平差方法。一般来说,在处理同一平差问题时,不论采用哪一种平差函数模型,平差后的全部结果(包括任何一个量的平差值和精度)都是相同的。不同的平差方法都有其各自的优点和特点,我们不能断言哪一种是最好的方法,因此在实际工作中,针对某一个具体平差问题,究竟采用什么平差模型,将有很大的灵活性。对于同一个平差问题,一般应从计算工作量的大小、列条件方程式的难易程度、所要解决问题的性质和要求、计算工具的能力等因素予以综合考虑。下面简要介绍几种基本平差方法的特点:

(1)条件平差法。这是一种不选任何参数的平差方法,通过平差计算,可以直接求得所有观测量的平差值,同时还可以利用单位权方差 $\hat{\sigma}_0^2$ 和观测量的协因数阵 $Q_{\hat{L}\hat{L}}$ 估算观测量及其函数的精度。这是平差计算中最基本的一种方法。

(2)附有参数的条件平差法。在第五章中已经介绍了,当下列情况出现时,往往采用附有参数的条件平差法:①需要通过平差能同时求得某些非观测量的平差值和它们的精度;②当只需要部分观测量的平差值和精度时,也可以再将这些量设成参数加入条件方程中,可以不用再列平差值函数;③当某些条件方程式通过观测量难以列出时,则可以适当地设立非观测量为参数,以解决列条件方程式的困难。

(3)间接平差法。间接平差法的特点是选定 t 个独立的参数,而将每个观测量都表达成

这 t 个参数的函数，从法方程中可以直接解算出参数近似值 X^0 的改正数 $\hat{x}$。在实际工作中，如果我们所需要的最后成果就是参数的平差值和精度，那么采用间接平差法是非常有利的。例如，在水准网或三角网中，需要的最后成果是点的高程或坐标。因此，在水准网中选待定点的高程为参数，在三角网中选待定点的坐标为参数，当平差计算工作结束时就得到了所需要的最后成果。

(4)附有限制条件的间接平差法。该平差方法与间接平差法相似，不同之处仅在所选的 u 个参数中($u>t$)有 s 个参数不独立。

需要指出的是，对于有些平差问题，例如较大规模的三角网等，条件方程式的类型较多，而且有些类型的条件式的形式较为复杂，规律不够明显，因而列条件方程较为困难；另外，有些条件方程列法不唯一，为计算机编程实现自动解算增加了困难；而间接平差法和附有限制条件的间接平差法列误差方程的规律性较强，从而编制计算机程序的工作较为简单，易于实现计算过程的自动化。因此，在实际工作中，较多采用的是间接平差法和附有限制条件的间接平差法。

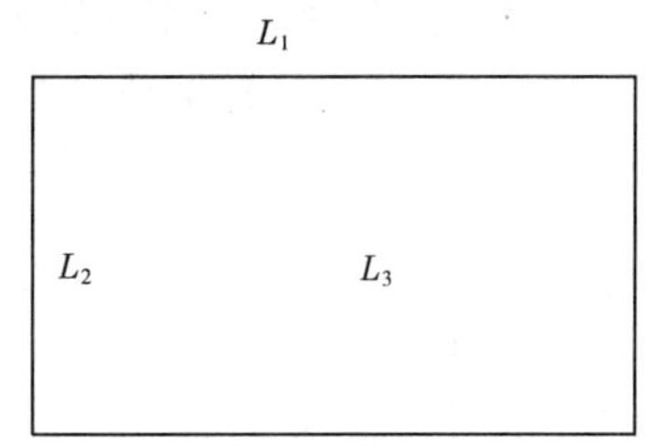

图 7-5

【综合例题】 如图 7-5 所示，为了确定某地形图上矩形稻田面积，测量了该矩形的长 L_1、宽 L_2，并用求积仪测量了该矩形的面积 L_3，各观测值及观测精度见表 7-2，试用四种基本平差方法计算各观测值的平差值。

表 7-2　矩形稻田观测值及其精度

序号	L_i	σ_i^2	P_i
1	70 cm	1 cm^2	2
2	30 cm	1 cm^2	2
3	2 115 cm^2	2 cm^4	1

解　依题意，设 $\sigma_0^2=2\ \text{cm}^4$，则 $P_1=P_2=2\ \text{cm}^2$，$P_3=1$，将各观测值权分别列于表 7-2 对应列中。

(1)条件平差法

例 5-1 中分析表明，本题中多余观测数 $r=1$，选未知量为观测值的平差值，可列条件方程

$$\hat{L}_1\hat{L}_2-\hat{L}_3=0 \tag{1}$$

将非线性条件方程式(1)线性化，并用观测值的近似值代入，得到用改正数表示的条件方程：

$$30v_1+70v_2-v_3-15=0$$

根据误差方程的系数、常数及观测值权阵，按条件平差原理得各观测值的平差值

$$\hat{L}_1=70.078\ \text{cm},\quad \hat{L}_2=30.181\ \text{cm},\quad \hat{L}_3=2\ 114.995\ \text{cm}^2$$

注意，将计算结果代入条件方程式(1)，$\hat{L}_1\hat{L}_2-\hat{L}_3=0.029\ \text{cm}^2\neq0$。这是因为，非线性模型线性化时，是以观测值作为未知数的近似值，由于近似值与真值(平差值)相差较大，模型

线性化时产生的模型误差较大。为了提高平差结果计算精度,对非线性模型平差计算时,需要采用迭代解法,即以首次平差结果为第 2 次平差时未知量的初值,继续平差计算,如此迭代下去,直到未知数迭代前后的差值满足规定的限差时为止。仍以本例说明,在首次平差基础上,进行第 2 次平差,得到新的条件方程

$$30.181v_1 + 70.078v_2 - v_3 + 0.029 = 0$$

可求得各观测值的第 2 次平差值

$$\hat{L}_1 = 70.077\,65\ \text{cm},\quad \hat{L}_2 = 30.180\,85\ \text{cm},\quad \hat{L}_3 = 2\,114.995\,01\ \text{cm}^2$$

将平差成果代入原条件方程(1),$\hat{L}_1\hat{L}_2 - \hat{L}_3 = 0.008\,0\ \text{cm}^2$,相对第 1 次平差后计算结果,条件方程闭合差更接近真值。设定迭代限差,继续迭代计算,可以进一步消除非线性模型线性化后带来的模型舍入误差影响,提高平差成果质量。

原则上,非线性模型平差处理时,要考虑模型线性化过程中产生的舍入误差的影响,采用迭代算法。对非线性模型平差实用处理方法,可参考文献[18]。

(2)附有参数的条件平差法

若选择矩形的面积平差值为参数 $\hat{X}$,则条件方程数 $c = r + u = 1 + 1 = 2$,除原条件方程(1)外,另增加 1 个观测值条件方程,则函数模型表达式为

$$\begin{cases} \hat{L}_1\hat{L}_2 - \hat{L}_3 = 0 \\ \hat{L}_3 - \hat{X} = 0 \end{cases}$$

(3)间接平差法

若选择矩形观测边长 L_1 和 L_2 平差值为独立参数 $\hat{X}_1$ 和 $\hat{X}_2$,则间接平差时观测方程为

$$\begin{cases} \hat{L}_1 = \hat{X}_1 \\ \hat{L}_2 = \hat{X}_2 \\ \hat{L}_3 = \hat{X}_1\hat{X}_2 \end{cases}$$

(4) 附有限制条件的间接平差法

若选择矩形观测边长 L_1、L_2 及面积观测值 L_3 的平差值分别为参数 $\hat{X}_1$、$\hat{X}_2$ 和 $\hat{X}_3$,显然参数间有一个限制条件,则误差方程总数 $c = u + s = 3 + 1 = 4$,则有观测方程和限制条件方程

$$\begin{cases} \hat{L}_1 = \hat{X}_1 \\ \hat{L}_2 = \hat{X}_2 \\ \hat{L}_3 = \hat{X}_3 \\ \hat{X}_1\hat{X}_2 - \hat{X}_3 = 0 \end{cases}$$

其中,前 3 式为观测方程,最后 1 式为限制条件方程。

值得注意的是,上式中第 3 式不能表达成

$$\hat{L}_3 = \hat{X}_1 \hat{X}_2$$

否则,观测方程中的系数矩阵的秩列亏,即 $R(B)=2<3$,不满足模型观测方程系数矩阵秩 $R(B)=u$ 的要求。

(5)直接平差法

直接平差时,顾及矩形面积的直接观测值为 2 115 cm^2,观测值的方差 $\sigma_{L_3}^2=2\ cm^4$,间接观测值为 $L_4=L_1L_2=2\ 100\ cm^2$,根据协方差传播律,可得 L_4 的中误差 $\sigma_{L_4}^2=5\ 800\ cm^4$。则矩形面积的平差值 $\hat{S}$ 等于两次观测面积值的加权平均值,即有

$$\hat{S} = \frac{P_{L3}\times 2\ 115 + P_{L4}\times 2\ 100}{P_{L3}+P_{L4}} = 2\ 114.995\ cm^2$$

不论采用哪种平差模型,均可得到各观测值的第一次平差值如下

$$\hat{L}_1 = 70.078\ cm,\quad \hat{L}_2 = 30.181\ cm,\quad \hat{L}_3 = 2\ 114.995\ cm^2$$

对同一平差问题,待定参数的平差值及其精度不受平差模型的影响,数据处理结果相同。

习　题

1. 在图 7-6 所示的水准网中,A 为已知点,其高程 $H_A=10$ m,观测高差和路线长度如表 7-3所示。

设参数:$\hat{X}=\begin{bmatrix}\hat{X}_1 & \hat{X}_2 & \hat{X}_3\end{bmatrix}^T=\begin{bmatrix}\hat{H}_B & \hat{h}_3 & \hat{h}_4\end{bmatrix}^T$,定权时 $C=2$ km。

试列出:(1)误差方程式及限制条件。

(2)法方程式。

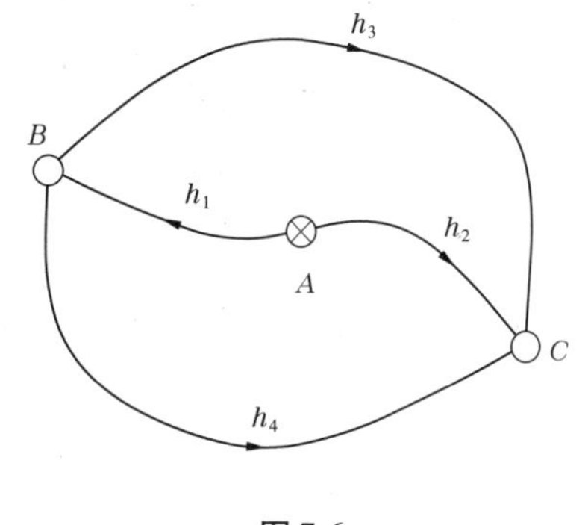

图 7-6

表 7-3

线路编号	观测高差 h_i(m)	路线长度 S_i(km)
1	2.563	1
2	-1.326	1
3	-3.885	2
4	-3.883	2

2. 如图 7-7 所示的测边网中,A、B、C 为已知点,P 为待定点,同精度边长观测值 $S_1=187.400$ m,$S_2=259.780$ m,$S_3=190.620$ m,PB 边的坐标方位角 $\alpha_{PB}=66°54'54.3''$,已知点坐标分别为:$X_A=603.984$ m,$Y_A=414.420$ m,$X_B=807.665$ m,$Y_B=496.094$ m,$X_C=889.339$ m,$Y_C=308.546$ m;设 P 点坐标为未知参数,已算得其近似值为:$X_P^0=705.820$ m,$Y_P^0=257.130$ m。

试分别求:(1)列出误差方程式及限制条件。

(2)求 P 点坐标的最或然值。

（3）求边长改正数向量 V 及各边长平差值。

3. 有一长方形如图7-8所示，量测了矩形的4段边长，得同精度观测值：$L_1=8.62$ cm、$L_2=3.29$ cm、$L_3=8.68$ cm、$L_4=3.21$ cm，已知矩形的面积为28.17 cm^2，设边长 L_1、L_2 的平差值为参数：$\hat{X}=\left[\hat{X}_1 \quad \hat{X}_2\right]^T$。

试按附有限制条件的间接平差法求：

（1）列出误差方程式及限制条件。

（2）矩形四条边的边长最或然值。

（3）参数的协因数阵 $Q_{\hat{X}\hat{X}}$。

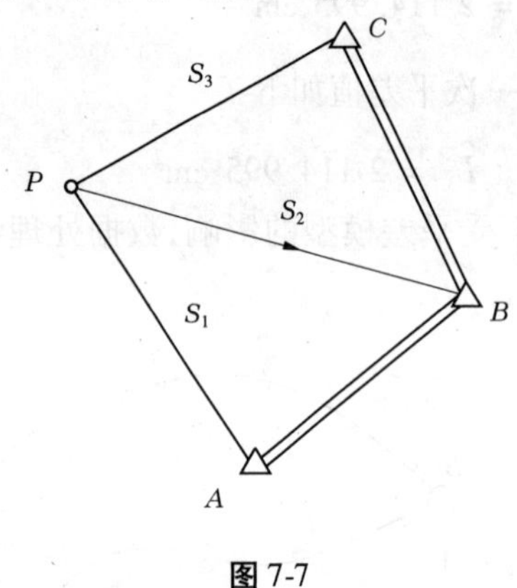

图7-7

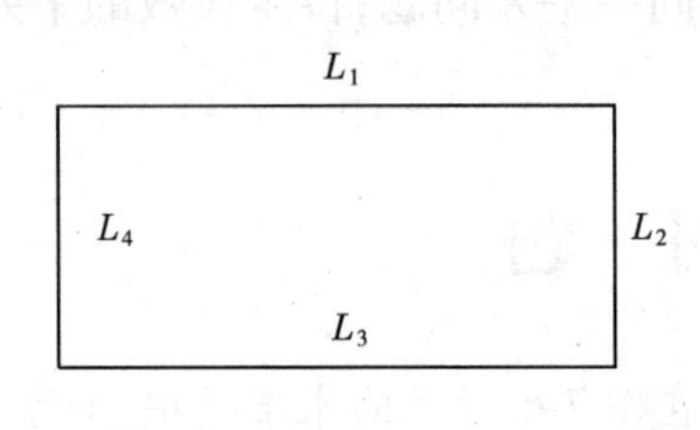

图7-8

第八章 误差椭圆

学习目标

理解点位真位差及中误差的定义；理解误差曲线和误差椭圆的含义；熟悉误差椭圆参数的计算。

【学习导入】

通过平差，求出了几何模型中的未知元素，完成了观测成果的精度评定。除此之外，平差成果还有哪些应用？本章对误差椭圆的基本知识进行初步论述，将为后继控制测量、工程测量等专业课程学习打下基础。

本章在介绍点位真位差、中误差基本概念的基础上，详细说明了点位方差的计算、任意方向上位差的计算及位差极值的计算；并对点位误差曲线、误差椭圆及相对误差椭圆的相关知识结合具体实例进行了详细介绍。

第一节 概 述

在测量工作中，为了确定点的平面位置，通常需要进行一系列的观测。受观测条件的限制，观测值中不可避免地带有误差，根据带有误差的观测值，通过平差计算所获得的点的坐标的平差值 $\hat{x}$、$\hat{y}$，并不是待定点坐标的真值 $\tilde{x}$、$\tilde{y}$。

如图 8-1 中，A 为已知点，假定其坐标是不带误差的数值。P 为待定点的真位置，P' 为平差后得到的点位，两者的距离为 ΔP，称为点位真误差，简称真位差。待定点坐标的真值与平差值之间存在着真误差 Δx、Δy，即

$$\begin{cases}\Delta x = \tilde{x} - \hat{x}\\ \Delta y = \tilde{y} - \hat{y}\end{cases} \tag{8-1}$$

且有

$$\Delta P^2 = \Delta x^2 + \Delta y^2 \tag{8-2}$$

Δx、Δy 为真位差在 x 轴和 y 轴方向上的两个位差分量，也可以理解为真位差在坐标轴上的投影。设 Δx、Δy 的中误差为 σ_x、σ_y，平差值 $\hat{x}$、$\hat{y}$ 是真值 $\tilde{x}$、$\tilde{y}$ 的无偏估计，对式(8-2)两边取数学期望，则点 P 的真位差 ΔP 的方差为

$$\sigma_P^2 = \sigma_x^2 + \sigma_y^2 \tag{8-3}$$

如果将图 8-1 中的坐标系旋转某一角度，即以 $x'oy'$ 为坐标系，如图 8-2 所示，可以看出，

真位差 ΔP 的大小不受坐标轴的变化而发生变化,此时:

$$\Delta P^2 = \Delta x'^2 + \Delta y'^2 \tag{8-4}$$

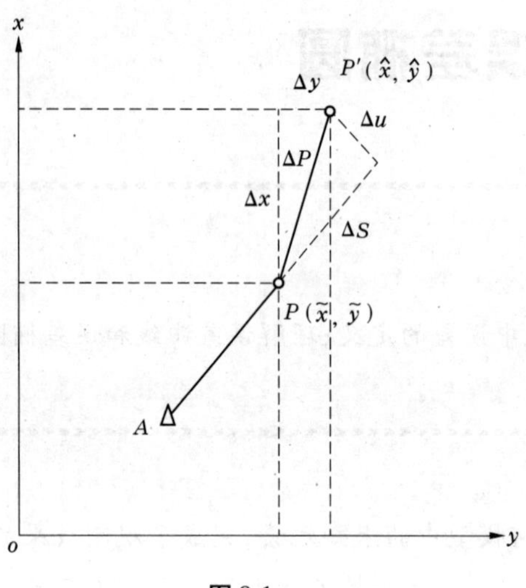

图 8-1

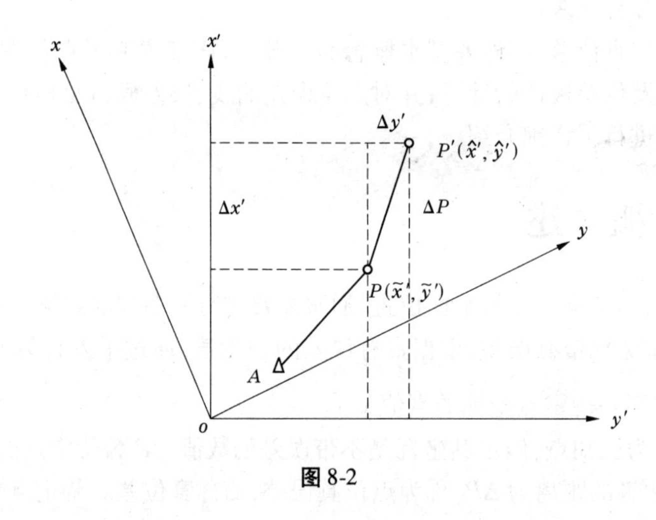

图 8-2

则有

$$\sigma_P^2 = \sigma_{x'}^2 + \sigma_{y'}^2 \tag{8-5}$$

这说明,尽管点位真位差 ΔP 在不同坐标系上的两个坐标轴上的投影长度不等,但点位方差总是等于两个相互垂直的方向上的坐标方差之和,即与坐标系的选择无关。

如果将点 P 的真位差 ΔP 投影在 AP 方向和垂直于 AP 的方向上,则得到 Δs 和 Δu(见图 8-1),Δs 和 Δu 分别称为点 P 的纵向误差和横向误差,此时有

$$\Delta P^2 = \Delta s^2 + \Delta u^2 \tag{8-6}$$

于是

$$\sigma_P^2 = \sigma_s^2 + \sigma_u^2 \tag{8-7}$$

通过纵、横向误差来求定点位误差,这在测量工作中也是一种常用的方法。

上述的 σ_x 和 σ_y 分别为点在 x 轴和 y 轴方向上的中误差，σ_s 和 σ_u 是点在 AP 边的纵向和横向上的中误差。为了衡量待定点的精度，一般是求出其点位中误差 σ_P，为此，可求出它在两个相互垂直方向上的中误差，就可以由式(8-3)或式(8-7)计算点位中误差。

从上面的讨论中可以看出，点位中误差 σ_P 虽然可以用来评定待定点的点位精度，但是它们却不能代表该点在某一任意方向上的位差大小，但在有些情况下，往往需要研究点位在某些特殊方向上的位差大小。此外，还要了解点位在哪一个方向上的位差最大，在哪一个方向上的位差最小。例如，在桥梁施工放样中，需要沿桥中轴线方向上的位差最小。为了便于确定待定点的点位在任意方向上的位差的大小，一般是通过求待定点的点位误差椭圆来实现的。通过误差椭圆可以求得待定点在任意方向上的位差，就可以精确、形象而全面地反映待定点的点位在各个方向上误差的分布情况。

为了书写方便，下面各节内容中以 x、y 表示待定点的平差值。

第二节　点位误差

一、点位方差的计算

待定点的纵、横坐标的方差是按下式计算的：

$$\begin{cases} \sigma_x^2 = \dfrac{\sigma_0^2}{P_x} = \sigma_0^2 Q_{xx} \\ \sigma_y^2 = \dfrac{\sigma_0^2}{P_y} = \sigma_0^2 Q_{yy} \end{cases} \tag{8-8}$$

根据式(8-3)可以求得待定点的点位方差：

$$\sigma_P^2 = \sigma_x^2 + \sigma_y^2 = \sigma_0^2 (Q_{xx} + Q_{yy}) \tag{8-9}$$

计算待定点的点位方差，只要计算出 Q_{xx}、Q_{yy} 及单位权方差 σ_0^2 即可。当以三角网中待定点的坐标作为参数，按间接平差法平差时，法方程系数阵的逆阵就是参数的协因数阵 Q_{xx}。

若平差问题只有一个待定点，则法方程系数阵的逆阵为：

$$N_{BB}^{-1} = Q_{xx} = \begin{bmatrix} Q_{xx} & Q_{xy} \\ Q_{yx} & Q_{yy} \end{bmatrix} \tag{8-10}$$

其中，主对角线上的元素 Q_{xx}、Q_{yy} 就是待定点坐标平差值 x、y 的协因数或权倒数，而 Q_{xy}、Q_{yx} 则是它们之间的互协因素或相关权倒数。

当平差问题中有多个待定点时，例如有 s 个待定点，参数的协因数阵为：

$$Q_{xx} = \begin{bmatrix} Q_{x_1x_1} & Q_{x_1y_1} & \cdots & Q_{x_1x_s} & Q_{x_1y_s} \\ Q_{y_1x_1} & Q_{y_1y_1} & \cdots & Q_{y_1x_s} & Q_{y_1y_s} \\ \vdots & \vdots & & \vdots & \vdots \\ Q_{x_sx_1} & Q_{x_sy_1} & \cdots & Q_{x_sx_s} & Q_{x_sy_s} \\ Q_{y_sx_1} & Q_{y_sy_1} & \cdots & Q_{y_sx_s} & Q_{y_sy_s} \end{bmatrix} \tag{8-11}$$

待定点坐标的权倒数是相应的主对角线上的元素，而相关权倒数则在相应权倒数连线的两侧。

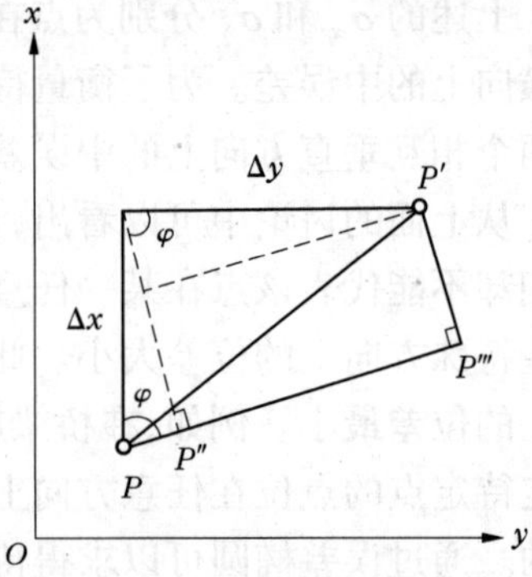

二、任意方向 φ 的位差

为了求 P 点在某一方向 φ 上的中误差，需先找出待定点 P 在 φ 方向上的真误差与纵、横坐标的真误差 Δx，Δy 的函数关系。P 点在 φ 方向上的位置真误差，实际上就是 P 点的点位真误差在 φ 方向上的投影值。如图 8-3 所示，点位真误差 PP' 在 φ 方向上的投影值为 PP'''。

图 8-3

由图 8-3 可以看出，$\Delta\varphi$ 与 Δx、Δy 的关系为

$$\Delta\varphi = \overline{PP''} + \overline{P''P'''} = \cos\varphi\Delta x + \sin\varphi\Delta y \quad (8\text{-}12)$$

考虑到 $Q_{xy} = Q_{yx}$，由协因数传播定律有

$$Q_{\varphi\varphi} = [\cos\varphi \quad \sin\varphi]\begin{bmatrix} Q_{xx} & Q_{xy} \\ Q_{yx} & Q_{yy} \end{bmatrix}\begin{bmatrix} \cos\varphi \\ \sin\varphi \end{bmatrix}$$

$$= Q_{xx}\cos^2\varphi + Q_{yy}\sin^2\varphi + Q_{xy}\sin2\varphi \quad (8\text{-}13)$$

$Q_{\varphi\varphi}$ 即为所求方向 φ 上的权倒数，则方向 φ 上的方差为

$$\sigma_\varphi^2 = \sigma_0^2 Q_{\varphi\varphi} \quad (8\text{-}14)$$

此即在给定 φ 方向上的位差的计算公式。单位权方差 σ_0^2 为常数，σ_φ^2 的大小取决于 $Q_{\varphi\varphi}$，而 $Q_{\varphi\varphi}$ 是 φ 的函数。

由式(8-14)可知，与 φ 垂直方向 $\varphi' = \varphi + 90°$ 上的方差为

$$\begin{aligned} \sigma_{\varphi'}^2 &= \sigma_0^2 Q_{\varphi'\varphi'} = \sigma_0^2(Q_{xx}\cos^2\varphi' + Q_{yy}\sin^2\varphi' + Q_{xy}\sin2\varphi') \\ &= \sigma_0^2[Q_{xx}\cos^2(\varphi + 90°) + Q_{yy}\sin^2(\varphi + 90°) + Q_{xy}\sin2(\varphi + 90°)] \\ &= \sigma_0^2(Q_{xx}\sin^2\varphi + Q_{yy}\cos^2\varphi - Q_{xy}\sin2\varphi) \end{aligned} \quad (8\text{-}15)$$

另根据式(8-13)，有

$$\sigma_\varphi^2 + \sigma_{\varphi+90°}^2 = \sigma_0^2(Q_{xx} + Q_{yy}) = \sigma_P^2 \quad (8\text{-}16)$$

式(8-16)表明，待定点的点位方差等于任意两个相互垂直方向上的方差分量之和。

三、位差的极大值 E 和极小值 F

由式(8-14)可知，σ_φ^2 是 φ 的函数，其大小与 φ 的方向值有关，φ 取不同的值，σ_φ^2 也取得不同的值，权倒数 $Q_{\varphi\varphi}$ 的大小也不一样。在众多方向的权倒数中，必有一对权倒数取得极大值和极小值，并分别设它们等于 Q_{EE} 和 Q_{FF}，对应的方向分别记为 φ_E 和 φ_F，即位于 φ_E 方向的位差具有极大值，而位于 φ_F 方向的位差具有极小值。可以证明，φ_E 和 φ_F 两方向互相垂直。

为求 Q_{EE} 和 Q_{FF}，可通过式(8-13)利用函数求极值的方法求出，也可以利用协因数阵求特征值的方法求出。计算 Q_{EE} 和 Q_{FF} 的公式是：

$$\begin{cases} Q_{EE} = \dfrac{1}{2}(Q_{xx} + Q_{yy} + K) \\ Q_{FF} = \dfrac{1}{2}(Q_{xx} + Q_{yy} - K) \end{cases} \quad (8\text{-}17)$$

由 Q_{EE} 和 Q_{FF} 即可求出位差的极大值 E 和极小值 F：

$$
\begin{cases}
E^2 = \sigma_0^2 Q_{EE} = \dfrac{1}{2}\sigma_0^2(Q_{xx} + Q_{yy} + K) \\
F^2 = \sigma_0^2 Q_{FF} = \dfrac{1}{2}\sigma_0^2(Q_{xx} + Q_{yy} - K)
\end{cases}
\tag{8-18}
$$

或

$$
\begin{cases}
E = \sigma_0\sqrt{Q_{EE}} \\
F = \sigma_0\sqrt{Q_{FF}}
\end{cases}
\tag{8-19}
$$

式中

$$K = \sqrt{(Q_{xx} - Q_{yy})^2 + 4Q_{xy}^2} \tag{8-20}$$

极大值方向 φ_E 和极小值方向 φ_F 的计算公式是:

$$\tan\varphi_E = \frac{Q_{EE} - Q_{xx}}{Q_{xy}} = \frac{Q_{xy}}{Q_{EE} - Q_{yy}} \tag{8-21}$$

$$\tan\varphi_F = \frac{Q_{FF} - Q_{xx}}{Q_{xy}} = \frac{Q_{xy}}{Q_{FF} - Q_{yy}} \tag{8-22}$$

四、用极值 E、F 表示任意方向上的位差

由式(8-13)计算任意方向 φ 上的位差时,φ 是从纵坐标轴 x 顺时针方向起算的。现导出用 E、F 表示并以 E 轴(即 φ_E 方向为基准)为起算基准的任意方向上的位差,这个任意方向用 Ψ 表示,见图 8-4。

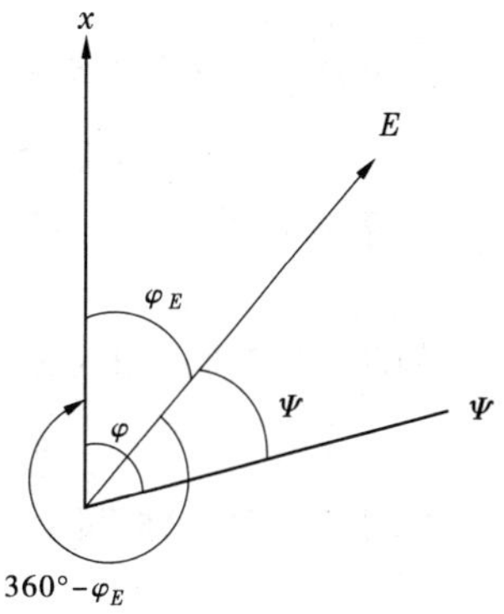

以 E 轴和 F 轴为坐标轴,计算任意方向 Ψ 的位差,需要找出误差 $\Delta\Psi$ 与 ΔE、ΔF 的关系式,再按协因数传播律求得 $Q_{\Psi\Psi}$。与 $\Delta\varphi$ 和 Δx、Δy 的关系一样,存在:

$$\Delta\Psi = \cos\Psi\Delta E + \sin\Psi\Delta F \tag{8-23}$$

图 8-4

则

$$Q_{\Psi\Psi} = Q_{EE}\cos^2\Psi + Q_{FF}\sin^2\Psi + Q_{EF}\sin 2\Psi \tag{8-24}$$

Q_{EF} 为两个极值方向位差的互协因数,可以证明 $Q_{EF}=0$(见例 8-3),即在 E、F 方向上的坐标平差值是不相关的。因此,故以极值 E、F 表示的任意方向 Ψ 的位差公式是:

$$Q_{\Psi\Psi} = Q_{EE}\cos^2\Psi + Q_{FF}\sin^2\Psi \tag{8-25}$$

或

$$\hat{\sigma}_\Psi^2 = E^2\cos^2\Psi + F^2\sin^2\Psi \tag{8-26}$$

【例 8-1】 已知某平面控制网经平差后得出待定点 P 的坐标平差值 $\hat{X} = \begin{bmatrix}\hat{X}_P & \hat{Y}_P\end{bmatrix}^{\mathrm{T}}$ 的协因数阵为

$$Q_{\hat{X}\hat{X}} = \begin{bmatrix} 2 & 0.5 \\ 0.5 & 3 \end{bmatrix} \quad [\text{单位}:\mathrm{dm}^2/('')^2]$$

单位权中误差 $\hat{\sigma}_0 = 0.5''$,试求 $\varphi = 30°$方向上的位差。

解　第一种方法:直接利用式(8-13)及式(8-14)有

$$\sigma_\varphi^2 = \sigma_0^2 Q_{\varphi\varphi} = \sigma_0^2(Q_{xx}\cos^2\varphi + Q_{yy}\sin^2\varphi + Q_{xy}\sin 2\varphi)$$

将 $\varphi = 30°$代入上式,有

$$\sigma_{\hat{\varphi}}^2 = 0.670\ 8\ \text{dm}^2, \sigma_{\hat{\varphi}} = 0.82\ \text{dm}$$

第二种方法:(1)先由式(8-20)计算出 $K=\sqrt{2}$,则按式(8-17)可得

$$Q_{EE} = 3.207\ 1, Q_{FF} = 1.792\ 9$$

(2)计算 E 的方位角 φ_E。将相关值代入式(8-21),可得 $\varphi_E = 67°30'$。

(3)计算以 φ_E 为基准的 Ψ 值:

$$\Psi = 30° - 67°30' + 360° = 322°30'$$

(4)根据式(8-18)及式(8-26),代入相关值,有

$$\sigma_\Psi^2 = 0.670\ 8\ \text{dm}^2 = \sigma_{\hat{\varphi}}^2$$

【例 8-2】 已求得某控制网中 P 点误差椭圆参数 $\varphi_E = 157°30'$、$E = 1.57$ dm、$F = 1.02$ dm,已知 PA 边坐标方位角 $\alpha_{PA} = 217°30'$,$S_{PA} = 5$ km,A 为已知点。试求 PA 边坐标方位角中误差 $\hat{\sigma}_{\alpha_{PA}}$ 和边长相对中误差 $\dfrac{\hat{\sigma}_{S_{PA}}}{S_{PA}}$。

解 (1)先求 PA 边坐标方位角方向上的 Ψ_1 角

$$\Psi_1 = 217°30' - 157°30' = 60°$$

(2)求 Ψ_1 方向上的点位方差及中误差,由式(8-26)有

$$\hat{\sigma}_{\Psi_1}^2 = 1.396\ 5\ \text{dm}^2, \hat{\sigma}_{\Psi_1} = \hat{\sigma}_{S_{PA}} = 1.181\ 7\ \text{dm}$$

(3)求垂直于 PA 边坐标方位角方向上的 Ψ_2 角:

$$\Psi_2 = \Psi_1 + 90° = 150°$$

(4)求 Ψ_2 方向上的点位方差及中误差:

$$\hat{\sigma}_{\Psi_2}^2 = 2.108\ 8\ \text{dm}^2, \hat{\sigma}_{\Psi_2} = 1.452\ 2\ \text{dm}$$

(5)求 PA 边坐标方位角中误差 $\hat{\sigma}_{\alpha_{PA}}$:

$$\hat{\sigma}_{\alpha_{PA}} = \rho'' \times \frac{\hat{\sigma}_{\Psi_2}}{S_{PA}} = 206\ 265 \times \frac{1.452\ 2}{50\ 000} = 5.99''$$

(6)求 PA 边的边长相对中误差 $\dfrac{\hat{\sigma}_{S_{PA}}}{S_{PA}}$:

$$\frac{\hat{\sigma}_{S_{PA}}}{S_{PA}} = \frac{1.181\ 7}{50\ 000} \approx \frac{1}{42\ 300}$$

【例 8-3】 试证明 $Q_{EF}=0$。

证明 参考图 8-3,可得到如下关系式:

$$\begin{cases} \Delta E = \cos\varphi_E \Delta x + \sin\varphi_E \Delta y \\ \Delta F = \cos\varphi_F \Delta x + \sin\varphi_F \Delta y \end{cases}$$

顾及

$$\cos\varphi_F = \cos(\varphi_E + 90°) = -\sin\varphi_E, \sin\varphi_F = \cos\varphi_E$$

则

$$\Delta F = -\sin\varphi_E \Delta x + \cos\varphi_E \Delta y$$

按协因数传播定律,有

$$Q_{EF} = [\cos\varphi_E \quad \sin\varphi_E] \begin{bmatrix} Q_{xx} & Q_{xy} \\ Q_{yx} & Q_{yy} \end{bmatrix} \begin{bmatrix} -\sin\varphi_E \\ \cos\varphi_E \end{bmatrix}$$

由式(8-21),可得

$$\tan 2\varphi_E = \frac{2Q_{xy}}{Q_{xx} - Q_{yy}} = \frac{\sin 2\varphi_E}{\cos 2\varphi_E}$$

代入协因数表达式,化简可得

$$Q_{EF} = 0$$

第三节 误差曲线与误差椭圆

一、误差曲线

以不同的 Ψ 和 σ_Ψ,由式(8-26)所描述的点的轨迹为一闭合曲线,其形状如图 8-5 所示。显然,任意方向 Ψ 上的向径 $\overline{OP}$ 就是该方向的位差 σ_Ψ。这个曲线把各方向的位差清楚地图解出来了。由图 8-5 可以看出,该图形是关于 E 轴和 F 轴对称的。这条曲线称为点位误差曲线(或点位精度曲线)。

点位误差曲线在工程测量中能发挥很好的作用,根据这个图,可以找出坐标平差值在各个方向上的位差。例如,图 8-6 为控制网中 P 点的点位误差曲线图,A、B 为已知点。由图可以得到:

$$\begin{cases} \sigma_{x_P} = \overline{Pa} \\ \sigma_{y_P} = \overline{Pb} \\ \sigma_{\varphi_E} = \overline{Pc} = E \\ \sigma_{\varphi_F} = \overline{Pd} = F \end{cases}$$

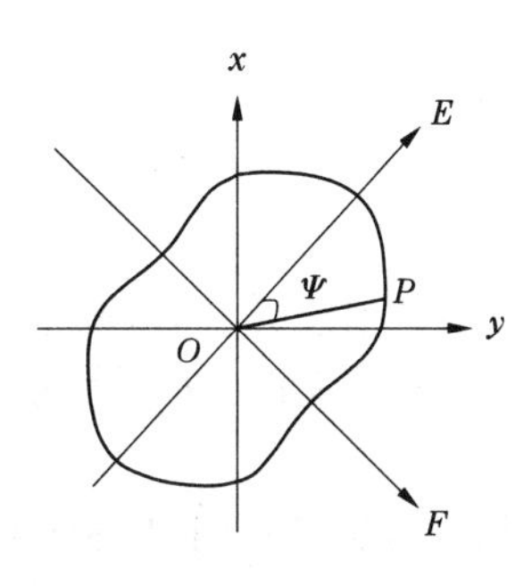

图 8-5

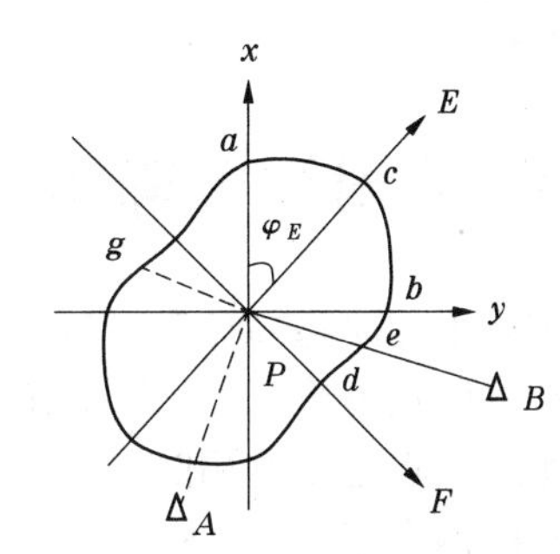

图 8-6

由点位误差曲线图还可以找到坐标平差值函数的中误差。例如,若求平差后方位角 α_{PA} 的中误差为 $\sigma_{\alpha_{PA}}$,则可以先从图中量出垂直于 PA 方向上的位差 $\overline{Pg}$,这就是 PA 边的横向误差,于是由下式可求得方位角中误差 $\sigma_{\alpha_{PA}}$:

$$\sigma''_{\alpha_{PA}} = \rho'' \frac{\overline{Pg}}{S_{PA}}$$

其中,S_{PA} 为 PA 的距离。又如,PB 边的中误差为

$$\sigma_{S_{PB}} = \overline{Pe}$$

二、误差椭圆

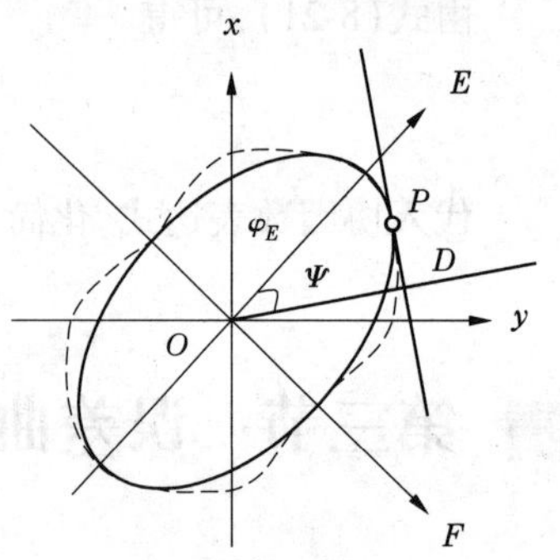

误差曲线作图不太方便,因此降低了它的实用价值。但其形状与以 E、F 为长、短半轴的椭圆很相似,如图 8-7 所示,称此椭圆为点位误差椭圆,φ_E、E、F 称为点位误差椭圆的参数。实际上,常以点位误差椭圆代替点位误差曲线。在点位误差椭圆上可以图解出任意方向 Ψ 的位差。其方法是:如图 8-7 所示,自椭圆作 Ψ 方向的正交切线 PD,P 为切点,D 是垂足,可以证明 $\sigma_\Psi = \overline{OD}$。

图 8-7

需要指出的是,在以上各节的讨论中,都是以一个待定点为例,说明了如何确定该点点位误差椭圆或点位误差曲线的问题。如果网中有多个待定点,也可以按上述方法,为每一个待定点确定一个点位误差椭圆或点位误差曲线。

若平差时采用间接平差法,设有 s 个待定点,则有 $2s$ 个坐标未知数,其相应的协因数阵为式(8-11)。为了计算第 i 点点位误差椭圆的元素,就需要用到 $Q_{x_ix_i}$、$Q_{y_iy_i}$ 和 $Q_{x_iy_i}$,并按本章第二节中所讲述的方法,分别由式(8-19)和式(8-21)计算出 E_i、F_i 和 φ_{E_i},然后作出该点的点位误差椭圆。

上面介绍了如何利用点位误差曲线从图上量出已知点与待定点之间的边长中误差,以及与该边垂直的横向中误差,从而求出方位角的中误差。如果网中有多个待定点,则可作出多个点位误差曲线,此时也可利用这些点位误差曲线确定已知点与任一待定点之间的边长中误差或方位角中误差,但不能确定待定点与待定点之间的边长中误差或方位角中误差,这是因为这些待定点的坐标是相关的。要解决这个问题,需要了解任意两个待定点之间的相对误差椭圆的知识。

第四节　相对误差椭圆

在平面控制网中,除需要研究待定点相对已知点的精度情况外,还需要了解任意两个待定点之间相对位置的精度情况。为了确定任意两个待定点之间的相对位置的精度,就需要进一步作出两个待定点之间的相对误差椭圆。

设控制网中的两个待定点为 P_i 及 P_k,这两点的相对位置可通过其坐标差来表示,即

$$\begin{cases}\Delta x_{ik} = x_k - x_i \\ \Delta y_{ik} = y_k - y_i\end{cases} \tag{8-27}$$

根据协因数传播律可得

$$\begin{cases}Q_{\Delta x\Delta x} = Q_{x_kx_k} + Q_{x_ix_i} - 2Q_{x_kx_i} \\ Q_{\Delta y\Delta y} = Q_{y_ky_k} + Q_{y_iy_i} - 2Q_{y_ky_i} \\ Q_{\Delta x\Delta y} = Q_{x_ky_k} - Q_{x_ky_i} - Q_{x_iy_k} + Q_{x_iy_i}\end{cases} \tag{8-28}$$

可以看出,如果 P_i 及 P_k 两点中有一个点(例如 P_i 点)为不带误差的已知点,则从式(8-28)中可以得:

$$Q_{\Delta x\Delta x} = Q_{x_kx_k}, Q_{\Delta y\Delta y} = Q_{y_ky_k}, Q_{\Delta x\Delta y} = Q_{x_ky_k} \tag{8-29}$$

利用这些协因数,根据式(8-18)和式(8-21)可以得到计算 P_i 与 P_k 点间相对误差椭圆的三个参数的公式:

$$\begin{cases} E^2 = \sigma_0^2 Q_{EE} = \dfrac{1}{2}\sigma_0^2 \left[Q_{\Delta x\Delta x} + Q_{\Delta y\Delta y} + \sqrt{(Q_{\Delta x\Delta x} - Q_{\Delta y\Delta y})^2 + 4Q_{\Delta x\Delta y}^2} \right] \\ F^2 = \sigma_0^2 Q_{FF} = \dfrac{1}{2}\sigma_0^2 \left[Q_{\Delta x\Delta x} + Q_{\Delta y\Delta y} - \sqrt{(Q_{\Delta x\Delta x} - Q_{\Delta y\Delta y})^2 + 4Q_{\Delta x\Delta y}^2} \right] \\ \tan\varphi_E = \dfrac{Q_{EE} - Q_{\Delta x\Delta x}}{Q_{\Delta x\Delta y}} = \dfrac{Q_{\Delta x\Delta y}}{Q_{EE} - Q_{\Delta y\Delta y}} \end{cases} \tag{8-30}$$

相对误差椭圆的绘制方法类似于本章第三节中的方法。二者的不同之处在于:点位误差椭圆一般以待定点中心为极绘制,而相对误差椭圆一般以两个待定点连线的中心为极绘制。

【例 8-4】 在第六章例 6-10 中已算得导线测量中的单位权中误差 $\hat{\sigma}_0 = 5.0''$,导线点 E、F 的协因数阵为

$$Q_{\hat{X}\hat{X}} = N_{BB}^{-1} = \begin{bmatrix} 0.383 & -0.122 & 0.344 & -0.037 \\ -0.122 & 1.469 & -0.019 & 0.937 \\ 0.344 & -0.019 & 0.567 & -0.052 \\ -0.037 & 0.937 & -0.052 & 1.859 \end{bmatrix}$$

试求 E、F 两点的误差椭圆及相对误差椭圆。

解　(1)计算 E 点误差椭圆的三个参数:

将相关的已知值代入式(8-18)及式(8-21),有

$$E_1^2 = 37.0634, F_1^2 = 9.2366, \tan\varphi_1 = -9.0126$$

即

$$E_1 = 6.1\ \text{mm}, F_1 = 3.0\ \text{mm}, \varphi_1 = 96°20'$$

(2)计算 F 点误差椭圆的三个参数。同理,将相关的已知值代入式(8-18)及式(8-21),有

$$E_2^2 = 46.5272, F_2^2 = 14.1228, \tan\varphi_2 = -24.8863$$

即

$$E_2 = 6.8\ \text{mm}, F_2 = 3.8\ \text{mm}, \varphi_2 = 92°18'$$

(3)计算 E、F 两点相对误差椭圆的三个参数。根据式(8-28),代入相应的已知值,可计算出:

$$Q_{\Delta x\Delta x} = 0.262, Q_{\Delta y\Delta y} = 1.454, Q_{\Delta x\Delta y} = -0.118$$

将相关的计算值代入式(8-30),有

$$E_{12}^2 = 36.6392, F_{12}^2 = 6.2608, \tan\varphi_{12} = -10.1997$$

即

$$E_{12} = 6.1\ \text{mm}, F_{12} = 2.5\ \text{mm}, \varphi_{12} = 95°36'$$

根据以上数据即可绘出 E、F 点的点位误差椭圆以及 E、F 点间的相对误差椭圆,如图 8-8 所示。

误差椭圆及相对误差椭圆的作用:在测量工作中,特别是在精度要求较高的工程测量中,往往利用点位误差椭圆对布网方案进行精度分析。因为在确定点位误差椭圆要素的三个元素 φ_E、E 和 F 时,除单位权中误差 σ_0 外,只需要知道各个协因数 Q_{ij} 的大小。采用间接平差方法时,协因数阵 Q_{XX} 是法方程系数阵的逆阵,即 $Q_{XX} = (B^{\mathrm{T}}PB)^{-1}$。在适当的比例尺的

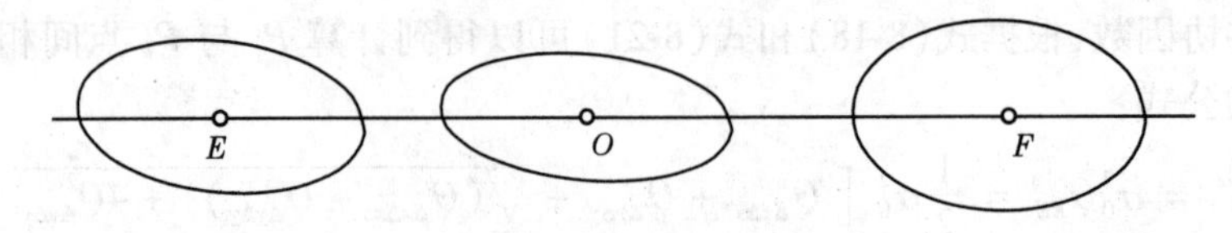

图 8-8

地形图上设计了控制网的点位后,可以从图上量取各边的边长和方位角的概略值,根据这些,可以算出误差方程的系数,而观测值的权则可以根据需要事先加以确定,因此可以求出该网的协因数阵 Q_{XX};另外,根据设计中所拟定的观测仪器来确定单位权中误差的大小,这样就可以估算出 φ_E、E 和 F 等数值了。如果估算的结果符合工程建设对控制网所提出的要求,则可认为该设计方案是可行的;否则,可以改变设计方案,重新估算,以达到预期的精度要求。有时也可以根据不同设计方案的精度要求,同时考虑各种因素,例如建网的费用、施测时间的长短、布网的难易程度等,在满足精度要求的前提下,从中选择最优的布网方案。

习 题

1. 点位误差椭圆的作用是什么?

2. 计算点位中误差 σ_P 的公式有哪几个?如何计算?

3. 在某测边网中,设待定点 P_1 的坐标为未知参数,即 $\hat{X}=[\hat{X}_1 \quad \hat{Y}_1]^{\mathrm{T}}$,平差后得到 X 的协因数阵 $Q_{\hat{X}\hat{X}}=\begin{bmatrix}1.75 & -0.25\\ -0.25 & 1.25\end{bmatrix}$,且单位权中误差 $\hat{\sigma}_0=\sqrt{2.0}$ cm。

(1)计算 P_1 点的误差椭圆的三个要素 φ_E、E、F。

(2)计算 P_1 点在方位角为 45°方向上的位差。

4. 某三角网中有一个待定点 P_1,其坐标为未知参数,即 $\hat{X}=\begin{bmatrix}\hat{X}_1 & \hat{Y}_1\end{bmatrix}^{\mathrm{T}}$,平差后得到 X 的协因数阵 $Q_{\hat{X}\hat{X}}=\begin{bmatrix}1.75 & -0.25\\ -0.25 & 1.25\end{bmatrix}[\mathrm{dm}^2/('')^2]$,且单位权方差 $\hat{\sigma}_0^2=2('')^2$。设 $\varphi=30°$ 的方向为 PC,且已知边长 $S_{PC}=3.120$ km,试求 PC 边的边长相对中误差 $\dfrac{\hat{\sigma}_{S_{PC}}}{S_{PC}}$ 及方位角中误差 $\hat{\sigma}_{\alpha PC}$。

5. 在某测边网中,A、B 是已知点,C、D 是待定点,经间接平差求得 C、D 点坐标的协因数阵为

$$Q_{\hat{X}\hat{X}}=\begin{bmatrix}0.350 & 0.015 & -0.005 & 0\\ 0.015 & 0.250 & 0 & 0.020\\ -0.005 & 0 & 0.200 & 0.010\\ 0 & 0.020 & 0.010 & 0.300\end{bmatrix},$$

单位权中误差 $\hat{\sigma}_0=2$ cm。

(1)试求 C、D 点相对误差椭圆的 3 个参数。

(2)已知方位角 $\alpha_{CD}=142.5°$,试求 C、D 两点的边长中误差 $\hat{\sigma}_{S_{CD}}$。

附　录

附录一　有关矩阵代数知识简介

一、行列式的基本知识

(一)行列式的定义

设有 n^2 个数,排成 n 行 n 列的数表

$$\begin{matrix} a_{11} & a_{12} & \cdots & a_{1n} \\ a_{21} & a_{22} & \cdots & a_{2n} \\ \vdots & \vdots & & \vdots \\ a_{n1} & a_{n2} & \cdots & a_{nn} \end{matrix}$$

作出表中位于不同行不同列的 n 个数的乘积,并冠以符号 $(-1)^t$,得到形如

$$(-1)^t a_{1p_1} a_{2p_2} \cdots a_{np_n} \tag{附 1}$$

的项,其中 $p_1,p_2,\cdots,p_n$ 为自然数 $1,2,\cdots,n$ 的一个排列,t 为这个排列的逆序数。由于这样的排列共有 $n!$ 个,因而形如式附(1)的项共有 $n!$ 项。所有这 $n!$ 的代数和

$$\sum (-1)^t a_{1p_1} a_{2p_2} \cdots a_{np_n} \tag{附 2}$$

称为 n 阶行列式,记作

$$D = \begin{vmatrix} a_{11} & a_{12} & \cdots & a_{1n} \\ a_{21} & a_{22} & \cdots & a_{2n} \\ \vdots & \vdots & & \vdots \\ a_{n1} & a_{n2} & \cdots & a_{nn} \end{vmatrix} \tag{附 3}$$

简记作 $\det(a_{ij})$,其中数 a_{ij} 为行列式 D 的 (i,j) 元。

(二)行列式的基本性质

(1)行列式和它的转置行列式相等。

记

$$D = \begin{vmatrix} a_{11} & a_{12} & \cdots & a_{1n} \\ a_{21} & a_{22} & \cdots & a_{2n} \\ \vdots & \vdots & & \vdots \\ a_{n1} & a_{n2} & \cdots & a_{nn} \end{vmatrix}, D^{\mathrm{T}} = \begin{vmatrix} a_{11} & a_{21} & \cdots & a_{n1} \\ a_{12} & a_{22} & \cdots & a_{n2} \\ \vdots & \vdots & & \vdots \\ a_{1n} & a_{2n} & \cdots & a_{nn} \end{vmatrix} \tag{附 4}$$

即 $D = D^{\mathrm{T}}$。

(2)互换行列式的两行(列),行列式改变符号。

推论　如果行列式有两行(列)完全相同,则此行列式等于零。

(3)行列式的某一行(列)中所有的元素都乘以同一数 k,等于用数 k 乘此行列式。

推论　行列式中某一行(列)的所有元素的公因子可以提到行列式的记号的外面。

(4)行列式中如果有两行(列)的元素成比例,则此行列式等于零。

(5)若行列式的某一列(行)的元素都是两数之和,例如第 i 列的元素都是两数之和:

$$D=\begin{vmatrix} a_{11} & a_{12} & \cdots & (a_{1i}+a'_{1i}) & \cdots & a_{1n} \\ a_{21} & a_{22} & \cdots & (a_{2i}+a'_{2i}) & \cdots & a_{2n} \\ \vdots & \vdots & & & & \vdots \\ a_{n1} & a_{n2} & \cdots & (a_{ni}+a'_{ni}) & \cdots & a_{nn} \end{vmatrix} \tag{附5}$$

则 D 等于下列两个行列式之和:

$$D=\begin{vmatrix} a_{11} & a_{12} & \cdots & a_{1i} & \cdots & a_{1n} \\ a_{21} & a_{22} & \cdots & a_{2i} & \cdots & a_{2n} \\ \vdots & \vdots & & \vdots & & \vdots \\ a_{n1} & a_{n2} & \cdots & a_{ni} & \cdots & a_{nn} \end{vmatrix} + \begin{vmatrix} a_{11} & a_{12} & \cdots & a'_{1i} & \cdots & a_{1n} \\ a_{21} & a_{22} & \cdots & a'_{2i} & \cdots & a_{2n} \\ \vdots & \vdots & & \vdots & & \vdots \\ a_{n1} & a_{n2} & \cdots & a'_{ni} & \cdots & a_{nn} \end{vmatrix} \tag{附6}$$

(6)把行列式的某一行(列)的各元素乘以同一数后加到另一行(列)对应的元素上去,行列式不变。

(7)上三角行列式等于对角线元素的乘积,即

$$D=\begin{vmatrix} a_{11} & a_{12} & \cdots & a_{1n} \\ & a_{22} & \cdots & a_{2n} \\ & & & \vdots \\ 0 & & \cdots & a_{nn} \end{vmatrix} = a_{11}a_{22}\cdots a_{nn} \tag{附7}$$

【例1】　计算

$$D=\begin{vmatrix} 3 & 1 & -1 & 2 \\ -5 & 1 & 3 & -4 \\ 2 & 0 & 1 & -1 \\ 1 & -5 & 3 & -3 \end{vmatrix}$$

解

$$D \overset{c_1\leftrightarrow c_2}{=} -\begin{vmatrix} 1 & 3 & -1 & 2 \\ 1 & -5 & 3 & -4 \\ 0 & 2 & 1 & -1 \\ -5 & 1 & 3 & -3 \end{vmatrix} \overset{\substack{r_2-r_1 \\ r_4+5r_1}}{=} -\begin{vmatrix} 1 & 3 & -1 & 2 \\ 0 & -8 & 4 & -6 \\ 0 & 2 & 1 & -1 \\ 0 & 16 & -2 & 7 \end{vmatrix}$$

$$\overset{r_2\leftrightarrow r_3}{=} \begin{vmatrix} 1 & 3 & -1 & 2 \\ 0 & 2 & 1 & -1 \\ 0 & -8 & 4 & -6 \\ 0 & 16 & -2 & 7 \end{vmatrix} \overset{\substack{r_3+4r_2 \\ r_4-8r_2}}{=} \begin{vmatrix} 1 & 3 & -1 & 2 \\ 0 & 2 & 1 & -1 \\ 0 & 0 & 8 & -10 \\ 0 & 0 & -10 & 15 \end{vmatrix}$$

$$\overset{r_4+1.25r_3}{=} \begin{vmatrix} 1 & 3 & -1 & 2 \\ 0 & 2 & 1 & -1 \\ 0 & 0 & 8 & -10 \\ 0 & 0 & 0 & 2.5 \end{vmatrix} = 1\times2\times8\times2.5=40$$

二、矩阵的基本知识

(一)矩阵的定义

由 $m \times n$ 个数 $a_{ij}(i=1,2,\cdots,m;j=1,2,\cdots,n)$ 排成的 m 行 n 列的数表：

$$\begin{matrix} a_{11} & a_{12} & \cdots & a_{1n} \\ a_{21} & a_{22} & \cdots & a_{2n} \\ \vdots & \vdots & & \vdots \\ a_{m1} & a_{m2} & \cdots & a_{mn} \end{matrix} \tag{附8}$$

称为 m 行 n 列矩阵，简称 $m \times n$ 矩阵。为表示它是一个整体，总是加一个括弧，记作：

$$A = \begin{bmatrix} a_{11} & a_{12} & \cdots & a_{1n} \\ a_{21} & a_{22} & \cdots & a_{2n} \\ \vdots & \vdots & & \vdots \\ a_{m1} & a_{m2} & \cdots & a_{mn} \end{bmatrix} \tag{附9}$$

这 $m \times n$ 个数称为矩阵 A 的元素，数 a_{ij} 位于矩阵 A 的第 i 行第 j 列，称为矩阵 (i,j) 元。以数 a_{ij} 为 A 的 (i,j) 元的矩阵可简记作 (a_{ij}) 或 $(a_{ij})_{m \times n}$。$m \times n$ 矩阵 A 也记作 $A_{m \times n}$ 或 A_{mn}，在本书中，为了使表达式清晰，也记作 $\underset{mn}{A}$。

(二)矩阵的分类

1. 行矩阵

只有一行的矩阵

$$A = [a_1 \quad a_2 \quad \cdots \quad a_n] \tag{附10}$$

称为行矩阵。

2. 列矩阵

只有一列的矩阵

$$B = \begin{bmatrix} b_1 \\ b_2 \\ \vdots \\ b_m \end{bmatrix} = [b_1 \quad b_2 \quad \cdots \quad b_m]^{\mathrm{T}} \tag{附11}$$

称为列矩阵。

3. 单位阵

形如

$$E = \begin{bmatrix} 1 & 0 & \cdots & 0 \\ 0 & 1 & \cdots & 0 \\ \vdots & \vdots & & \vdots \\ 0 & 0 & \cdots & 1 \end{bmatrix} \tag{附12}$$

即主对角线的元素都是1，其他元素都是0的 n 阶方阵叫做 n 阶单位矩阵，简称单位阵。

4. 对角矩阵

对应 n 阶方阵

$$\Lambda = \begin{bmatrix} \lambda_1 & 0 & \cdots & 0 \\ 0 & \lambda_2 & \cdots & 0 \\ \vdots & \vdots & & \vdots \\ 0 & 0 & \cdots & \lambda_n \end{bmatrix} \tag{附 13}$$

即不在对角线上的元素都是0的这种方阵称为对角阵。

(三)矩阵的运算

1. 矩阵的加法

设有两个 $m \times n$ 矩阵 $A = (a_{ij})$ 和 $B = (b_{ij})$,那么矩阵 A 与 B 的和记作 $A + B$,规定为

$$A + B = \begin{bmatrix} a_{11} + b_{11} & a_{12} + b_{12} & \cdots & a_{1n} + b_{1n} \\ a_{21} + b_{21} & a_{22} + b_{22} & \cdots & a_{2n} + b_{2n} \\ \vdots & \vdots & & \vdots \\ a_{m1} + b_{m1} & a_{m2} + b_{m2} & \cdots & a_{mn} + b_{mn} \end{bmatrix} \tag{附 14}$$

注意:只有行与列相同的矩阵才能进行加法运算。

2. 数与矩阵相乘

数 λ 与矩阵 A 的乘积记作 λA 或 $A\lambda$,规定为

$$\lambda A = A\lambda = \begin{bmatrix} \lambda a_{11} & \lambda a_{12} & \cdots & \lambda a_{1n} \\ \lambda a_{21} & \lambda a_{22} & \cdots & \lambda a_{2n} \\ \vdots & \vdots & & \vdots \\ \lambda a_{m1} & \lambda a_{m2} & \cdots & \lambda a_{mn} \end{bmatrix} \tag{附 15}$$

3. 矩阵与矩阵相乘

设 $A = (a_{ij})$ 是一个 $m \times s$ 矩阵,$B = (b_{ij})$ 是一个 $s \times n$ 矩阵,那么规定矩阵 A 与 B 的乘积是一个 $m \times n$ 阶矩阵 $C = (c_{ij})$,其中:

$$c_{ij} = a_{i1}b_{1j} + a_{i2}b_{2j} + \cdots + a_{is}b_{sj} = \sum_{k=1}^{s} a_{ik}b_{kj}$$
$$(i = 1,2,\cdots,m; j = 1,2,\cdots,n) \tag{附 16}$$

并把此乘积记作:

$$C = AB \tag{附 17}$$

注意:上式中只有当 A 矩阵的列数等于 B 矩阵的行数时,两个矩阵相乘才有意义。

【例2】 求矩阵

$$A = \begin{bmatrix} -2 & 4 \\ 1 & -2 \end{bmatrix} 与 B = \begin{bmatrix} 2 & 4 \\ -3 & -6 \end{bmatrix}$$

的乘积 AB、BA。

解

$$AB = \begin{bmatrix} -2 & 4 \\ 1 & -2 \end{bmatrix}\begin{bmatrix} 2 & 4 \\ -3 & -6 \end{bmatrix} = \begin{bmatrix} -16 & -32 \\ 8 & 16 \end{bmatrix}$$

$$BA = \begin{bmatrix} 2 & 4 \\ -3 & -6 \end{bmatrix}\begin{bmatrix} -2 & 4 \\ 1 & -2 \end{bmatrix} = \begin{bmatrix} 0 & 0 \\ 0 & 0 \end{bmatrix}$$

此例表明:在一般情形下,AB 与 BA 并不一定相等;此外,若有两个矩阵 A、B,满足 $AB =$

0,不能得出 $A=0$ 或 $B=0$ 的结论;且 $A\neq0$、$B\neq0$,但却有 $AB=0$。

4. 矩阵的转置

把矩阵 A 的行换成同序数的列得到一个新矩阵,叫作 A 的转置矩阵,记作 A^{T}。

矩阵的转置满足关系式:$(AB)^{\mathrm{T}}=B^{\mathrm{T}}A^{\mathrm{T}}$。

设 A 为 n 阶方阵,如果满足 $A^{\mathrm{T}}=A$,那么 A 称为对称矩阵,简称对称阵。其特点是,它的元素以对角线为对称轴对应相等。

(1)矩阵乘积的转置满足如下关系式:

$$(ABC)^{\mathrm{T}}=C^{\mathrm{T}}B^{\mathrm{T}}A^{\mathrm{T}}$$

更进一步,则有

$$(A_1A_2\cdots A_{n-1}A_n)^{\mathrm{T}}=A_n^{\mathrm{T}}A_{n-1}^{\mathrm{T}}\cdots A_2^{\mathrm{T}}A_1^{\mathrm{T}}$$

(2)分块矩阵具有如下性质:

设矩阵 A 的分块矩阵形式为 $A=\begin{bmatrix}A_{11} & A_{12}\\ A_{21} & A_{22}\end{bmatrix}$,则

$$A^{\mathrm{T}}=\begin{bmatrix}A_{11} & A_{12}\\ A_{21} & A_{22}\end{bmatrix}^{\mathrm{T}}=\begin{bmatrix}A_{11}^{\mathrm{T}} & A_{21}^{\mathrm{T}}\\ A_{12}^{\mathrm{T}} & A_{22}^{\mathrm{T}}\end{bmatrix}$$

说明:对于分块矩阵的转置,不仅要求在形式上进行转置,还要求对分块矩阵中的元素进行转置。

【例3】　设矩阵 A 按如下形式进行分块:

$$A=\begin{bmatrix}1 & 2 & 3 & 4\\ 5 & 6 & 7 & 8\\ 9 & 10 & 11 & 12\\ 13 & 14 & 15 & 16\end{bmatrix}=\begin{bmatrix}A_{11} & A_{12}\\ A_{21} & A_{22}\end{bmatrix}$$

其中,$A_{11}=\begin{bmatrix}1 & 2\\ 5 & 6\end{bmatrix}$,$A_{12}=\begin{bmatrix}3 & 4\\ 7 & 8\end{bmatrix}$,$A_{21}=\begin{bmatrix}9 & 10\\ 13 & 14\end{bmatrix}$,$A_{22}=\begin{bmatrix}11 & 12\\ 15 & 16\end{bmatrix}$

按矩阵转置的定义,则矩阵 A 的转置矩阵为

$$A^{\mathrm{T}}=\begin{bmatrix}1 & 5 & 9 & 13\\ 2 & 6 & 10 & 14\\ 3 & 7 & 11 & 15\\ 4 & 8 & 12 & 16\end{bmatrix}=\begin{bmatrix}A_{11}^{\mathrm{T}} & A_{21}^{\mathrm{T}}\\ A_{12}^{\mathrm{T}} & A_{22}^{\mathrm{T}}\end{bmatrix}$$

注意比较

$$\begin{bmatrix}A_{11} & A_{21}\\ A_{12} & A_{22}\end{bmatrix}=\begin{bmatrix}1 & 2 & 9 & 10\\ 5 & 6 & 13 & 14\\ 3 & 4 & 11 & 12\\ 7 & 8 & 15 & 16\end{bmatrix}\neq A^{\mathrm{T}}$$

5. 方阵的行列式

由 n 阶方阵 A 的元素所构成的行列式(各元素的位置不变)称为方阵 A 的行列式,记作 $|A|$ 或 $\det A$。

6. 逆矩阵

对于 n 阶矩阵 A,如果有一个 n 阶矩阵 B,使

$$AB = BA = E \tag{附18}$$

则说矩阵 A 是可逆的，并把矩阵 B 称为 A 的逆矩阵，简称逆阵。A 的逆阵记作 A^{-1}。

可逆矩阵 A 具有以下性质：

(1)可逆矩阵 A 的逆阵是唯一的。

证明：设 B,C 均是 A 的逆阵，即有 $AB=E,CA=E$。

将式 $AB=E$ 两边左乘 C，则有 $CAB=CE$，于是 $B=C$。

(2)对称矩阵的逆阵也是对称阵。

证明：设 A 是对称可逆矩阵，则

$$(AA^{-1})^{\mathrm{T}} = (A^{-1})^{\mathrm{T}}A^{\mathrm{T}} = (A^{-1})^{\mathrm{T}}A = E$$

由可逆矩阵的逆阵是唯一的，即有 $A^{-1}=(A^{-1})^{\mathrm{T}}$

(3)可逆矩阵的转置满足：$(A^{-1})^{\mathrm{T}}=(A^{\mathrm{T}})^{-1}$

证明：由 $(AA^{-1})^{\mathrm{T}}=(A^{-1})^{\mathrm{T}}A^{\mathrm{T}}=E$

而可逆矩阵的逆阵具有唯一性，即有 $(A^{-1})^{\mathrm{T}}=(A^{\mathrm{T}})^{-1}$

(4)可逆矩阵的行列式不等于0，即 $|A|\neq 0$。

如果 $|A|\neq 0$，则矩阵 A 可逆，且：

$$A^{-1} = \frac{A^*}{|A|} \tag{附19}$$

其中，A^* 为矩阵 A 的伴随阵。

矩阵求逆，可以用伴随矩阵法，还可以根据初等变换法。

【例4】 利用伴随矩阵求低阶矩阵 A 的逆：

$$A = \begin{bmatrix} 4 & 2 \\ 1 & 1 \end{bmatrix}$$

解 $A^{-1}=\dfrac{1}{4\times 1-2\times 1}\begin{bmatrix} 1 & -2 \\ -1 & 4 \end{bmatrix}=\dfrac{1}{2}\begin{bmatrix} 1 & -2 \\ -1 & 4 \end{bmatrix}$

【例5】 利用初等变换求下列矩阵的逆：

$$A = \begin{bmatrix} 1 & 2 & 3 \\ 2 & 2 & 1 \\ 3 & 4 & 3 \end{bmatrix}$$

解 以初等行变换为例进行说明。

$$\left[\begin{array}{ccc|ccc} 1 & 2 & 3 & 1 & 0 & 0 \\ 2 & 2 & 1 & 0 & 1 & 0 \\ 3 & 4 & 3 & 0 & 0 & 1 \end{array}\right] \sim \left[\begin{array}{ccc|ccc} 1 & 0 & 0 & 1 & 3 & -2 \\ 0 & 1 & 0 & -1.5 & -3 & 2.5 \\ 0 & 0 & 1 & 1 & 1 & -1 \end{array}\right]$$

则有：

$$A^{-1} = \begin{bmatrix} 1 & 3 & -2 \\ -1.5 & -3 & 2.5 \\ 1 & 1 & -1 \end{bmatrix}$$

【例6】 设对称矩阵 $A=\begin{bmatrix} 2 & 0 & -1 \\ 0 & 2 & -1 \\ -1 & -1 & 2 \end{bmatrix}$，求 A 的逆阵 A^{-1}。

解 按矩阵逆阵的计算方法,有

$$A^{-1} = \frac{1}{4}\begin{bmatrix} 3 & 1 & 2 \\ 1 & 3 & 2 \\ 2 & 2 & 4 \end{bmatrix}$$

可以发现,对称矩阵 A 的逆阵 A^{-1} 仍然是对称矩阵。

逆矩阵的转置具有如下性质:

$$[A^{-1}]^{\mathrm{T}} = [A^{\mathrm{T}}]^{-1}$$

【例 7】 设 Q 为对称矩阵, $N = AQA^{\mathrm{T}}$ 为可逆的方阵,试证明:

$$(N^{-1})^{\mathrm{T}} = N^{-1}$$

证明 因为 Q 为对称矩阵, $N^{\mathrm{T}} = (AQA^{\mathrm{T}})^{\mathrm{T}} = AQA^{\mathrm{T}} = N$,所以 N 也是对称阵。于是

$$[N^{-1}]^{T} = [N^{\mathrm{T}}]^{-1} = N^{-1}$$

此性质在误差传播律中有着广泛的应用。

三、矩阵的微分

(一)单变量的情形

1. 矩阵导数的定义

设矩阵 A_{mn} 中的每一个元素 a_{ij} 都是变量 x 的函数,则称 A 为函数矩阵。若任一 a_{ij} 对 x 可导,则称 A 可导,定义 A 对 x 的导数为

$$\left(\frac{\mathrm{d}A}{\mathrm{d}x}\right)_{m\times n} = \begin{bmatrix} \frac{\mathrm{d}a_{11}}{\mathrm{d}x} & \frac{\mathrm{d}a_{12}}{\mathrm{d}x} & \cdots & \frac{\mathrm{d}a_{1n}}{\mathrm{d}x} \\ \frac{\mathrm{d}a_{21}}{\mathrm{d}x} & \frac{\mathrm{d}a_{22}}{\mathrm{d}x} & \cdots & \frac{\mathrm{d}a_{2n}}{\mathrm{d}x} \\ \vdots & \vdots & & \vdots \\ \frac{\mathrm{d}a_{m1}}{\mathrm{d}x} & \frac{\mathrm{d}a_{m2}}{\mathrm{d}x} & \cdots & \frac{\mathrm{d}a_{mn}}{\mathrm{d}x} \end{bmatrix} \qquad (附 20)$$

2. 矩阵导数的性质

设矩阵 A 和 B 均可导,矩阵的导数具有下列性质:

(1) $\frac{\mathrm{d}(A+B)}{\mathrm{d}x} = \frac{\mathrm{d}A}{\mathrm{d}x} + \frac{\mathrm{d}B}{\mathrm{d}x}$。

(2) $\frac{\mathrm{d}kA}{\mathrm{d}x} = k\frac{\mathrm{d}A}{\mathrm{d}x}$,$k$ 为常数。

(3) $\frac{\mathrm{d}AB}{\mathrm{d}x} = A\frac{\mathrm{d}B}{\mathrm{d}x} + \frac{\mathrm{d}A}{\mathrm{d}x}B$。

证明:设 $A = (a_{ij})_{m\times s}$,$B = (b_{ij})_{s\times n}$,$C = AB = (c_{ij})_{m\times n}$,则 $c_{ij} = \sum_{k=1}^{s} a_{ik}b_{kj}$

于是

$$\frac{\mathrm{d}c_{ij}}{\mathrm{d}x} = \frac{\mathrm{d}\left(\sum_{k=1}^{s} a_{ik}b_{kj}\right)}{\mathrm{d}x} = \sum_{k=1}^{s}\left[\left(\frac{\mathrm{d}a_{ik}}{\mathrm{d}x}b_{kj}\right) + \left(a_{ik}\frac{\mathrm{d}b_{kj}}{\mathrm{d}x}\right)\right]$$

因而

$$\left(\frac{\mathrm{d}C}{\mathrm{d}x}\right)_{ij}=\left\{\sum_{k=1}^{s}\left[\left(\frac{\mathrm{d}a_{ik}}{\mathrm{d}x}b_{kj}\right)+\left(a_{ik}\frac{\mathrm{d}b_{kj}}{\mathrm{d}x}\right)\right]\right\}_{ij}=\left(\frac{\mathrm{d}A}{\mathrm{d}x}B+A\frac{\mathrm{d}B}{\mathrm{d}x}\right)_{ij}$$

$$=\left(\frac{\mathrm{d}A}{\mathrm{d}x}B\right)_{ij}+\left(A\frac{\mathrm{d}B}{\mathrm{d}x}\right)_{ij}$$

(4) $\frac{\mathrm{d}A^{\mathrm{T}}}{\mathrm{d}x}=\left(\frac{\mathrm{d}A}{\mathrm{d}x}\right)^{\mathrm{T}}$。

(5) 设 R 为常数矩阵,则

$$\frac{\mathrm{d}AR}{\mathrm{d}x}=\frac{\mathrm{d}A}{\mathrm{d}x}R,\ \frac{\mathrm{d}RA}{\mathrm{d}x}=R\frac{\mathrm{d}A}{\mathrm{d}x}$$

(6) 设 $\mu=f_1(x)$,$A=f_2(\mu)$,则

$$\frac{\mathrm{d}A}{\mathrm{d}x}=\frac{\mathrm{d}A}{\mathrm{d}\mu}\times\frac{\mathrm{d}\mu}{\mathrm{d}x}$$

(二)由多个变量构成的变量向量情形

1. 矩阵微分的定义

设由多个变量构成的向量 $X=\begin{bmatrix}x_1\\x_2\\\vdots\\x_t\end{bmatrix}_{t\times1}$,且函数 $f_i(X)=f_i(x_1,x_2,\cdots,x_t)$ 对所有自变量 x_i 可导,则 $f_i(X)$ 对于向量 X 导数定义为

$$\frac{\mathrm{d}f_i}{\mathrm{d}X}=\frac{\partial f_i}{\partial X}=\begin{pmatrix}\frac{\partial f_i}{\partial x_1} & \frac{\partial f_i}{\partial x_2} & \cdots & \frac{\partial f_i}{\partial x_t}\end{pmatrix}\tag{附21}$$

【例 8】 设 $\underset{31}{X}=[x_1\quad x_2\quad x_3]^{\mathrm{T}}$,$f(X)=2x_1+3x_1x_2^2+3x_3^4$,求 $\frac{\mathrm{d}f}{\mathrm{d}X}$。

解 依矩阵导数定义,则

$$\frac{\mathrm{d}f}{\mathrm{d}X}=\left[\frac{\partial f}{\partial x_1}\quad\frac{\partial f}{\partial x_2}\quad\frac{\partial f}{\partial x_3}\right]_{1\times3}=[2+3x_2^2\quad 6x_1x_2\quad 12x_3^3]_{1\times3}$$

【例 9】 设 $X=[x_1\quad x_2\quad x_3]^{\mathrm{T}}$,$V=BX-l$,式中 $V=\begin{bmatrix}v_1\\v_2\end{bmatrix}$,$B=\begin{bmatrix}a_1&b_1&c_1\\a_2&b_2&c_2\end{bmatrix}$,$l=\begin{bmatrix}l_1\\l_2\end{bmatrix}$,$B$、$l$ 为常数矩阵,求 $\frac{\mathrm{d}V}{\mathrm{d}X}$。

解 依矩阵导数定义,则

$$\frac{\mathrm{d}V}{\mathrm{d}X}=\begin{bmatrix}\frac{\partial v_1}{\partial x_1}&\frac{\partial v_1}{\partial x_2}&\frac{\partial v_1}{\partial x_3}\\\frac{\partial v_2}{\partial x_1}&\frac{\partial v_2}{\partial x_2}&\frac{\partial v_2}{\partial x_3}\end{bmatrix}=\begin{bmatrix}a_1&b_1&c_1\\a_2&b_2&c_2\end{bmatrix}=B$$

又设 $Y=\begin{bmatrix}y_1\\y_2\\\vdots\\y_n\end{bmatrix}_{n\times1}$,其中 $y_i=f_i(X)$,Y 对于 X 的导数定义为

$$\frac{\mathrm{d}Y}{\mathrm{d}X}=\frac{\partial Y}{\partial X}=\begin{bmatrix}\frac{\partial y_1}{\partial X}\\\frac{\partial y_2}{\partial X}\\\vdots\\\frac{\partial y_n}{\partial X}\end{bmatrix}=\begin{bmatrix}\frac{\partial y_1}{\partial x_1}&\frac{\partial y_1}{\partial x_2}&\cdots&\frac{\partial y_1}{\partial x_t}\\\frac{\partial y_2}{\partial x_1}&\frac{\partial y_2}{\partial x_2}&\cdots&\frac{\partial y_2}{\partial x_t}\\\vdots&\vdots&&\vdots\\\frac{\partial y_n}{\partial x_1}&\frac{\partial y_n}{\partial x_2}&\cdots&\frac{\partial y_n}{\partial x_t}\end{bmatrix}_{n\times t} \quad (附22)$$

2. 矩阵导数的性质

(1)若 $Y=X$,则$\frac{\mathrm{d}Y}{\mathrm{d}X}=\frac{\mathrm{d}X}{\mathrm{d}X}=E$。

【例 10】 设 $Y=X$,其中 $Y=\begin{bmatrix}y_1\\y_2\end{bmatrix}$,$X=\begin{bmatrix}x_1\\x_2\end{bmatrix}$,求$\frac{\mathrm{d}Y}{\mathrm{d}X}$。

解 按矩阵导数的定义,则

$$\frac{\mathrm{d}Y}{\mathrm{d}X}=\frac{\mathrm{d}X}{\mathrm{d}X}=\begin{bmatrix}\frac{\partial x_1}{\partial x_1}&\frac{\partial x_1}{\partial x_2}\\\frac{\partial x_2}{\partial x_1}&\frac{\partial x_2}{\partial x_2}\end{bmatrix}=\begin{bmatrix}1&0\\0&1\end{bmatrix}$$

(2)设 A 为常数矩阵,$F=AY$,则

$$\frac{\mathrm{d}F}{\mathrm{d}X}=\frac{\mathrm{d}AY}{\mathrm{d}X}=A\frac{\mathrm{d}Y}{\mathrm{d}X}$$

【例 11】 设 $F=AY$,其中 $F=\begin{bmatrix}F_1\\F_2\end{bmatrix}$,$A=\begin{bmatrix}a_{11}&a_{12}&a_{13}\\a_{21}&a_{22}&a_{23}\end{bmatrix}$,$Y=\begin{bmatrix}y_1\\y_2\\y_3\end{bmatrix}$,求$\frac{\mathrm{d}F}{\mathrm{d}X}$。

解 按矩阵导数的定义,则

$$\frac{\mathrm{d}F}{\mathrm{d}X}=\begin{bmatrix}\frac{\mathrm{d}F_1}{\mathrm{d}X}\\\frac{\mathrm{d}F_2}{\mathrm{d}X}\end{bmatrix}=\begin{bmatrix}a_{11}\frac{\mathrm{d}y_1}{\mathrm{d}X}&a_{12}\frac{\mathrm{d}y_2}{\mathrm{d}X}&a_{13}\frac{\mathrm{d}y_3}{\partial X}\\a_{21}\frac{\mathrm{d}y_1}{\mathrm{d}X}&a_{22}\frac{\mathrm{d}y_2}{\mathrm{d}X}&a_{23}\frac{\mathrm{d}y_3}{\mathrm{d}X}\end{bmatrix}$$

$$=\begin{bmatrix}a_{11}&a_{12}&a_{13}\\a_{21}&a_{22}&a_{23}\end{bmatrix}\begin{bmatrix}\frac{\mathrm{d}y_1}{\mathrm{d}X}\\\frac{\mathrm{d}y_2}{\mathrm{d}X}\\\frac{\mathrm{d}y_3}{\partial X}\end{bmatrix}=A\frac{\mathrm{d}Y}{\mathrm{d}X}$$

(3)设 $Z=\begin{bmatrix}z_1\\z_2\\\vdots\\z_n\end{bmatrix}_{n\times 1}$ 为 n 维函数向量,$z_i=z_i(x_1,x_2,\cdots,x_t)$,则 $F=Y^{\mathrm{T}}Z=Z^{\mathrm{T}}Y$,且$\frac{\mathrm{d}F}{\mathrm{d}X}=$

$Y^{\mathrm{T}}\dfrac{\mathrm{d}Z}{\mathrm{d}X}+Z^{\mathrm{T}}\dfrac{\mathrm{d}Y}{\mathrm{d}X}$。

(4)若 $F=Y^{\mathrm{T}}Y$,则$\dfrac{\mathrm{d}F}{\mathrm{d}X}=2Y^{\mathrm{T}}\dfrac{\mathrm{d}Y}{\mathrm{d}X}$。

(5)若 P 为对称常数矩阵,$F=Y^{\mathrm{T}}PY$,则$\dfrac{\mathrm{d}F}{\mathrm{d}X}=2Y^{\mathrm{T}}P\dfrac{\mathrm{d}Y}{\mathrm{d}X}$。

证明:令 $Z=PY$,则 $Y^{\mathrm{T}}Z=Z^{\mathrm{T}}Y$,由(3)即可得证。

(6)令 $Y=X,F=Y^{\mathrm{T}}PY$,则$\dfrac{\mathrm{d}F}{\mathrm{d}X}=2Y^{\mathrm{T}}P\dfrac{\mathrm{d}Y}{\mathrm{d}X}=2X^{\mathrm{T}}P\dfrac{\mathrm{d}X}{\mathrm{d}X}=2X^{\mathrm{T}}P$。

在测量平差中,$\Phi=V^{\mathrm{T}}PV$,则$\dfrac{\mathrm{d}\Phi}{\mathrm{d}V}=2V^{\mathrm{T}}P\dfrac{\mathrm{d}V}{\mathrm{d}V}=2V^{\mathrm{T}}P$。

设 $\Phi=V^{\mathrm{T}}PV-2K^{\mathrm{T}}(AV+W)$,则$\dfrac{\mathrm{d}\Phi}{\mathrm{d}V}=2V^{\mathrm{T}}P-2K^{\mathrm{T}}A$

设 $\Phi=V^{\mathrm{T}}PV-2K^{\mathrm{T}}(AV+B\hat{x}+W)$,则$\dfrac{\mathrm{d}\Phi}{\mathrm{d}V}=2V^{\mathrm{T}}P-2K^{\mathrm{T}}A,\dfrac{\mathrm{d}\Phi}{\mathrm{d}\hat{x}}=-2K^{\mathrm{T}}B$

设 $\Phi=V^{\mathrm{T}}PV$,式中 $V=B\hat{x}-l$,则$\dfrac{\mathrm{d}\Phi}{\mathrm{d}\hat{x}}=\dfrac{\mathrm{d}V^{\mathrm{T}}PV}{\mathrm{d}V}\quad\dfrac{\mathrm{d}V}{\mathrm{d}\hat{x}}=2V^{\mathrm{T}}PB$

设 $\Phi=V^{\mathrm{T}}PV+2K_S^{\mathrm{T}}(C\hat{x}+W_x)$,式中 $V=B\hat{x}-l$,则

$$\frac{\mathrm{d}\Phi}{\mathrm{d}\hat{x}}=\frac{\mathrm{d}V^{\mathrm{T}}PV}{\mathrm{d}V}\frac{\mathrm{d}V}{\mathrm{d}\hat{x}}+\frac{\mathrm{d}[2K_S^{\mathrm{T}}(C\hat{x}+W_x)]}{\mathrm{d}\hat{x}}=2V^{\mathrm{T}}PB+2K_S^{\mathrm{T}}C$$

说明:理解上述表达式,有助于更好掌握测量平差原理与方法。

【例 12】 设 $P=\begin{pmatrix}p_{11}&p_{12}\\p_{21}&p_{22}\end{pmatrix}$为平差中的对称权阵,即 $p_{12}=p_{21},V=\begin{bmatrix}v_1\\v_2\end{bmatrix}$,求$\dfrac{\mathrm{d}V^{\mathrm{T}}PV}{\mathrm{d}V}$。

解 第一种方法,运用矩阵的导数的定义,有

$$\Phi=V^{\mathrm{T}}PV=p_{11}v_1^2+2p_{12}v_1v_2+p_{22}v_2^2$$

$$\frac{\mathrm{d}\Phi}{\mathrm{d}V}=\left[\frac{\mathrm{d}\Phi}{\mathrm{d}v_1}\quad\frac{\mathrm{d}\Phi}{\mathrm{d}v_2}\right]=[2p_{11}v_1+2p_{12}v_2\quad 2p_{12}v_1+2p_{22}v_2]$$

$$=2[v_1\quad v_2]\begin{bmatrix}p_{11}&p_{12}\\p_{21}&p_{22}\end{bmatrix}=2V^{\mathrm{T}}P$$

第二种方法,利用上述性质(6),有

$$\frac{\mathrm{d}\Phi}{\mathrm{d}V}=2V^{\mathrm{T}}P=2[v_1\quad v_2]\begin{bmatrix}p_{11}&p_{12}\\p_{21}&p_{22}\end{bmatrix}$$

$$=[2p_{11}v_1+2p_{12}v_2\quad 2p_{12}v_1+2p_{22}v_2]$$

显然,两种方法计算的结果一致。

附录二 求函数极值点及其测量平差中的应用简介

本附录旨在介绍求函数极值点方法的基础上,引导学生熟悉条件平差、附有参数的条件平差及附有限制条件的间接平差模型中,求条件极值时构造函数的基本知识,为掌握测量平

差原理打下坚实的理论基础。结合测量平差课程实际，本节内容探讨函数极值点计算方法时，均假设该函数极值点存在且唯一。

一、求函数极值点

在高等数学中，求函数极值点的方法主要有自由极值法和条件极值法。

（一）自由极值法

【例 1】 设 $f(x)=x^2-2x+1$，求 $f(x)$ 的极值点。

解 极值点一定是驻点，因此

由 $f'(x)=2x-2=0$，得极值点 $x=1$。

【例 2】 设 $f(x)=x_1^2-2x_1+1+x_2^2$，求 $f(x)$ 的极值点。

解 极值点一定是驻点，因此

由 $f'(x)=\begin{cases}2x_1-2=0\\2x_2=0\end{cases}$，得极值点 $\begin{cases}x_1=1\\x_2=0\end{cases}$，用矩阵表示即 $x=\begin{bmatrix}x_1\\x_2\end{bmatrix}=\begin{bmatrix}1\\0\end{bmatrix}$。

（二）条件极值法

【例 3】 设 $f(x)=x_1^2+2x_1+3+x_2^2$，其中 $x_1+x_2=1$，求 $f(x)$ 的极值点。

在求函数自由时，x 可以在定义域内任意取值，x 中的元素间没有约束条件，但本例中函数表达式中的未知数增加了约束条件 $u(x):x_1+x_2=1$。在测量平差中，未知数间的约束条件称为条件方程。

解法一 按自由极值法求解

（1）由 $x_1+x_2=1$，得 $x_2=1-x_1$，代入原函数表达式，则

$$f(x)=x_1^2+2x_1+3+(1-x_1)^2$$

（2）将原求条件极值问题化为自由极值问题。因此

由 $\begin{cases}f'(x)=4x_1=0\\x_1+x_2=1\end{cases}$，得极值点 $x=\begin{bmatrix}0\\1\end{bmatrix}$

解法二 按拉格朗日乘系数法求解

（1）构造函数 $\varphi(x)=x_1^2+2x_1+3+x_2^2+k(x_1+x_2-1)$，显然 $f(x)$ 与 $\varphi(x)$ 的极值点相同，其中 k 为联系数。

（2）求 $\varphi(x)$ 的极值点，即要求满足条件方程的同时，且 $\varphi'(x)=0$，即

$$\begin{cases}2x_1+2+k=0\\2x_2+k=0\\x_1+x_2-1=0\end{cases}，解方程组，得\ x=\begin{bmatrix}0\\1\end{bmatrix},k=-2。$$

比较两种解法的特点，当 x_2 容易用 x_1 表达时，两种方法可以任意选择；但条件方程复杂，即 x_2 不易换成 x_1 的表达形式时，用自由极值解法将会很不方便。

【例 4】 设 $f(x)=x_1^2+2x_1+3x_2^2+4x_1x_3+x_3^2$，其中条件方程 $u_1(x):x_1+x_2=1$，$u_2(x):x_2+x_3=1$。求 $f(x)$ 的极值点。

解 （1）构造函数：

$$\begin{aligned}\varphi(x)&=f(x)+k_1(x_1+x_2-1)+k_2(x_2+x_3-2)\\&=f(x)+\begin{bmatrix}k_1 & k_2\end{bmatrix}\begin{bmatrix}x_1+x_2-1\\x_2+x_3-2\end{bmatrix}\end{aligned}$$

显然$f(x)$与$\varphi(x)$的极值点相同。

(2)求$\varphi(x)$的极值点,即要求满足条件方程的同时,且$\varphi'(x)=0$,即

$$\begin{cases}2x_1+4x_3+k_1+2=0\\6x_2+k_1+k_2=0\\4x_1+2x_3+k_2=0\\x_1+x_2=1\\x_2+x_3=2\end{cases}\text{,解方程组,得 } x=\frac{1}{9}\begin{bmatrix}-1\\10\\8\end{bmatrix},k=-\frac{1}{3}\begin{bmatrix}16\\4\end{bmatrix}。$$

式中,$\underset{21}{k}=\begin{bmatrix}k_1\\k_2\end{bmatrix}$称为联系数列向量。

本例中,函数$f(x)$表达式中含有3个未知数,2个条件方程式,条件方程的个数小于未知数的个数。用条件极值计算函数极值点时,先构造函数$\varphi(x)=f(x)+k_1u_1(x)+k_2u_2(x)$,在此基础上解算未知数及联系数向量。不难看出:

(1)条件方程数不可能大于未知数个数。当条件方程个数大于未知数个数时,若各条件方程相容,表明该组条件方程是非独立的,因为独立的条件方程(又称为有效的条件方程)个数最多等于未知数个数。

(2)若独立的条件方程个数等于未知数个数。在这种情况下,由条件方程可以得到未知数的唯一解,即函数表达式的值是确定的。

因此,求函数的条件极值时,条件方程的个数一定小于未知数的个数。

(3)联系数列向量k的维数与条件方程数相同。

二、测量平差基本模型构造函数

测量平差四种基本模型中,方程的个数小于未知量的个数,为了得到未知量的平差值,要求观测值的改正数向量满足最小二乘法准则,即$f(V)=V^{\mathrm{T}}PV=\min$。除间接平差是求自由极值外,其他模型均是求条件极值,构造函数方法如下:

(1)条件平差。条件平差时,条件方程中包含n个未知数$\underset{n1}{V}$,条件方程数为$r(r<n)$,条件方程矩阵表达形式为$\underset{rn}{A}\underset{n1}{V}+\underset{r1}{W}=0$。求函数极值点时,不影响联系数向量的含义与作用,仅为后续公式推导形式简洁,可构造函数:

$$\Phi=f(V)-2K^{\mathrm{T}}(AV+W)=V^{\mathrm{T}}PV-2K^{\mathrm{T}}(AV+W)$$

式中,联系数列向量$\underset{r1}{K^{\mathrm{T}}}=(k_1\quad k_2\quad\cdots\quad k_r)$,其维数与条件方程数一致。

(2)附有参数的条件平差。在附有参数的条件平差函数模型中,条件方程中包含$n+u$个未知数,条件方程数为$c(c<r+u)$,其矩阵表达式为$AV+B\hat{x}+W=0$。同理,用条件极值法求函数极值点时,构造函数:

$$\Phi=V^{\mathrm{T}}PV-2K^{\mathrm{T}}(AV+B\hat{x}+W)$$

式中,联系数列向量K^{T}的维数与条件方程数一致。

(3)附有限制条件的间接平差。在附有限制条件的间接平差函数模型中,条件方程中包含$n+u$个未知数,条件方程数为$n+s(s<u)$,方程数小于未知数个数,其矩阵表达式为$C\hat{x}+W_x=0$,用条件极值法求函数极值点时,构造函数:

$$\Phi=V^{\mathrm{T}}PV+2K_S^{\mathrm{T}}(C\hat{x}+W_x)$$

式中，联系数列向量 K_S^T 的维数与限制条件方程数一致。

附录三 MATLAB 在测量平差中的应用简介

在平差学习过程中，法方程系数阵的组成，在条件平差法中求解联系数向量、观测值的改正数；在间接平差法中，求法方程常数项、求解独立参数等，都会涉及矩阵运算。当矩阵阶数较高时，手工计算已经非常不便，借助 MATLAB 的强大矩阵处理能力，可以克服上述不足，从而有助于平差知识的学习与掌握。这里以 MATLAB7.1 为基础，结合水准网平差具体操作步骤，详细介绍了 MATLAB 在平差计算中的应用，便于学生初步掌握用程序实现计算过程的方法。本附录不涉及对编程内容的详细介绍，读者若想进一步加强对这方面知识的了解，可参看参考文献中有关这方面的内容。

一、绪论

MATLAB 是英文 Matrix Laboratory(矩阵实验室)的缩写。它以矩阵作为数据操作的基本单位，使得矩阵运算非常简捷、高效，MATLAB 还提供了十分丰富的数值计算函数，而且所采用的数值计算算法都是国际公认的最先进、可靠的算法，其程序由世界一流专家编制和高度优化。高质量的数值计算功能为 MATLAB 赢得了声誉。

MATLAB 具有如下主要特点：

(1)以矩阵和数组为基础的运算；简单易学，使用方便。

(2)强大的图形技术，编程效率极高。

(3)可扩充性强，具有方便的应用程序接口。

二、MATLAB 基本知识介绍

(一)启动界面

启动 MATLAB7.1 程序后的界面如附图 1 所示。

(二)命令窗口(Command Window)

命令窗口是 MATLAB 的主要交互窗口，用于输入命令并显示除图形外的所有执行结果。命令窗口不仅可以内嵌在 MATLAB 的工作界面，如附图 1 所示，还可以以独立窗口的形式浮动在界面，如附图 2 所示。

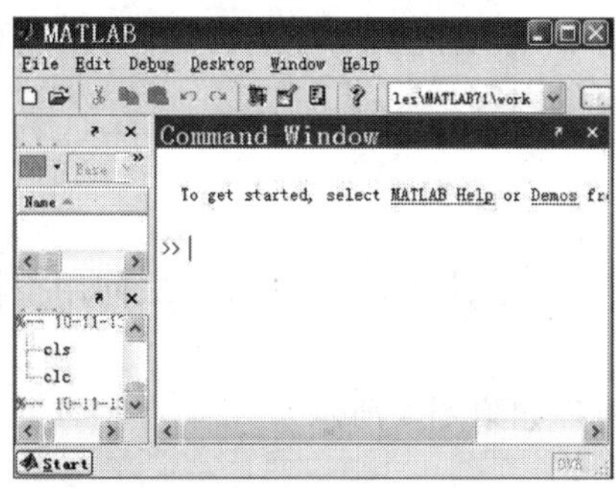

附图 1

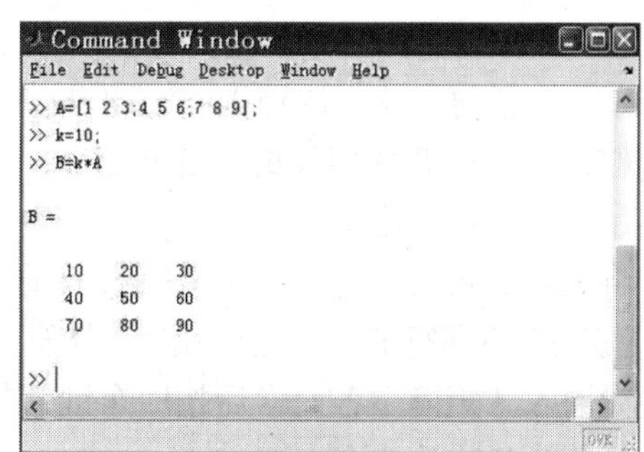

附图 2

MATLAB 命令窗口中的“ > > ”为命令提示符,表示 MATLAB 正在处于准备状态。在提示符后输入命令并按下回车键后,MATLAB 会解释执行所输入的命令,并在后面给出计算结果。如在命令提示符下输入“version”,MATLAB 则会显示当前使用的版本号。

(三)help 命令介绍

help 命令是查询函数语法的最基本方法,查询信息直接显示在命令窗口。在命令窗口中输入 help 加函数名,用来显示该函数的帮助说明。例如,为了显示求矩阵的逆阵的函数“inv”的使用方法与说明,可在 help 后输入“inv”,屏幕将显示帮助信息,如附图 3 所示。

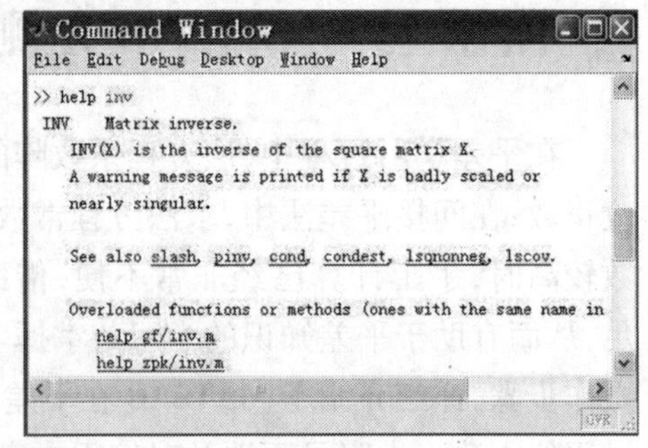

附图 3

三、MATLAB 数据及其运算

矩阵是 MATLAB 最基本、最重要的数据对象,MATLAB 的大部分运算或命令都是在矩阵运算的意义下执行的。

向量可以看成是仅有一行或一列的矩阵,单个数据(标量)可以看成是仅含一个元素的矩阵,故向量和单个元素都可以作为矩阵的特例来处理。

(一)MATLAB 中的变量与赋值

在 MATLAB7.1 中,变量名是以字母开头的,后接字母、数字或下划线的字符序列,最多 63 个字符;变量名区分字母的大小写,即“myexample”、“Myexample”表示不同的变量。此外,MATLAB 提供的标准函数名以及命令名必须用小写字母,如求矩阵 A 的逆用函数“inv(A)”,不能写成“Inv(A)”或“INV(A)”,否则会出错。

MATLAB 的赋值语句有两种格式:①变量名 = 表达式;②表达式。其中,表达式是用运算符将有关运算量连接起来的式子,其结果是一个矩阵。在第一种语句形式下,MATLAB 将右边表达式的值赋给左边的变量,而在第二种语句形式下,将表达式的值赋给 MATLAB 的预定义变量“ans”。

一般地,运算结果在命令窗口中显示出来。如果在语句的最后加分号“;”,那么 MATLAB 仅仅执行赋值操作,不显示运算的结果。所以,当不需要显示运算结果时,可以在赋值语句的后面加上“;”。

在 MATLAB 语句后面或前面可以加上注释,用于解释或说明语句的含义,对语句处理结果不产生任何影响。注释以“%”开头,后面是注释的内容。

(二)MATLAB 中矩阵的建立与运算

1. 直接输入法建立矩阵

将矩阵的元素用“[ ]”括起来,按行的顺序输入各元素,同一行的各元素之间用空格或用“,”分隔,不同行的元素之间用“;”分隔。

如输入 A 矩阵中各元素后按回车键,则显示 A 矩阵如附图 4 所示。

2. 特殊矩阵的建立

还可以用通过特殊矩阵函数产生特殊矩阵,如 0 矩阵、单位矩阵等。以产生 3×3 阶单位矩阵为例,用函数“eye(4)”实现,如附图 5 所示。

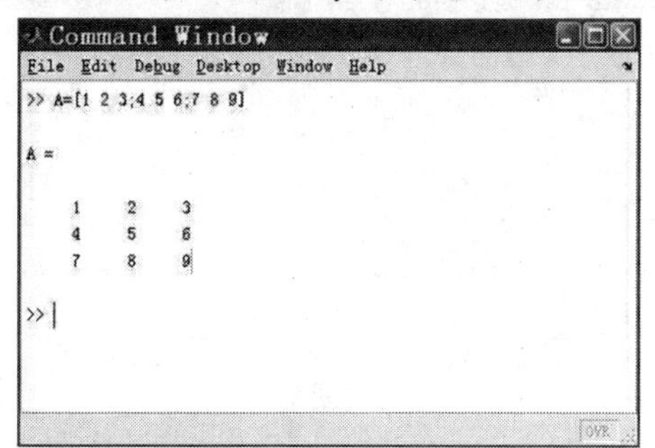

附图 4

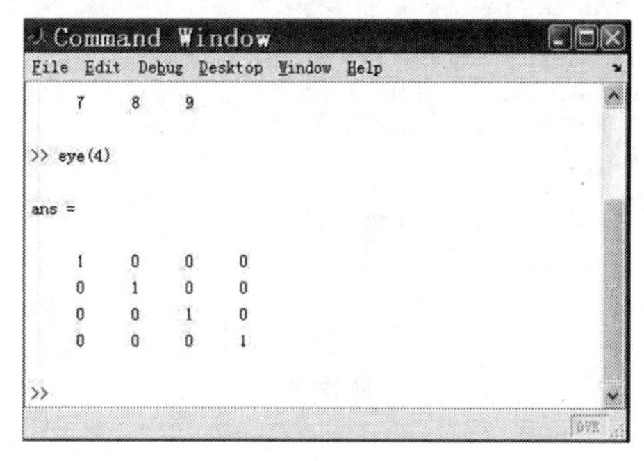

附图 5

3. 构造对角矩阵

在平差过程中,当观测值之间不相关时,观测值的权阵是对角矩阵。

设 V 为具有 m 个元素的向量,diag(V)将产生一个 $m \times m$ 对角矩阵,其主对角元素即为向量 V 的元素。

设 $V = [1 \quad 2 \quad 3]$,构造对角矩阵如附图 6 所示。

4. 矩阵的转置

矩阵的转置是单撇号“′”。

例:设 $A = \begin{bmatrix} 1 & 2 & 3 \\ 4 & 5 & 6 \\ 7 & 8 & 9 \end{bmatrix}$,则 $A' = \begin{bmatrix} 1 & 4 & 7 \\ 2 & 5 & 8 \\ 3 & 6 & 9 \end{bmatrix}$,在 MATLAB 中的执行情况如附图 7 所示。

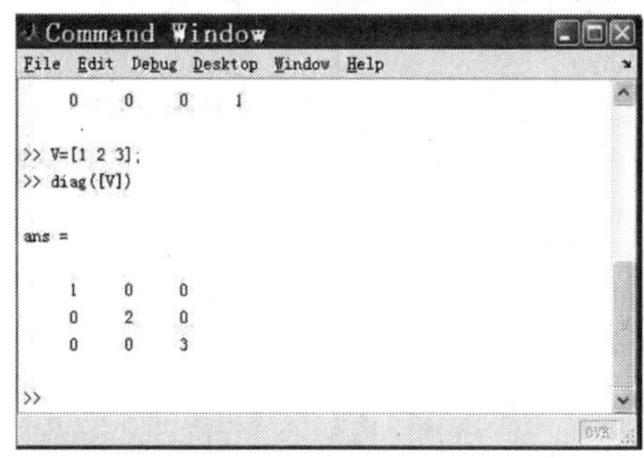

附图 6

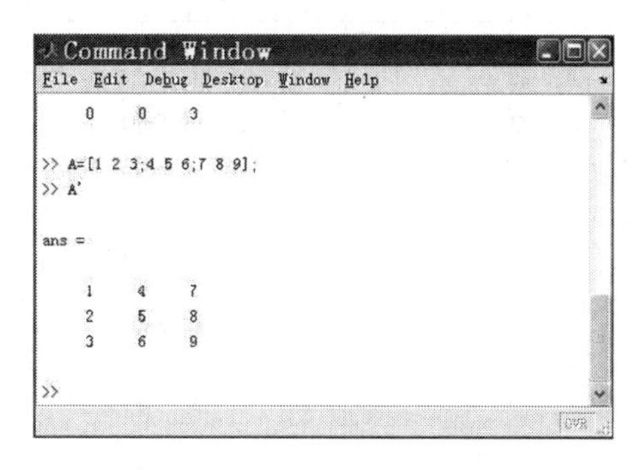

附图 7

5. 方阵的逆阵

求方阵的逆阵时,直接调用函数 inv(A)即可。

例:设 $A = \begin{bmatrix} 1 & -1 & 1 \\ 5 & -4 & 3 \\ 7 & 8 & 9 \end{bmatrix}$,求 A 的逆阵 B,如附图 8 所示。

可以验证,$AB = E$,如附图 9 所示。

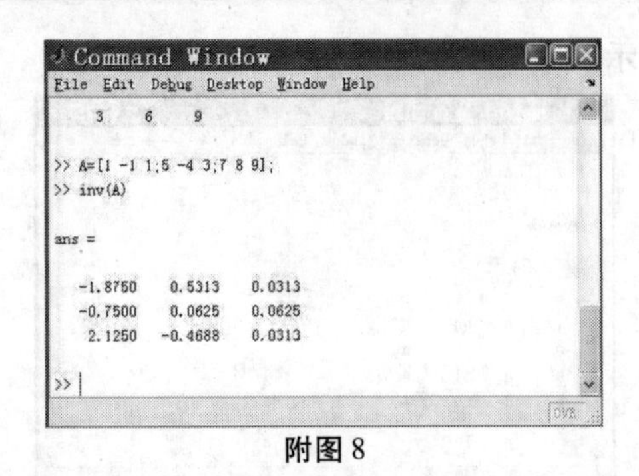

附图 8

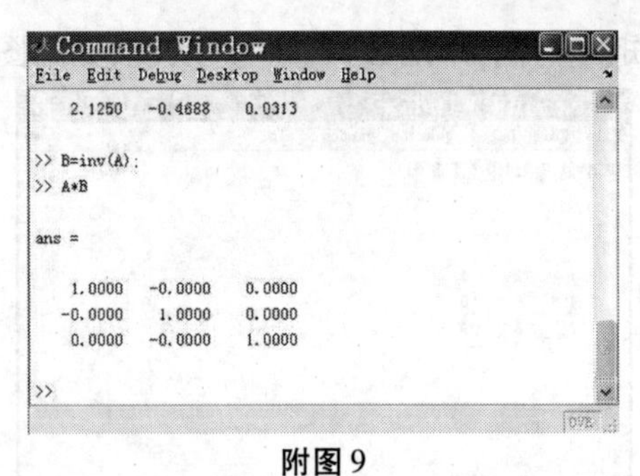

附图 9

四、MATLAB 在测量平差中的应用实例

如附图 10 所示的水准网中,A 和 B 是已知高程的水准点,并设这些点的已知高程值无误差,图中 C、D、E 是待定点。已知高程、观测高差及相应水准路线的长度见附表 1。

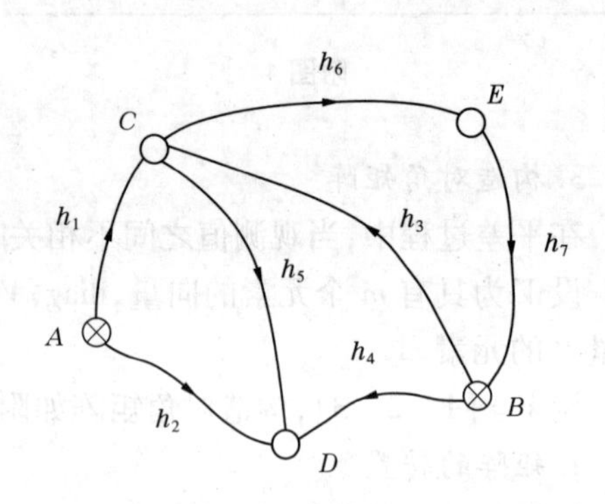

附图 10

试用 MATLAB 按间接平差法求:

(1)各待定点的高程平差值。

(2)C 点至 D 点间高差平差值的中误差。

运用 MATLAB 前,先根据平差问题计算多余观测数,根据参数的近似值列出误差方程、平差值函数的表达式:

附表 1

路线编号	观测高差(m)	路线长度(km)	已知高程(m)
1	1.359	1.1	$H_A=5.016$
2	2.009	1.7	$H_B=6.016$
3	0.363	2.3	
4	1.012	2.7	
5	0.657	2.4	
6	0.238	1.4	
7	-0.595	2.6	

(1)计算多余观测数,选择参数并计算其近似值。由附图 10 易知,本例中多余观测数 $r=n-t=7-3=4$,设 C、D、E 点高程平差值为 $\hat{X}_1$、$\hat{X}_2$、$\hat{X}_3$,相应的近似值取为

$$X_1^0 = H_A + h_1 = 6.375(\mathrm{m})$$
$$X_2^0 = H_A + h_2 = 7.025(\mathrm{m})$$
$$X_3^0 = H_B - h_7 = 6.611(\mathrm{m})$$

(2)列误差方程。将观测数据等代入观测方程,得误差方程的矩阵形式:

$$V=\begin{bmatrix}v_1\\v_2\\v_3\\v_4\\v_5\\v_6\\v_7\end{bmatrix}=\begin{bmatrix}1&0&0\\0&1&0\\1&0&0\\0&1&0\\-1&1&0\\-1&0&1\\0&0&-1\end{bmatrix}\begin{bmatrix}\hat{x}_1\\\hat{x}_2\\\hat{x}_3\end{bmatrix}-\begin{bmatrix}0\\0\\4\\3\\7\\2\\0\end{bmatrix}$$

则可以得到误差方程的系数矩阵与常数项矩阵：

$$B=\begin{bmatrix}1&0&0\\0&1&0\\1&0&0\\0&1&0\\-1&1&0\\-1&0&1\\0&0&-1\end{bmatrix},L=\begin{bmatrix}0\\0\\4\\3\\7\\2\\0\end{bmatrix}$$

(3)列 C 点至 D 点间高差平差值的权函数关系式：

$$\varphi=-\hat{x}_1+\hat{x}_2+\varphi^0$$

式中，φ^0 为与求精度无关的常数，故省略具体值的计算。

权函数式的系数：

$$F^{\mathrm{T}}=[-1\quad 1\quad 0]$$

第一种方法：在命令窗口中分步骤使用 MATLAB。

为应用 MATLAB 方便起见，将单位权中误差用字母“S”表示，将所求函数的中误差用“SF”表示，待定点高程平差值用“$X1$”表示，待定点高程近似值用“$X0$”表示，改正数平差值用“X”表示，则

$$X0=[6.375\quad 7.025\quad 6.611]^{\mathrm{T}}\qquad(\text{单位:m})$$

①生成观测值权阵。设 $C=1$ km，即以每千米观测高差为单位权观测值，于是在 MATLAB 下生成权阵的函数为

$$P=\mathrm{diag}\left\{\left[\frac{1}{1.1}\quad\frac{1}{1.7}\quad\frac{1}{2.3}\quad\frac{1}{2.7}\quad\frac{1}{2.4}\quad\frac{1}{1.4}\quad\frac{1}{2.6}\right]\right\}$$

②生成法方程系数阵 N 和常数项阵 W。由 $N=B^{\mathrm{T}}PB$ 及 $W=B^{\mathrm{T}}PL$ 及已经求得的相应矩阵，利用 MATLAB 的矩阵构造功能，并将上述公式转换成 MATLAB 函数表达式，即 $N=B'*P*B$ 及 $W=B'*P*L$，计算可得到

$$N=\begin{bmatrix}2.4748&-0.4167&-0.7143\\-0.4167&1.3753&0\\-0.7143&0&1.0989\end{bmatrix}$$

$$W=\begin{bmatrix}-2.6061\\4.0278\\1.4286\end{bmatrix}$$

③计算未知参数。由 $\hat{x}=N^{-1}W$,转换成 MATLAB 的函数表达式,即 $X=\mathrm{inv}(N)*W$,可得到各待定点高程近似值的改正数计算结果(单位:mm):

$$X=\begin{bmatrix}-0.2427\\2.8552\\1.1423\end{bmatrix}$$

④计算各待定点高程平差值。由“$X1=X0+X/1\,000$”表达式可得到各待定点高程平差值“$X1$”(单位:m):

$$X1=\begin{bmatrix}6.3748\\7.0279\\6.6121\end{bmatrix}$$

⑤计算单位权中误差。将平差中改正数向量计算公式 $V=B*X-L$ 和单位权中误差的计算公式 $\hat{\sigma}_0=\sqrt{\dfrac{V^{\mathrm{T}}PV}{r}}$ 分别转换成 MATLAB 的函数语句,即

$$V=B*X-L;$$
$$S=\mathrm{sqrt}(V'*P*V/4)$$

得单位权中误差(单位:mm):

$$S=2.2248$$

⑥计算 C 点至 D 点间高差平差值的中误差。根据公式 $\hat{\sigma}_\varphi=\hat{\sigma}_0F^{\mathrm{T}}N^{-1}F$,转换成 MATLAB 的函数语句,即

$$SF=S*F'*\mathrm{inv}(N)*F$$

可算得 C 点至 D 点间高差平差值的中误差(单位:mm):

$$SF=2.1914$$

第二种方法:用 MATLAB 语言编写程序,实现指定要求。

若不考虑显示中间计算结果,全部的程序语句如附图 11 所示。

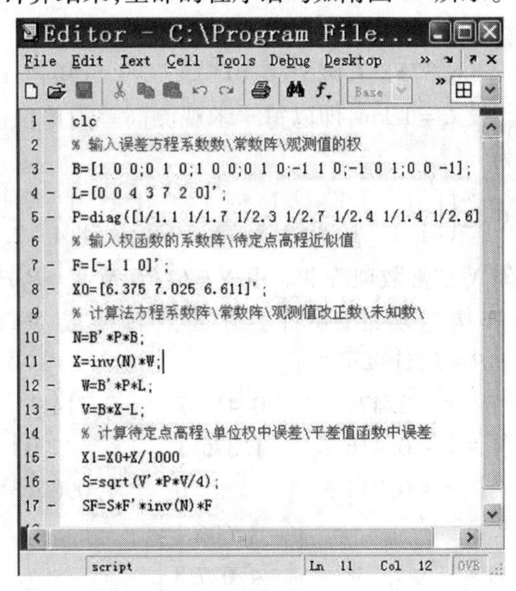

附图 11

程序执行后,在命令窗口中显示本例要求的计算结果,如附图 12 所示。

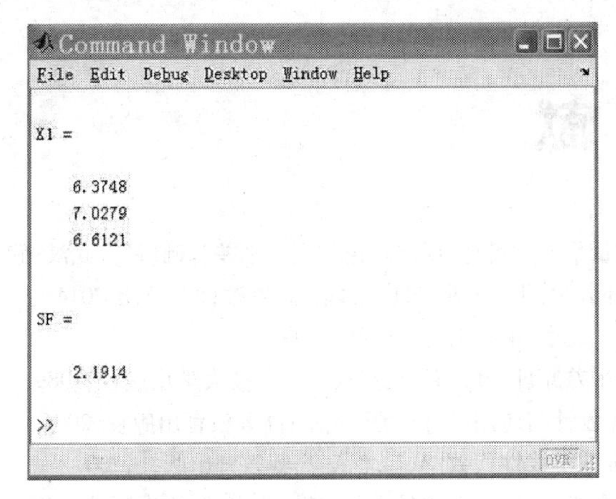

附图 12

参考文献

[1] 武汉大学测绘学院测量平差学科组. 误差理论与测量平差基础[M]. 武汉:武汉大学出版社,2005.
[2] 同济大学数学系. 高等数学(上、下册)[M]. 北京:高等教育出版社,2014.
[3] 牛志宏. 测量平差[M]. 北京:中国电力出版社,2009.
[4] 於宗俦,于正林. 测量平差原理[M]. 武汉:武汉测绘科技大学出版社,1989.
[5] 刘卫国. MATLAB 程序设计与应用[M]. 2 版. 北京:高等教育出版社,2006.
[6] 同济大学数学系. 工程数学线性代数[M]. 北京:高等教育出版社,2007.
[7] 工厂建设测量手册编写组. 工厂建设测量手册[M]. 北京:测绘出版社,1991.
[8] 武汉大学测绘学院测量平差学科组. 误差理论与测量平差基础习题集[M]. 武汉:武汉大学出版社,2005.
[9] 王勇智. 测量平差习题集[M]. 北京:中国电力出版社,2007.
[10] 孔祥元,郭际明. 控制测量学(下册)[M]. 武汉:武汉大学出版社,2009.
[11] 求是科技. MATLAB7.0 从入门到精通[M]. 北京:人民邮电出版社,2006.
[12] 王岩,隋思涟,王爱青. 数理统计与 MATLAB 工程数据分析[M]. 北京:清华大学出版社,2006.
[13] 周建郑. 工程测量[M]. 郑州:黄河水利出版社,2012.
[14] 赵玉肖,布亚芳. 工程测量[M]. 北京:北京理工大学出版社,2012.
[15] 武汉大学测绘学院测量平差学科组. 误差理论与测量平差基础习题集[M]. 2 版. 武汉:武汉大学出版社,2015.
[16] 盛骤,谢式千,潘承毅. 概率论与数理统计[M]. 4 版. 北京:高等教育出版社,2018.
[17] 潘正风,程效军,成枢,等. 数字测图原理与方法[M]. 2 版. 武汉:武汉大学出版社,2014.
[18] 陈本富,岳建平,施昆,等. 非线性模型实用处理方法探讨[J]. 测绘科学,32(2),2012:38-39.